电解水制氢理论

姚寿文　刘军瑞　李欣欣 ◎ 编著

HYDROGEN PRODUCTION
PRINCIPLE BY WATER
ELECTROLYSIS

版权专有　侵权必究

图书在版编目(CIP)数据

电解水制氢理论 / 姚寿文，刘军瑞，李欣欣编著. --北京：北京理工大学出版社，2024.1
ISBN 978-7-5763-2006-0

Ⅰ.①电… Ⅱ.①姚… ②刘… ③李… Ⅲ.①水溶液电解-应用-制氢-研究 Ⅳ.①TE624.4

中国国家版本馆 CIP 数据核字(2023)第 005047 号

责任编辑：刘　派　　　**文案编辑**：封　雪
责任校对：周瑞红　　　**责任印制**：李志强

出版发行 / 北京理工大学出版社有限责任公司
社　　址 / 北京市丰台区四合庄路 6 号
邮　　编 / 100070
电　　话 / (010) 68944439（学术售后服务热线）
网　　址 / http://www.bitpress.com.cn

版 印 次 / 2024 年 1 月第 1 版第 1 次印刷
印　　刷 / 保定市中画美凯印刷有限公司
开　　本 / 710 mm×1000 mm　1/16
印　　张 / 16
字　　数 / 286 千字
定　　价 / 88.00 元

图书出现印装质量问题，请拨打售后服务热线，负责调换

前　言

　　能源是人类赖以生存和进行生产的重要物质基础。煤、石油、天然气等化石能源虽然极大地促进了人类社会和经济的发展，但也极大地破坏了人类赖以生存的生态环境，导致气温上升，促使世界 178 个缔约方共同签署了气候变化协定——《巴黎协定》。

　　氢能作为无碳、高热值、来源广泛的清洁能源，得到全球各国普遍认可。多国相继制定氢路线图，大力推动氢能发展，构建"氢能社会"，实现"氢能革命"。我国在 2022 年 3 月 23 日发布《氢能产业发展中长期规划（2021—2035）》，践行"双碳行动"，履行大国责任。

　　可再生能源进行电解水制氢，称为绿氢，是零碳排放的关键。绿氢的大规模制备、储存、运输和使用，还需要解决一些"卡脖子"技术，如能耗、安全、稳定和寿命等。

　　目前，电解水制氢技术主要有碱性电解水制氢、质子交换膜电解水制氢、固体氧化物电解水制氢三种。1789 年，自 Troostwijk 和 Deiman 发现碱性析氢反应以来，碱性电解水制氢已成为一种成熟的技术，其技术成熟度最高，商业化最好。虽然如此，若想真正实现氢能社会，提升电解水制氢能效，仍面临许多亟待攻关的关键技术。

　　针对国内缺乏专注于电解水的书籍，尤其缺少一本介绍电解水制氢理论的教材和参考书，本书以电解水在未来能源系统中的重要性为基础，阐述电解水制氢原理，系统提出了电解水的三大特性——极化特性、效率特性和催化特性，以及相关的技术指标，构建了电解水制氢理论。全书围绕电解水理论架构的这三大特性开展相关论述。

电解水制氢的重要性是不言而喻的，因此本书在编写上没有过多谈及国内外的政策、路线图等。作为一本基础的电解水制氢理论书籍，本书尽可能不涉及偏微分方程，而是以基础理论为出发点，从理论体系的角度，为广大制氢爱好者、从业者提供一本入门较简单、体系较完备且受益终生的制氢理论书籍。

本书主要依据最近几年国内外发表的论文编写而成。书中的部分术语或许不是非常规范，期待广大读者提出建议，为提升本书质量献言献策，作者不胜感激。

本书的编写得到了风氢扬氢能科技（上海）有限公司电解水制氢项目组王昊、李梦珂、张博、李顺功和郑州轻工业大学张振亚的大力支持，其中张振亚老师还参与编写了第一章和第二章。他们提出了诸多宝贵意见和具体问题，在此一并表示感谢。

在本书付梓之际，特别感谢我家人的倾力支持。多少个伏案日夜，家人的勉励是快速实现本书从构思到成稿的关键，家人永远是我坚强的后盾。

谨以此书献给广大"双碳行动"和氢能产业链的从业者、爱好者，以及将投身我国氢能事业的广大技术人员，同时希望该书能够为电解水制氢从业人员在结构设计、性能优化、系统运营维护等方面提供一些重要依据。本书可作为大专院校相关专业的教材和有关科研院所的科技人员的参考书。

姚寿文

目　　录

第 1 章　电解水在未来能源系统的重要性 ·· 1
  1.1　引言 ·· 1
  1.2　氢和电解水 ·· 2
      1.2.1　氢气的制取和使用 ·· 3
      1.2.2　氢气颜色 ·· 4
  1.3　能源系统中的氢动力 ·· 6
      1.3.1　氢历史意义：去石化 ·· 6
      1.3.2　当代氢能驱动力——脱碳 ·· 7
      1.3.3　净零排放对当前能源系统的影响 ·· 8
      1.3.4　绿氢作为能量转换的加速器 ·· 9
  1.4　电化学制氢简介 ·· 10
      1.4.1　碱性电解水 ·· 12
      1.4.2　质子交换膜电解水 ·· 14
      1.4.3　阴离子交换膜电解水 ·· 16
      1.4.4　固体氧化物电解水 ·· 17
      1.4.5　典型电解水技术比较 ·· 19
  1.5　本书内容安排 ·· 20

第2章 电解水的基本原理 …… 23

2.1 引言 …… 23
2.1.1 简要历史观点 …… 23
2.1.2 电解水机理 …… 24

2.2 电解室 …… 25
2.2.1 电解室的设计 …… 25
2.2.2 电解质pH值的作用 …… 26
2.2.3 不同的电解室 …… 27

2.3 热力学 …… 29
2.3.1 理想热化学 …… 29
2.3.2 非理想热化学 …… 33
2.3.3 电化学热力学 …… 34

2.4 非平衡热力学 …… 35
2.4.1 耗散源的回顾 …… 35
2.4.2 析氢反应 …… 36
2.4.3 析氧反应 …… 38
2.4.4 $I-V$曲线 …… 39

2.5 电解室效率 …… 42
2.5.1 能量效率 …… 43
2.5.2 工业能量效率 …… 44
2.5.3 库仑效率 …… 44

2.6 小结 …… 45

第3章 电解水的极化特性 …… 47

3.1 引言 …… 47
3.2 接近环境温度下电解室工作原理 …… 48
3.2.1 质子交换膜电解室 …… 48
3.2.2 碱性电解室 …… 49
3.2.3 阴离子交换膜电解室 …… 50

3.3 半经验极化特性模型 …… 52
3.3.1 Ulleberg 模型 …… 53
3.3.2 Ernesto 模型 …… 54
3.3.3 Maximillian 模型 …… 54

3.4 基于物理的电解室极化特性模型 ·· 56
　3.4.1 模型对象概述 ··· 56
　3.4.2 阳极模块 ·· 57
　3.4.3 阴极模块 ·· 59
　3.4.4 电压模块 ·· 59
3.5 极化特性仿真 ··· 67
　3.5.1 模型参数验证 ··· 67
　3.5.2 模型分析 ·· 70
3.6 小结 ··· 75

第4章 电解水的效率特性 ··· 77

4.1 引言 ··· 77
4.2 低温电解室 ··· 78
4.3 电解槽 ·· 78
4.4 电解系统 ·· 79
　4.4.1 质子交换膜电解水系统 ······································· 79
　4.4.2 碱性电解水系统 ·· 81
　4.4.3 阴离子交换膜电解水系统 ···································· 82
4.5 电解水效率 ··· 82
　4.5.1 电解热力学基础 ·· 85
　4.5.2 学术视角的能量效率 ··· 87
　4.5.3 能量效率与工作温度的关系 ·································· 95
　4.5.4 能量效率为工作压力的函数 ·································· 98
　4.5.5 能量效率为工作温度和压力的函数 ·························· 99
　4.5.6 电解槽能量效率 ·· 100
　4.5.7 电解水系统能量效率 ··· 100
　4.5.8 电流效率 ·· 101
　4.5.9 单电解室和电解槽的总效率 ·································· 102
　4.5.10 工业视角的能量效率 ·· 102
　4.5.11 效率公式汇总 ·· 104
4.6 小结 ··· 107

第5章 影响电解水效率的因素分析 ··· 109

5.1 引言 ··· 109

5.2 基础知识回顾 110
5.2.1 水分解热力学 110
5.2.2 效率模型 112
5.3 电催化剂 113
5.3.1 HER 机理 114
5.3.2 HER 电催化剂 115
5.3.3 OER 机理 120
5.3.4 OER 电催化剂 120
5.4 影响效率的其他因素 124
5.4.1 电解质浓度 124
5.4.2 隔膜材料 127
5.4.3 电极间距 128
5.5 高温高压电解 129
5.6 小结 130

第6章 电解水的催化特性 131

6.1 引言 131
6.2 催化剂电化学参数 132
6.2.1 过电位 132
6.2.2 交换电流密度 133
6.2.3 比活性和质量活性 134
6.2.4 转换频率 134
6.2.5 塔菲尔斜率 135
6.2.6 法拉第效率 135
6.2.7 电化学阻抗谱 135
6.2.8 稳定性 136
6.3 电催化剂性能指标 136
6.3.1 活性指标——过电位、塔菲尔斜率和交换电流密度 136
6.3.2 催化剂稳定性——电流和电位—时间曲线 138
6.3.3 效率指标——法拉第效率和转换频率 138
6.4 催化剂设计指南 139
6.5 析氢反应电催化剂 141
6.5.1 HER 反应步骤 141
6.5.2 HER 电催化剂 143

6.6 析氧反应电催化剂 · 147
6.6.1 OER 反应步——吸附质演化机理 · 147
6.6.2 OER 电催化剂 · 149
6.7 晶格氧物种的 OER 机制 · 161
6.8 小结 · 164

第 7 章 电解水系统建模与仿真 · 165
7.1 引言 · 165
7.2 碱性电解关键设备及工艺流程 · 166
7.3 建模和仿真 · 168
7.3.1 电解槽 · 168
7.3.2 电化学模型 · 169
7.3.3 质量平衡 · 170
7.3.4 热模型——能量平衡 · 171
7.3.5 气液分离 · 172
7.3.6 氢气-液体分离器的质量平衡 · 172
7.3.7 氢气-液体分离器的能量平衡 · 173
7.3.8 氧气-液体分离器的能量和质量平衡 · 173
7.3.9 电解液温度控制——PI 控制热交换器 · 173
7.3.10 氢气纯化系统 · 174
7.3.11 除氧剂 · 174
7.3.12 气体干燥器——吸附器 · 175
7.4 模型验证 · 175
7.4.1 极化曲线拟合及仿真 · 177
7.4.2 电解槽运行仿真 · 178
7.4.3 循环质量平衡 · 179
7.4.4 循环质量流量的灵敏度分析 · 180
7.4.5 能量平衡验证 · 181
7.4.6 电解液温度升高的敏感性分析 · 182
7.4.7 稳态研究 · 183
7.4.8 稳态运行期间的功耗 · 183
7.4.9 在稳态下温度升高时的循环质量流量平衡 · 184
7.5 小结 · 185

第 8 章　电解水的现状和展望 ··············· 187
8.1　电解水简史 ······················· 187
8.2　电解水的物理和化学原理 ············ 188
8.2.1　电解水的主要技术 ·············· 188
8.2.2　电解槽效率 ···················· 189
8.3　碱性电解室工作原理 ··············· 190
8.4　电解技术概念的现状与展望 ·········· 192
8.4.1　关键性能参数 ·················· 192
8.4.2　碱性电解技术的过去和现在 ······ 193
8.5　关键元件材料及工作条件 ············ 195
8.5.1　隔膜 ·························· 195
8.5.2　电极 ·························· 196
8.5.3　工作条件 ······················ 202
8.6　碱性电解槽的退化效应 ·············· 203
8.7　阴离子交换膜电解水 ················ 205
8.8　电解技术设备的描述 ················ 209
8.9　碱性电解的未来展望 ················ 210
8.10　小结 ···························· 212

附录 A　电解水建模与分析相关术语 ········ 215

附录 B　电解液物理参数关系 ··············· 231

附录 C　常数 ···························· 235

附录 D　缩写词 ·························· 237

参考文献 ································ 241

# 第1章

电解水在未来能源系统的重要性

1.1 引　言

现代社会，针对与全球变暖有关的环境问题，促使科学研究和工业部门寻找对环境影响较小或没有影响的新能源载体。目前，氢是匹配这些愿望的一种很有前途的能量载体。

在地球上，氢气很少以分子形式存在，但可通过许多不同的技术转化其他物质获得。事实上，氢气可以通过电化学过程、化石燃料重整、煤气化以及生物质和生物方法来制取。特别指出，电化学是耦合可再生能源和制氢的最佳选择。

氢气的高热值（Higher Heating Value，HHV）远大于原油或天然气。氢气的HHV为140 MJ/kg，而原油和天然气的HHV分别为45 MJ/kg和50 MJ/kg。此外，氢气在许多应用中都是一种很好的能量载体。特别是当用作以下方面时，氢气表现出了很高的性能：①电能储存（通过可逆燃料电池或燃料电池与电解槽组合）；②车辆燃料。图1.1为氢气的一些属性。除以上属性外，氢气还具有能源终端消费脱碳、取之不尽、运输方式多样、储存时间长等特点。

另外，氢可以通过多种不同的来源制取：①非粮食作物和生物质；②化石燃料（主要是天然气）；③核能；④可再生能源。多样的潜在供应源也代表了为什么氢被认为是未来有希望的能源载体。事实上，氢气可由大型集中工厂、中型工

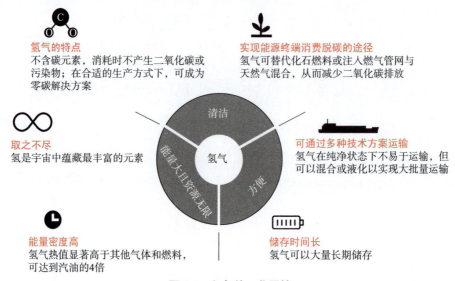

图1.1 氢气的一些属性

厂和靠近使用点的小型分布式工厂制取。光伏（Photovoltaic，PV）能源进行电解水制氢是实现完全可再生和廉价制氢的一种可行策略，也是这项技术最重要的优势。

1.2 氢和电解水

地球上虽然存在一些氢的"沉积物"，并可能被用作一次能源，但氢为未来能源系统带来的大部分价值在于二次能源载体。几乎任何能源都可以用于制氢，而氢几乎可以被用作任何能源应用中的燃料。除了纯能源价值之外，氢还可作为化肥和化学工业的原料，以及炼钢中的还原剂。

如果通过将水分解成氢和氧，然后再与空气中的氧复合，释放能量并再次生成水，则氢是在封闭环境下循环使用的。如果分解水的能量来自可再生能源，则氢是可再生能源的载体，不会消耗地球上的任何能源。如果氢气未经使用就排放到大气中（如泄漏、排放），它将成为二次温室气体。然而，由于运营商有将气体损失降至最低的内在经济激励，因此预计未来潜在的氢气基础设施不会对气候造成重大影响。

作为全球应对气候危机努力的一部分，全球能源系统正在经历从化石燃料向低碳电力（如太阳能和风能）的转变，这将推动终端用途的直接电气化（例如，电池电动汽车代替内燃机，热泵代替燃油加热）。然而，有些应用很难或不可能直接电气化（例如，航空、航运、长途公路运输、季间储能、非能源原料使用）。而这就是电解水制氢发挥作用的地方，因为它通过利用风能和太阳能制造基于分子的能量载体和氢原料，扩大了风能和太阳能的低碳发电范围。

除了直接将氢用作燃料（例如，在燃料电池汽车、加热设备中），还可用于制造合成天然气和各种合成液体燃料。其中，包括可以直接取代传统柴油和汽油的即用型燃料(drop–in fuels)，以及氨和甲醇等替代燃料（例如，它们可以用作航运燃料）。

1.2.1 氢气的制取和使用

目前，尽管氢气可能在能源转型中发挥关键作用，但氢气作为燃料的概念和使用都不是什么新鲜事。在 19 世纪，氢被用作早期的内燃机（Internal Combustion Engine，ICE）燃料。直到 20 世纪中叶，它一直是城市燃气的主要成分。一个多世纪以来，人们还在氨氮肥料的生产中以工业规模生产和使用氢气。

目前，工业中使用的 96% 分子氢（H_2）是由化石燃料制取的。其中，碳氢化合物的裂解约占 30%，蒸汽甲烷重整约占 48%，煤气化/重整工艺约占 18%。图 1.2 所示为目前的制氢方法。

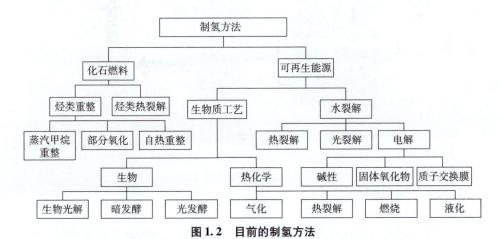

图 1.2　目前的制氢方法

氢作为一种多用途化学反应物，在各种工业中以每年百万吨的规模使用，主要用于炼油工业，作为加氢裂化和脱硫工艺的石化产品，但也作为农业用氨和化肥生产的前驱体。氢还用于金属生产和制造、甲醇合成、食品加工和电子行业。

自 1973 年第一次石油危机以来，能源领域出现了新的应用。如今，在能量转换的框架内,氢是能量生产和储存的关键分子。氢作为一种多功能能源载体,其大规模生产、向最终用户分配和开发有望解决主要环境问题,响应人类社会日益增长的能源需求,同时有利于经济增长和发展。

目前,氢作为能量载体,主要集中应用在发电领域。在发电领域,氢用作化学燃料,在燃料电池中"燃烧"发电。市场上有几种燃料电池技术,燃料电池即使在接近环境温度(Near Ambient Temperature,NAT)下运行,也能显示出较高的化学能—电能转换效率,比内燃机高得多。越来越多的汽车制造商已经提出或即将提出燃料电池电动汽车(Fuel Cell Electric Vehicle,FCEV)。在这种情况下,预计应用于能源的氢气需求在不久的将来将继续增加。研究安全和经济盈利的制氢和输氢方法,满足市场需求,变得至关重要。

图 1.3 所示为典型的无碳排放能源循环。光伏太阳能或风能通过变压器、整流器转换为直流电,并输送给电解槽;电解槽将电能转换为氢化学能,然后通过储存,输送到终端,燃料电池将化学能转换为电能驱动车辆行驶。

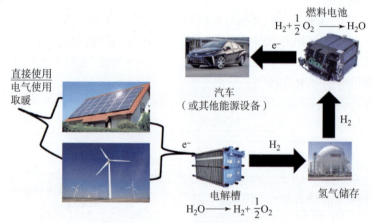

图 1.3　典型的无碳排放能源循环

1.2.2　氢气颜色

在从化石燃料向低碳经济转型的背景下,用于制氢的能源类型及其温室气体(GHG)强度已成为辩论的焦点。为了便于区分,将一些制氢路线与不同的颜色联系起来已变得很常见。如表 1.1 所示,氢气颜色有不同的定义,有时还是重叠的定义。

表1.1 制氢路线分类

制氢路线	常见的狭义用法	CertifHy（EFCHJU）定义		
		分类	能源	温室气体强度（g_{CO_2eq}/MJ_{H_2}）
蒸汽甲烷重整或天然气自热重整	灰氢	灰氢	所有能源	高于定义的阈值
褐煤/硬煤的气化	褐氢 / 黑氢			
使用高于一定二氧化碳浓度的电进行电解水				
有碳捕获和储存的蒸汽甲烷重整或天然气自热重整	蓝氢	蓝氢	所有能源	低于定义的阈值
天然气原料的甲烷热解，使用可再生能源，并储存或利用固体碳	蓝绿色氢			
核能水裂解（蒸汽电解，热化学水分解）	粉氢 / 紫氢 红氢 / 黄氢			
低碳电力电解水（如低碳混合电网）				
有碳捕捉和储存的褐煤/硬煤的气化				
可再生电力电解水（如太阳能、风能和水能）	绿氢	绿氢	再生能源	
生物能源（如沼气蒸汽甲烷重整），有或没有碳捕获和储存	生物氢			
其他可再生途径（如光电化学、太阳能热化学）				
混合电网电力电解水	黄氢	取决于具体的混合电网结构和温室气体强度		
副产品氢（如氯碱工艺或石脑油裂解）	白氢	能源分配中具体的温室气体强度情况		

欧洲燃料电池和氢能联合组织（European Fuel Cells and Hydrogen Joint Undertaking，EFCHJU）为资助的CertifHy项目建立了一个框架，系统地将制氢路线分为3种颜色：灰色、蓝色和绿色。CertifHy根据温室气体排放和是否使用可再生能源，用这3种颜色来区分不同的制氢方式。但是，在能源转型讨论中，蓝氢和绿氢的使用范围也很狭窄：蓝氢通常特指与天然气-蒸汽-甲烷重整制氢，并有碳捕获和储存（Carbon Capture and Storage，CCS）的作用；而绿氢常特指使用可再生电力的电解水制氢。其他颜色偶尔也被用来指代某种制氢路线，如蓝、绿氢代表甲烷热解制氢。

CertifHy 将天然气-蒸汽-甲烷重整制氢的温室气体基准强度设定为每兆焦（MJ^{-1}）氢气的当量二氧化碳为 91g。蓝色（和绿色）氢气的 GHG（Green House Gas，温室效应气体）阈值最初设定为基准强度的 40%，即每兆焦氢气的当量二氧化碳小于 36.4 g，则氢气被视为蓝氢（或绿氢）。

1.3 能源系统中的氢动力

1.3.1 氢历史意义：去石化

目前，氢几乎完全被用作不同行业的化工原料，但使用非化石制氢，使氢成为通用能源载体并不新鲜。20 世纪 20 年代，Sanderson Haldane 描述了今天被视为来自剩余电力的绿氢。他提出，"在大风天气下，一些大型发电站的剩余电力将用于电解水制氢和氧"。

20 世纪 70 年代自出现石油危机以来，日益增长的环保意识促使人们寻找化石燃料的替代品。1970 年，Lawrence W. Jones 在密歇根大学提出了一个"迈向液氢燃料经济性"的概念。在这个概念中，他提出了一个替代化石运输燃料的方案：化石燃料受供应限制，且造成污染，利用"核能电解水制氢"，并主张"原则上，我们最终应该努力使用太阳能替代核能"。1972 年，John Bockris 发表了一篇题为《氢经济》的文章，文章中包括一些反映当今氢的概念和发展的建议，如表 1.2 所示。在这篇文章中，John Bockris 将氢描述为将能源从中央核反应堆分配给最终用户的一种方式；1975 年，他还在《能源：太阳能氢替代》一书中详细阐述了可再生氢。

表 1.2　氢在过去的用途与当前的概念和发展例子

1972 年，John Bockris 建议的氢气用途	当前的概念和发展例子
氢气通过管道首先输送到分配站，然后送往工厂和家庭，利用现场燃料电池，再转化为电力	日本和韩国在家庭中部署微型热电燃料电池，这些电池最终（2030 年后）可能是由氢气而不是由天然气提供燃料
氢可以通过燃料电池-电池组合和电动机来驱动卡车、汽车、轮船和火车	氢的所有这些应用，都处于不同的商业化阶段
飞机可以使用与目前类似的喷气式传感器用液态氢飞行，可以避免向大气中排放二氧化碳、一氧化氮和不饱和碳氢化合物	氢作为新型航空燃料
铁矿石可以经济地通过氢气直接还原为铁	绿色钢铁生产早期示范项目

20世纪80年代,随着高价格化石燃料和供应风险的压力逐渐消退,人们对氢作为能源载体的兴趣有所减弱。2018年,核能仅占全球最终能源的2.6%,因此"丰富的核能"用于制造替代燃料的想法尚未实现。然而,即使没有迫切的需求,氢技术的研究和开发仍在继续。20世纪90年代,这个话题重新获得了更广泛的关注,为更多的示范项目铺平了道路。日本、加拿大和欧洲启动了相关项目,以调查国际氢贸易的可能性。

从历史上看,人们对氢的兴趣主要是由化石燃料的实际或感知价格和供应风险驱动的。可再生能源或核能制氢被认为是解决日益昂贵和耗竭的化石燃料的最终办法。化石燃料尽管有周期性的起伏,但始终是人们负担得起的,并且仍然是当今的主要能源来源,提供了世界80%的终端能源需求。

虽然化石燃料资源有限,但只要增加新的产量就足以满足需求,按目前的开采率可以维持到2050年以后(表1.3)。然而,缓解全球气候变化的努力给未来化石燃料开发项目的可行性带来了越来越大的不确定性,投资者将资金从化石燃料转移出去。延迟将新产品上线或现有油田缺乏投资可能会导致21世纪20年代的石油供应受限。此外,因为易于开发的油田和矿山已被首先开采,随着时间的推移,化石资源的开采成本也在增加,尽管如此,由于气候危机需要采取紧急行动来减少二氧化碳排放,单纯等待化石燃料价格飙升,以使可再生氢等替代品在经济上可行的想法既幼稚又有风险。如果全球气候危机被忽视,化石燃料很可能在整个21世纪及其后仍将是主要的一次能源载体:化石燃料已经"制造"出来,并且相对容易利用,只要它们的外部成本(如全球变暖、环境污染、水消耗)没有充分反映在它们的价格中,"制造"的替代品,如电解水制氢,将难以竞争。

表1.3 2014年化石燃料资源和储量与年消耗量的对比

主要能源形式	资源/EJ①	储量/EJ	2014年消耗量/EJ	储量使用时间/年
常规石油	4 170~6 150	4 900~7 610	180	48~73
非常规石油	11 280~14 800	3 750~5 600		
常规天然气	7 200~8 900	5 000~7 100	121	207~613
非常规天然气	40 200~121 900	20 100~67 100		
煤炭	291 000~435 000	17 300~21 000	164	105~128

注:①EJ:艾焦(Eta Joule),1 EJ = 1 × 10^{18} J。

1.3.2 当代氢能驱动力——脱碳

脱碳是指减少二氧化碳排放,以限制全球变暖及其带来的影响(如海平面上升、荒漠化、极端天气等)。2015年签署的《巴黎协定》的目标是"将全球平均气温较工业化前水平升温控制在2℃以内,并把升温控制在1.5℃之内而努力",这标志着全球应对气候危机的努力方向。

2019年,国际能源署(International Energy Agency,IEA)估计与化石能源使用相关的二氧化碳排放为33Gt①,占所有人为二氧化碳排放量的92%,其余主要来自农业、林业和其他土地利用。温度上升和GHG排放之间的联系很复杂,但在不确定性限制范围内,可以通过气候模型量化在低于某个温度限制内仍可以添加到大气中的二氧化碳总量。联合国政府间气候变化专门委员会(Intergovernmental Panel on Climate Change,IPCC)估计,33%、50%和67%的剩余排放预算分别是840Gt、580Gt和420Gt二氧化碳,即2018年后大气中增加的二氧化碳少于580Gt,则达到控制升温1.5℃目标的可能性为50%。这不包括地球系统额外的不确定反馈,如永久冻土融化,但估计将减少约100Gt剩余二氧化碳排放预算。换言之,排放越低越好。在所谓的"2℃方案"中,剩余排放预算较高(33%、50%和67%分别对应2 030Gt、1 500Gt和1 170Gt二氧化碳)。但在未来的控制升温2℃目标,气候变化的预期负面影响也更加严重,反馈回路加速进一步变暖的风险将升高。

1.3.3 净零排放对当前能源系统的影响

IPCC指出,"与2℃限制相比,将升温限制在1.5℃所需的变化在质量上是相似的,但在未来几十年会更加显著和迅速。这方面的一个关键因素是,全球二氧化碳的年净排放何时达到零,即任何的碳排放量(仅指化石能源作为能源消费的碳排放)何时通过自然或工程手段吸收的碳来平衡。"

2021年5月18日,IEA发布了"历史上最重要和最具挑战性"的报告——《2050年净零排放:全球能源系统路线图》。报告指出,到2050年,在全球能源行业建成净零排放的路线是存在的,虽然这条道路非常狭窄,但却可以带来巨大的收益。关键是对全球能源的生产、运输和使用方式进行前所未有的转变。

理论上,净零排放可能遥遥无期。据IEA最新分析数据,2021年世界经济从新型冠状病毒(Coronavirus Disease 2019,COVID–19)疫情中强劲反弹,但严重依赖煤炭来推动增长,使得全球与能源相关的碳排放增加了6%,达到363×10^8 t,创造了新的历史纪录。

如何安全可持续地向清洁能源过渡,碳捕获、利用和封存(Carbon Capture,Utilisation and Storage,CCUS)技术在帮助重工业和化石燃料行业的减排方面潜

---

① Gt:千兆吨(Giga tonnes),$1Gt = 10^{12}$ kg。

力巨大。与此同时，CCUS 技术还能助力低碳氢生产。IEA 预测，到 2070 年，使用 CCUS 技术从化石燃料中生产的低碳氢将占全球氢产量的 40%。

1.3.4　绿氢作为能量转换的加速器

在向 100% 可再生能源过渡的早期，对电解槽的一个常见的批评是，这些电解槽将消耗可再生电力，而这些电力更适用于现有用途的脱碳。例如，如果每年运行 4 000 h，欧盟目标 40 GW 电解槽每年将消耗 160 TW·h[①] 的电力（2018 年全欧洲光伏和风力发电总共 515 TW·h）。理论上，按若干阶段、循序渐进方法是可取的。首先，使用可再生能源可使目前的电网电力完全脱碳；然后，增加新的电力用途（如电池电动汽车、热泵）；最后，可再生电力将用于制氢和生产电子燃料。

回到现实生活，气候危机的紧迫性要求在所有这些应用中同时采取行动，而逐步部署的理论好处可能会受到现有能源系统在时间和地域上的限制。与此同时，目前可能需要支持和扩大新技术，使它们走上正轨，在未来做出巨大贡献（类似于 2000 年左右的光伏发电）。如今，只要发电量增加，使用可再生电力制造燃料与混合电网脱碳之间并不存在竞争。绿氢支持者认为，早期部署由于规模相对适中，不会使用太多可再生能源发电。因此，他们建议，至少在电解水技术形成期，要免除严格的"额外性"要求（如在欧盟内部），以实现电解水的更快工业化。

与地方或国家层面上与电网脱碳竞争的观点相反，绿氢电解水项目实际上甚至可以催化全球能源转型。首先，这些项目有可能通过增加可再生能源的需求（而非竞争性需求）来降低风能和太阳能的成本。这有助于加速扩大规模并进一步降低成本，同时潜在增加了每年技术变化的应变能力。其次，绿氢电解水项目可能会刺激可再生能源技术的扩散。这些项目最初旨在向投资国出口氢气（或电子燃料）的跨境能源合作伙伴关系，也可以提高东道国国内使用风能和太阳能的经济可行性。一个特定地点的太阳能和风能项目的具体成本可能会受到当地是否存在市场的严重影响。对于光伏发电来说，这种效应在 21 世纪最初 10 年的德国和美国的对比中得到了证实。虽然两个国家的光伏模块和逆变器都已商品化，但德国的监管机构（项目规划、许可、安装、维护）更加发达，导致每安装 1kW$_p$[②] 的价格至少暂时低得多。因此，如果能在全球协同努力下实施，通过电解水尽早部署绿色氢气生产可能有助于加速而不是减缓能源转型，帮助全球走上符合《巴黎协定》的减排轨道。

---

① TW·h：太瓦时（Terawatt hour），1 TW·h = 10^{12} W·h。
② p：太阳能峰值功率。

1.4 电化学制氢简介

利用可再生能源由水制氢是一种完全可再生的过程。众所周知，氢燃烧是氢和氧的化学反应。这种反应是绝对放热反应，产生的大量能量可用于不同目的。此外，这种化学反应产生水。因此，氢的水循环是一个封闭的可再生循环：①可再生能源从水中制氢；②氢和氧结合产生水和能量来开发氢能。

氢气的制取可以使用多种可再生能源，通过水的电解产生。这个过程允许使用直流电从水中电解氢气。

电解水是利用电解室实现的。两个电极浸入电解质的导电液体组成电解室。电解液由水和某种盐的溶液组成，后者离解为正负离子。在两个电极之间施加电位差，直流电从正极（阳极）流向负极（阴极）；然后，水在阳极侧分解为氧气，在阴极侧分解为氢气，如图1.4所示。电解反应可用化学方程式（1.1）很好地解释。

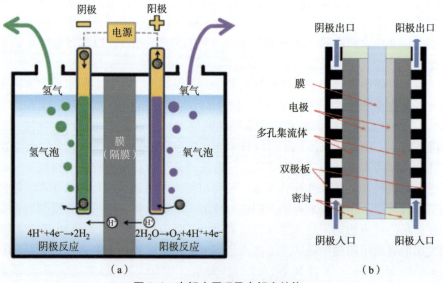

图 1.4 电解水原理及电解室结构
(a) 电解水原理；(b) 电解室结构

总反应化学方程式：

$$H_2O + 电能 + 热能 \longrightarrow \frac{1}{2}O_2 + H_2 \tag{1.1}$$

电解水反应的总需求能量等于水分解焓变 ΔH_{water}，由式（1.2）计算：

$$\Delta H_{water} = \Delta G_{water} + T\Delta S \tag{1.2}$$

式中：ΔG_{water} 为水分解的吉布斯自由能变；$T\Delta S$ 为水分解温度和熵变之积。特别指出，ΔG_{water} 表示了反应所需的最小电能，$T\Delta S$ 表示了反应所需的最小热能。如图 1.5 所示，电解水反应可以在不同的热力学条件下发生。

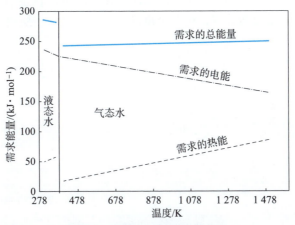

图 1.5 电解水不同的能量需求

一种电解方法的效率 η_{elc} 是单位时间制氢输出能量与单位时间输入能量 $\dot{E}_{input}$ 之比。$\dot{E}_{input}$ 由式（1.3）计算：

$$\dot{E}_{input} = I_{DC} V_{cell} \tag{1.3}$$

式中：I_{DC} 为在两电极之间流经的直流电流；V_{cell} 为水的电分解电压（电解室电压），可视为可逆电压 V_{rev} 和电解室附加电压之和，如式（1.4）所示：

$$V_{cell} = V_{rev} + V_{act} + V_{ohm} + V_{con} \tag{1.4}$$

式中：V_{act} 为激活电压，取决于电极动力学，它提供了电荷在电极和化学物之间转移的能量，这是导致电极过电压的势垒；V_{con} 为浓度过电压，代表影响反应的质量转移过程（扩散和对流），该项描述了运输限制而导致的反应物和产物的非均匀分布，反应物的浓度较低，而产物则集中在电解液和电极之间的界面；V_{ohm} 为欧姆损失引起的过电压。

在给定电流下，为了提高电解反应的效率，应降低 V_{cell}。此外，对电极表面进行处理可以加速反应，减少电压损失。

通常，电极表面涂有高活性催化剂。铂（Pt）是最好的催化剂，但价格非常昂贵。因此，实际使用的商用电解槽由钢基镀镍电极组成。这种解决方案成本低，化学性能好。

单电解室的电解制氢效率为 60%～100%。从整个电解系统角度出发，考虑其他用电设备，则整体效率较低，为 50%～80%。

图 1.6 显示了电解室的极化曲线。极化曲线很好地描述了电解室的性能。请注意，高性能电解室的重要指标是电解室电流密度高，而电解室电压相对较低。观察 V_{cell} 方程[式（1.4）]，典型电解槽的极化曲线有 3 个特定区域（图 1.6）：①激活极化区；②欧姆极化区；③浓度极化区。其中，激活极化区的电流密度低，主要由反映激活现象的 V_{act} 控制；欧姆极化区的电流密度居中，由反映欧姆损耗的 V_{ohm} 决定；浓度极化区的电流密度高，主要由反映传质效应的 V_{con} 决定。

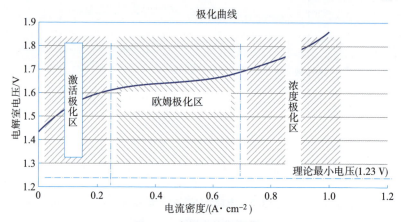

图 1.6　电解室的极化曲线

在过去的几年里，不同类型的电解水技术得到了发展，包括碱性电解水、质子交换膜电解水、阴离子交换膜电解水和固体氧化物电解水技术。其中，碱性电解水技术是最成熟、商业化最好的技术。

1.4.1　碱性电解水

最常见、最成熟的制氢技术是碱性电解水（Alkaline Water Electrolysis，AWE）技术。碱性电解室由两个电极组成，两个电极浸入 20%～30%（质量分数）氢氧化钾（KOH）液态电解质中。如图 1.7 所示，为了保证安全和提高效率，两个电极用隔膜隔开，以避免气体产物之间的接触。注意，隔膜必须对水分子和氢氧根离子（OH^-）具有渗透性。当直流电流在两个电极之间流动时，氢（H_2）和氧（O_2）从水中分离。在这个反应过程中，氢氧根离子是两个电极之间的离子电荷载体。式（1.5）给出了碱性电解的电化学反应：

$$\begin{cases} 阴极：2H_2O + 2e^- \longrightarrow H_2 + 2OH^- \\ 阳极：2OH^- \longrightarrow H_2O + 1/2O_2 + 2e^- \\ 总反应：H_2O \longrightarrow H_2 + 1/2O_2 \end{cases} \quad (1.5)$$

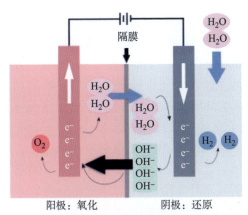

图1.7 碱性电解室原理

过去,碱性电解室的隔膜由多孔白色石棉 $Mg_3Si_2O_5(OH)_4$ 制备。然而,这种材料的使用导致了严重且众所周知的健康问题。事实证明,石棉会致癌,因此,隔膜使用了其他材料,如聚苯硫醚(PPS)和聚四氟乙烯(PTFE)与钛酸钾(K_2TiO_3)纤维复合材料。在过去几十年中,为了开发由新材料制成的隔膜,进行了大量研究。如科学家开发了一种氢氧化物导电聚合物,该聚合物是由二氧化锆(ZrO_2)、聚砜基质(Zirfon)以及聚苯硫醚(Ryton)组成的多孔复合材料。

电极由经过镍处理的钢板制成,以增强钢板的耐腐蚀性。镍(Ni)是一种耐腐蚀材料,因其成本低而被广泛使用。此外,还使用其他金属来提高电极的性能,如在阴极添加钒和铁,阳极用钴制备等。

碱性电解水制氢纯度为99%。为了匹配氢燃料电池所需的纯度水平,还要进行进一步的纯化。碱性电解水的总效率约为70%。

与碱性电解室相关的主要问题之一是电流密度较低,这个问题是由隔膜和电解液之间的欧姆损耗较高导致的;另外一个原因是,碱性电解室的负荷范围有限。

在低电流密度下,碱性电解槽反应系统效率较高。通常,商用碱性电解槽的工作电流密度为 $240\sim450$ mA/cm^2。减少电极之间的距离是减小电解室欧姆损耗的有效途径,为此,"零间隙"碱性电解室(也称为先进碱性电解室,Advanced Alkaline Water Electrolysis,AAWE)得到了大量研究。

图1.8所示的是3种不同结构碱性电解室对比。图1.8(a)所示为传统碱性电解室的配置。电极为平板电极,不能渗透,完全浸入液体电解质中。通常,电解室为双极结构,阳极和阴极分别位于扁平集电器两侧,便于电解室串联。氢气和氧气分别在电极之间形成,为避免气体混合,电极之间设计了隔膜。气泡会

降低电极活性面积,增加电解液电阻,无法获得高电流密度,但很容易按比例设计大功率电解槽,实现氢气的大规模制取。

图1.8(b)所示为电解室的"零间隙"结构多孔电极配置。在理想情况下,电极之间没有气泡。电极之间为一层薄(小于0.5 mm)纤维素毡。纤维素毡两侧紧贴阳极和阴极的两个亲水膜(Celgard膜)用于吸附和封闭电解质。阴离子交换膜(Anion Exchange Membrane,AEM)可用于代替这个膜,封闭电解质,此时电解室的结构与质子交换膜(Proton Exchange Membrane,PEM)电解室的一致。在这种情况下,主要问题是AEM的电阻率和稳定性。阳极和阴极组件是多孔的,能渗透水和电解质,从而达到电极之间的"零间隙"。如图1.8(b)所示,气体的制取和电解液循环在阳极和/或阴极是分离的,导致对电解室的设计要求很高。

用气体扩散电极进行电解的方案如图1.8(c)所示。电极组件由镍网、气体扩散层(Gas Diffusion Layer,GDL)、活性层、Celgard膜或二氧化锆(ZrO$_2$)膜组成,并嵌入各自的金属体(镍或不锈钢制成)内,保证了与镍网之间良好的电接触。金属板上的气体扩散室加工有既用于气体输运,又用于泄漏电解液吹扫的流道。两个电极由绝缘螺钉固定在一起,并由1.5 mm厚的极框隔开。极框以及面对面的阳极和阴极组件构成了电解质室。金属体上安装了热电阻以方便温度的控制。

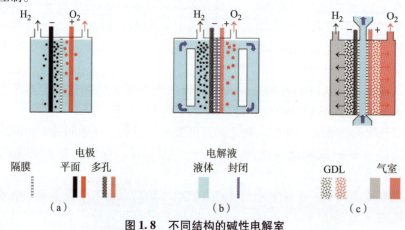

图1.8 不同结构的碱性电解室

(a) 传统碱性电解室;(b) 多孔电极"零间隙"碱性电解室;
(c) 含气体扩散层电极(隔开气体室和碱液循环)的碱性电解室

1.4.2 质子交换膜电解水

20世纪50年代末,电化学应用中出现了将离子导电聚合物作为固体电解质的想法。当时这项技术并不称为聚合物交换膜或质子交换膜,而是称为固体聚合物电解质(Solid Polymer Electrolyte,SPE)。质子交换膜电解室的发展与杜邦公司发现的全氟磺酸树脂(Nafion®)膜密切相关。美国通用电气公司在20世纪50年代开发了第一个质子交换膜电解室。

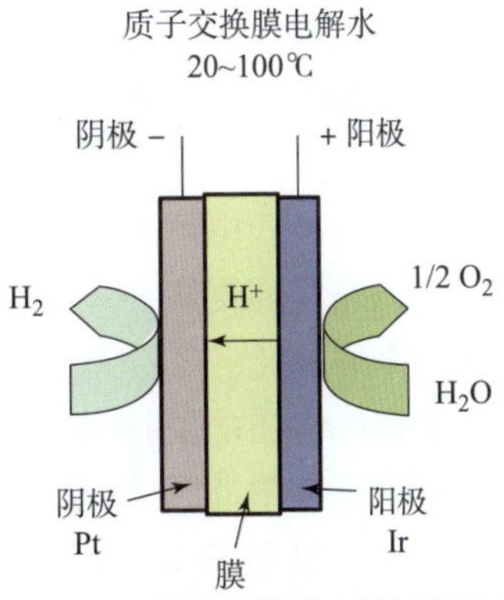

在质子交换膜电解室中,电解质为固体聚砜膜(Solid Polysulfonated Membrane,SPM)。如图1.9所示,水泵送到阳极,水分解成质子(H^+)、氧分子(O_2)和电子(e^-)。质子通过膜传导,到达阴极。电子通过外部电路从正极(阳极)流到负极(阴极)。在阴极侧,电子与质子结合形成氢分子。质子交换膜电解室中发生的电化学反应如下:

图1.9 质子交换膜电解室原理

$$\begin{cases} 阴极: 2H^+ + 2e^- \longrightarrow H_2 \\ 阳极: H_2O \longrightarrow 2H^+ + 1/2O_2 + 2e^- \\ 总反应: H_2O \longrightarrow H_2 + 1/2O_2 \end{cases} \tag{1.6}$$

质子交换膜是质子交换膜电解室的核心。质子交换膜的材料是全氟磺酸聚合物。常用的商用膜有Fumapem、Nafion、Aciplex和Flemion。这些膜的主要特点是高效率、高强度、高氧化稳定性,具有良好的耐用性、温度稳定性以及高质子传导性。特别指出,Nafion膜是目前大量使用的一种膜,与其他类型的膜相比,Nafion膜具有显著的优势。Nafion膜除了可以在更高的电流密度(2 A/cm^2)下工作,还可实现更高的耐久性、更高的质子传导性和机械稳定性。

质子交换膜电极在严酷的腐蚀(pH值低于2)条件下工作,因此必须使用合适的材料来防止电极和膜的腐蚀。此外,质子交换膜电解室在高电流密度下,必须能够承受高的电解室电压,只有少数材料能在这些极端条件下工作。因此,质子交换膜电解室使用贵金属催化剂,如铂(Pt)、铱(Ir)和钌(Ru),价格昂贵而且稀有,材料的实用性受到稀有性和成本的限制。事实上,铱在地壳中的平均质量分数为亿万分之一,铂和金(Au)的含量分别是铱的10倍和40倍。因此,这些材料需求量的增大,大幅增加了其成本。这种趋势对质子交换膜电解技术市场将产生负面影响。

过去几十年,许多研究都是为了解决催化剂问题。首先,这些工作旨在通过使用过渡金属氧化物来降低贵金属的含量;然后,将这些氧化物与贵金属混合使用,以尽可能在电极中少用贵金属,保持电极性能,降低成本。

如上所述,质子交换膜电解室是为了克服碱性水电解的问题而开发的。与碱性水电解室相比,质子交换膜电解室的工作电流密度更高,为2 A/cm^2。注意,具有良好质子导电性（电导率为 0.1 ± 0.02 S/cm）的薄膜，以降低欧姆损耗，实现更高的电流密度。这一功能至关重要，相对于碱性电解室，质子交换膜电解室的运行成本得以降低。

质子交换膜电解室的另一个积极方面是：相对于碱性电解室，它的氢氧交叉率较低，氢气纯度高，一般达 99.999%。这是因为质子在膜的传输可以快速响应输入功率的变化。

固体电解质的使用使质子交换膜电解室结构紧凑，能够在更高的压力下工作。高压电解槽非常有用，因为它可提供高压氢气，降低压缩和储存氢气的能量。此外，根据 Fick 扩散定律，若工作压力高，则可降低电极上的气相，并显著提高气体的出气率。

一方面，相比碱性电解室，质子交换膜电解室可在更高的压力下运行；另一方面，质子交换膜电解室在高压（高于 100 bar，1 bar = 0.1 MPa）工作时会出现一些问题，如气体交叉渗透现象。通常，膜中会填充一些限制气体交叉渗透的材料，但这种解决方案会显著降低膜的导电性。

1.4.3 阴离子交换膜电解水

近年来，人们开发了一种新的电解水技术——阴离子交换膜（Anion Exchange Membrane，AEM）电解水技术。目前，阴离子交换膜电解室仍处于实验室开发阶段。阴离子交换膜电解室的运行方式与质子交换膜电解室类似。它们之间的唯一区别是：在阴离子交换膜电解室中，电荷载体是阴离子 OH^-，而不是质子交换膜电解室中的质子 H^+。阴离子 OH^- 通过膜传导，如图 1.10 所示，

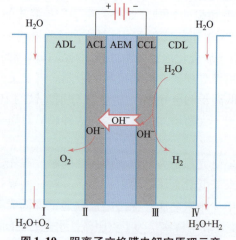

图 1.10 阴离子交换膜电解室原理示意

ADL 为阳极扩散层；ACL 为阳极催化层；CCL 为阴极催化层；CDL 为阴极扩散层。电极附近发生的反应与碱性水电解室相同。

式（1.7）总结了阴离子交换膜电解水的反应过程：

$$\begin{cases} 阴极：2H_2O + 2e^- \longrightarrow H_2 + 2OH^- \\ 阳极：2OH^- \longrightarrow H_2O + 1/2O_2 + 2e^- \\ 总反应：H_2O \longrightarrow H_2 + 1/2O_2 \end{cases} \quad (1.7)$$

阴离子交换膜电解室的关键也是膜，该膜允许氢氧化物离子（OH^-）传导，但同时，该膜必须充当化学反应物中气体和电子的屏障。通常，膜芯由聚砜（Polysulfone）或与二乙烯基苯（Divinylbenzene）交联的聚苯乙烯（Polystyrene）组成。该膜的核心是一些相连的离子交换基，如 $-RNH_2^+$、$=RNH_1^+-NH_3^+$ 和 $-R_3P^+$ 或季铵盐。该膜具有的特性：①高热稳定性、机械稳定性和化学稳定性；②对气体和电子有阻挡作用；③良好的离子导电性。离子交换基（功能基）和聚合物基都会提高膜的化学稳定性。

阴离子交换膜电解室的一个积极方面是，阴离子交换膜电解室是在碱性条件下工作，而质子交换膜电解室是在酸性条件下工作。此外，阴离子交换膜电极不需要使用铂族金属（Platinum Group Metal，PGM），可以使用更便宜的材料。在不恶化阴离子交换膜电解室性能的情况下，过渡材料（Transition Material，TM）就是一个很好的选择。从经济角度来看，过渡材料使阴离子交换膜价格更便宜，更具竞争力。

与碱性水电解室相比，阴离子交换膜电解室有了重要的改进。首先，阴离子交换膜电解室所用的膜更薄，欧姆损耗更小。此外，阴离子交换膜不会发生碳酸盐沉淀。

阴离子交换膜电解槽另一个积极的方面是，KOH 溶液的浓度不是强制性的，这使得操作和安装条件不那么苛刻，也更容易。

与其他电解水方法相比，阴离子交换膜电解室的耐用性较低。此外，阴离子交换膜电解室属于低温电解室。事实上，高温会使阴离子交换膜电解室产生严重的化学损伤，同时降低离子的电导率。

1.4.4 固体氧化物电解水

固体氧化物电解水（Solid Oxide Water Electrolysis，SOWE）技术受到了工业界和科学界的广泛关注，因为该技术能够高效地制取超纯氢气。SOWE 使用水蒸气，可在 500~850℃ 的高温和高压下工作。

图 1.11 为 SOWE 原理。SOWE 电解槽的电解质由薄的离子导电膜组成，厚

度通常为 5~200 μm。电极是由复合材料或金属材料制成的多孔电极。

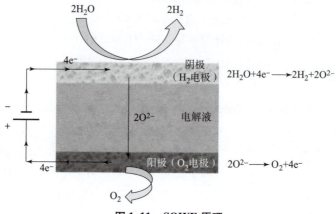

图 1.11 SOWE 原理

水蒸气被泵送到负极侧（阴极），水被还原成氢气。氧化物离子（O^{2-}）穿过膜后，在正极（阳极）附近重新结合成氧，释放电子。式（1.8）描述了 SOWE 电解槽发生的化学反应：

$$\begin{cases} 阴极：H_2O + 2e^- \longrightarrow H_2 + O^{2-} \\ 阳极：O^{2-} \longrightarrow 2e^- + 1/2O_2 + 2e^- \\ 总反应：H_2O \longrightarrow H_2 + 1/2O_2 \end{cases} \quad (1.8)$$

过去几年中，人们开发了许多不同的固体氧化物电解室。例如：①SOWE 制取合成气；②SOWE 储能系统；③与制取甲烷耦合的 SOWE。目前，SOWE 电解槽仍处于研发阶段。

SOWE 电解槽的材料必须能够在相当高的温度下工作。通常，对于电解质，使用掺钆氧化铈（Gadolinium Doped Ceria，GDC）、钪稳定氧化锆（Scandia Stabilized Zirconia，ScSZ）（9% Sc_2O_3 – ScSZ，摩尔体积）和钇稳定氧化锆（Yttria Stabilized Zirconia，YSZ）（8% YSZ，摩尔体积）。电极材料有镧锶钴铁氧体（Lanthanum Strontium Cobalt Ferrite，LSCF）、镧锶锰氧化物（Lanthanum Strontium Manganite，LSM）和 NiOYSZ。此外，SOWE 电解槽不使用贵重的元素。从短期和中期看，钇的可用性（贵金属的稀缺性）是一个关键问题。因此，在 SOWE 电解槽中，钪替代钇的研究非常重要。

SOWE 电解槽能够在非常高的温度下运行，属于高温电解槽。与低温电解槽相比，这一特性使得 SOWE 技术非常有吸引力。通过提高温度，驱动电解水反应所需的输入电能减少。另外，较高的工作温度可以改善反应动力学，减少电极反应的损失。

SOWE 电解槽也存在过早退化和缺乏稳定性的问题。在推动 SOWE 电解槽大规模商业化之前，这些问题都是必须解决的关键问题。

1.4.5 典型电解水技术比较

表 1.4 列出了 AWE、PEM、SOWE 和 AEM 电解水技术优劣势比较，并分别从技术成熟度、成本、寿命、效率等方面对 4 种电解水技术进行了总结。

表 1.4 AWE、PEM、SOWE 和 AEM 电解水技术优劣势比较

优缺点	AWE	PEM	SOWE	AEM
优点	技术成熟	高性能		非贵金属催化剂
	非 PGM 催化剂	高电压效率	效率高达 100%	非腐蚀性电解液
	长期稳定性	良好的部分负载		电解室紧凑
	低成本	系统响应快速	非 PGM 催化剂	低成本
	MW 级	电解室紧凑		无泄漏
	效费比低	动态运行	高压工作	工作压力高
缺点	电流密度低	组件成本高	实验室阶段	实验室阶段
	气体交叉	酸性腐蚀	系统大	低电流密度
	低动态性	耐久性低	耐久性低（脆性陶瓷）	耐久性低
	工作压力低	Pt 金属催化剂		膜退化
	腐蚀性液体电解液	低于 MW 级		催化剂担载量大

表 1.5 总结了目前研究较多的 3 种电解水技术，即 AWE、PEM 和 SOWE 电解水技术的主要参数。AWE 电解水技术作为最成熟、最常用的电解水技术之一，在启动时间、效率、氢气纯度方面有待研究改进。与 AWE 电解室相比，PEM 电解室的竞争优势在于电流密度更高、氢气杂质更少和更大的工作范围。然而，PEM 电解室最大的问题是电解室组件的耐用性低以及用于 PEM 电极材料的稀有性所带来的更高成本。目前，许多工作正在研究如何在 PEM 电极上减少稀有材料的使用。SOWE 电解效率虽然较高，但远未达到商业化运用。

表 1.5 3 种电解水技术的主要参数

参 数	AWE	PEM	SOWE
电解室温度/℃	60~80	50~80	700~1 000
电解室压力/bar	<30	20~50	1~15

续表

参　数	AWE	PEM	SOWE
电流密度/(A·cm^{-2})	<0.45	1.0~2.0	0.3~1.0
负载柔性/%	20~100	0~100	~100/+100
冷启动时间/min	15	<15	>60
热启动时间/s	60~300	<10	900
电解槽名义效率/%	63~71	60~68	100
比能耗/(kWh·N·m^{-3})	4.2~4.8	4.4~5.0	2.5~3.5
系统名义效率/%	51~60	46~60	76~81
单电解槽最大名义功率/MW	6	2	<0.01
单电解槽制氢速度/(Nm^3·h^{-1})	1 400	400	<10
氢气纯度/%	>99.8	99.999	—
寿命/(×10^3 h)	55~120	60~100	8~20
效率退化率/(%·年$^{-1}$)	0.25~1.5	0.5~2.5	3~50
投资成本/(€·kW^{-1})	790~1 500	1 330~2 040	>2 000
维护成本/(%·投资成本$^{-1}$)	2~3	3~5	n.a.

1.5　本书内容安排

本书从电解水制氢对于氢经济、氢社会以及人类绿色能源需求出发，基于低温电解水技术，梳理了制氢理论的三大特性，即电解室极化特性、制氢效率特性和制氢催化特性。全书围绕这三大特性开展论述，如图1.12所示。

第1章讲述了电解水在未来能源系统的重要性。

第2章介绍了电解水的基本原理，主要分4个部分，即电解室基本结构、热力学、非平衡热力学和效率，使读者全面了解电解水的原理及其重要性，为后续章节的开展提供基础。

第3~6章围绕电解水的三大性能开展论述。

第3章围绕电解水的电解室极化特性，介绍了目前典型的常用极化特性模型，重点从组件角度，将电解室分成阳极组件、阴极组件和电压组件，分别建立了基于物理的电解室极化特性模型，并进行特性仿真和影响因素分析。

第4章，从电解室、电解槽、部件、系统4个维度，分别从学术观点和工业

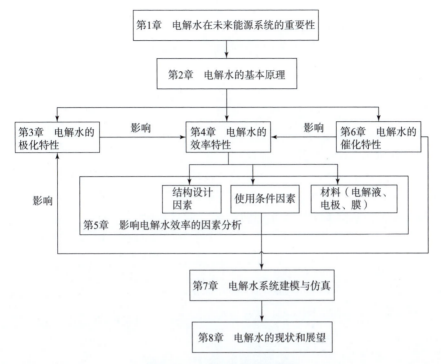

图 1.12　本书架构及相互关系

观点梳理了电解室效率，包括能源效率、电流效率和总效率；分析了各种效率的适用场景，汇总了效率计算公式。

针对第 4 章电解水效率分析，第 5 章介绍了影响电解水效率的因素分析，包括电催化剂、电解质浓度、隔膜材料和电极间距，并提出了高温高压电解提高效率的可行性，重点分析了影响电解效率的关键因素——电催化剂。

第 6 章介绍电解水的第三大特性——催化特性。首先介绍了电催化剂相关的化学参数，如过电位、交换电流密度、比活性和质量活性、转换频率和塔菲尔斜率等；其次梳理了电催化剂的性能指标——活性指标、稳定性指标和效率指标；然后分别从析氢反应催化剂和析氧反应催化剂分析了催化剂的特性，列举了一些目前在催化剂方面的研究进展；最后介绍了晶格氧物种催化剂在析氧反应中的独特优势。

第 7 章主要围绕电解水系统的构成，从电解槽、电化学、气液分离、热平衡和质量平衡等方面建立了模块化仿真模型；以此为基础，介绍了 MATLAB Simulink 系统级仿真模型，并针对典型工况和典型性能进行了仿真分析。

第 8 章从另一个角度梳理了电解水的现状、关键性能参数、材料对电解水的影响，介绍了电解槽的退化效应和阴离子交换膜电解水技术，描述了常用的技术设备，提出了一些未来展望。

本书最后提供了4个附录。

附录A为电解水建模与分析时用到的一些术语，提供了中英文，便于读者理解国际学术界的规范表达。

附录B针对电解液，给出了密度、摩尔浓度、质量比和比导率的一些关系方程，便于读者结合所需物理参数进行转换。

附录C为电解水中的一些常数，如法拉第常数、理想气体常数等。

附录D给出了全书中用到的缩略语。

电解水是建立氢经济、氢社会的核心技术，承担了能源转型的使命，然而对于降低制氢成本、延长电解槽寿命，还有艰巨的任务需要完成，亟待广大科研团体参与进来，一起携手，早日实现我国的"双碳行动"（2030年碳达峰，2060年碳中和），共建我国的氢经济。

第 2 章

电解水的基本原理

2.1 引　言

2.1.1 简要历史观点

电解水（用电能将水分解成氢分子和氧分子）的概念已有两个多世纪的历史。通常认为，第一台实验室规模的电解水制氢设备的始祖是 Nicholson 和 Carlisle。

在能源转型的框架下，从最初的概念开始，材料科学和电化学工程领域不断取得进展，满足了大尺寸和高效率电解槽的开发和运营。以下四个关键里程碑在实现电解水从概念到商业化的这一过程中具有不可磨灭的贡献。

（1）法拉第感应定律（1831 年）导致了发电机的发明。直流发电机是第一种能够为工业输送电力的发电机。

（2）Nernst 证明了锆（Zr）、钇（Y）和钙（Ca）的各种混合氧化物中的氧传导，后来 Schottky 将其用于燃料电池。

（3）杜邦公司的 W. Grot 在 20 世纪 60 年代末发明了全氟磺酸聚合物。

（4）半导体硅整流器的开发（1940 年，p-n 结）。

自电解槽发明之日起，全球已开发了兆瓦级规模的电解水装置，并在工业不同领域得到应用。为应对全球变暖,逐步实施的能源转型为电解水行业提供了新的发展机遇。

2.1.2 电解水机理

电解水是指通过所谓的"电化学链"使水分子分解,反应式为

$$H_2O(l) \longrightarrow H_2(g) + 1/2O_2(g) \tag{2.1}$$

式中:括号内的字母 l 和 g 分别表示液体(liquid)和气体(gas)。

当反应式(2.1)发生时,可以看到水分子中的氧原子被氧化(从 -2 价到 0 价),而氢原子被还原(从 +1 价到 0 价)。因此,该反应式有两种不同的氧化还原偶:H_2O/H_2 和 H_2O/O_2。因此,反应式(2.1)是可以在单电化学室或多电化学室中发生的双电子电化学反应。

从质量平衡的观点(拉瓦锡质量守恒定律)来看,电化学室通入水(可以是液态水,也可以是水蒸气,这取决于进行反应采用的技术和操作条件),水饱和气态氢(H_2)和氧(O_2)分别被释放。从能量观点(吉布斯 - 亥姆霍兹方程)来看,水的分解是一种非自发的转变。反应的能量平衡是通过考虑平衡(净电流为零)和非平衡(净电流不为零)热力学得到的。

化学反应的化学能等于氢气在氧气中燃烧反应的焓变。在电解水过程中,热力学第一定律(First Principle,FP)占主导地位,电(电能)供给电解室,在电解室中转化为化学能(氢在氧气中燃烧反应的吉布斯自由能变化)和热能(Second Principle,SP,热力学第二定律)。从设备的角度来看,电解室是一个多相电化学室:两个金属电极相对放置,由一层薄的离子导电电解质(厚度取决于工程需要)隔开。图 2.1 所示为概念电解室的横截面示意,图中实心圆和空心圆分别为能级级联(电子的电化学势)和电子传递。水被供给电解室的电极间区域。外部直流电源用于调整反应链两侧两个电极的费米能级。

当两个电极(阳极从电解液得到电子,阴极向电解液失去电子)的费米能级与两个氧化还原偶的单个能级的费米能级相匹配时,电子开始沿着能级级联循环。电荷守恒意味着氢和氧在每个金属/电解质界面以化学计量比演化。为了加快该过程(增加电流),有必要进一步增加两个电极的费米能级差。在每个界面处产生不同大小的电荷转移过电位(η_{O_2} 和 η_{H_2}),并在电解质层上产生电压降。工程师的职责是将概念转化为高效且成本合理的设备,如下所述。

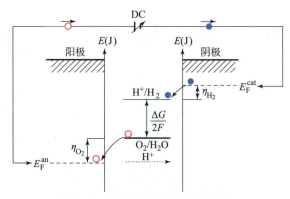

图 2.1　概念电解室的横截面示意

2.2　电 解 室

2.2.1　电解室的设计

图 2.1 所示中的概念电解室可以很容易转换为具有实际意义的电解室。这种电解室在工作过程中会在两个界面上析出气体（H_2 和 O_2）。第一个问题是要避免气体（溶解在电解液中或以气泡的形式）相互之间的传输以及自发复合反应，这可能会导致爆炸危险，也会导致明显的效率损失。解决这个问题的办法是在两个电极之间的电解液中放置一个电解室隔膜。隔膜需要有大量小孔，允许离子在整个空间自由移动；但小孔不能太大，以避免气泡从一个腔转移到另一个腔，如图 2.2（a）所示。另一个重要的约束来自这样一个事实，即气泡倾向于对重力作出反应，并沿着每个界面向上流动，这会导致渗流（Percolation）。当工作电流密度增加时，可能导致形成连续且高电阻的气体膜，从而增加电解室阻抗。该问题的解决方案是使用多孔电极（如网状电极或纤维电极），并将其压在电解室隔膜上，迫使气体排放到电极后面，从而通过强制电解质循环自主收集气体，如图 2.2（b）所示。更复杂的设计是将膜和电解液组合成一个单元（离子导电聚合物或离子导电陶瓷），可以避免电解液循环，如图 2.2（c）所示。当离子导电聚合物用作电解质时，这种电解室就被称为固体聚合物电解质（Solid Polymer Electrolyte，SPE）电解室。

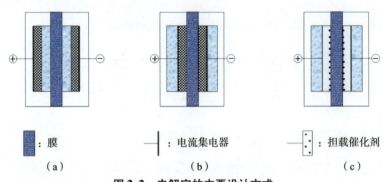

图 2.2 电解室的主要设计方式
(a) 传统电解室;(b) "零间隙" 电解室;(c) SPE 电解室

2.2.2 电解质 pH 值的作用

电解室可用来电解液态水或水蒸气。在 1 bar 压力下,液态电解室的工作温度范围在 0℃(冰融化温度)和 100℃(水汽化温度)之间。实际上,由于反应动力学原因,没有必要冷却电解室,并在低于标准温度(25℃)下运行。通常,电解液态水的工作温度在 50℃(减小电解室阻抗)和 90℃(电解室材料的稳定性)之间。通过使用自增压电解室,液态水的温度可达 100℃ 以上。但是,有一个极限,若超过这个极限,则只有水蒸气才能被电解。上述工作条件被称为接近环境温度和压力(Near Ambient Temperature and Pressure,NATP)条件。

液态水的电解可以通过使用 pH 值为 0(强酸性)~14(强碱性)的电解质来实现。实际上,由于需要载流子(Charge Carriers,CC),人们对中性电解质没有兴趣。为了提高电解室效率,最好使用最容易移动的离子,这些离子是质子 H^+(需要使用强酸性电解液)或羟基离子 OH^-(需要使用强碱性电解液)。虽然羟基离子的迁移率比质子迁移率低 1/16(由于特定的跳跃传输机理或 Grotthuss 机理,质子具有较高的迁移率),但可以通过使用高浓度 KOH 水溶液来达到较高的离子迁移率。

在酸性条件下,水分解的半室反应式为

$$H_2O \longrightarrow \frac{1}{2}O_2 + 2H^+ + 2e^- \tag{2.2}$$

$$2H^+ + 2e^- \longrightarrow H_2 \tag{2.3}$$

在碱性条件下,水分解的半室反应式为

$$2OH^- \longrightarrow H_2O + \frac{1}{2}O_2 + 2e^- \tag{2.4}$$

$$2H_2O + 2e^- \longrightarrow H_2 + 2OH^- \tag{2.5}$$

半室反应电极电势随电解液 pH 值变化而变化的曲线如图 2.3 所示。在碱性介质中，电极电势沿电势轴（纵轴）向下移动，到达 pH 电位钝化区，过渡金属得到保护。因此，廉价的过渡金属可用作催化剂、管路和电解室组件。在酸性电解液中，电极电势向上移动到 pH 电位反钝化区，过渡金属不再受到保护。在酸性介质中，需要铂族等耐 pH 值的金属材料作为电催化剂。最好使用图 2.2（c）所示的类似 SPE 概念的驻留电解质，而不是使用循环的酸性电解液，以免被腐蚀，以及在电解室部件、管路和辅助设备（Balance of Plant，BoP）中使用昂贵的材料。最近，有几个评价因素可用于决定使用酸性或碱性电解液的电解槽，可参见文献 [41]。

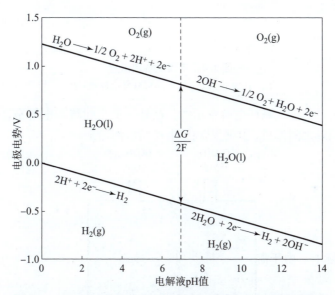

图 2.3 半室反应电极电势随电解液 pH 值变化而变化的曲线

2.2.3 不同的电解室

图 2.4 所示为基于图 2.2（c）固定电解质的电解室示意。电解液的固定通常通过使用离子导电聚合物（离聚物）来实现。质子导电聚合物和羟基离子导电聚合物均可用于该目的。质子导电聚合物作为"固体电解质"的电解室通常称为 PEM 电解室，如图 2.4（a）所示。这种材料中，质子活性非常大，相当于 1M 硫酸水溶液，但这些质子仍被限制在宿主基质（Hosting Matrix）中，因为阴离子的反离子与聚合物主链共价键合，不能促进离子电荷的传输。羟基离子导电

聚合物也可应用于电解水。使用羟基导电聚合物作为"固体电解质"的电解室通常称为 AEM 电解室，如图2.4（b）所示。如果膜电导率太低，可以通过在电解室中循环一定浓度的 KOH 溶液来增加膜的电导率。

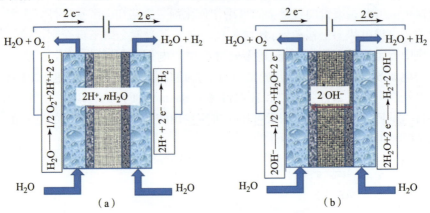

图 2.4　不同电解室示意

（a）PEM 电解室示意；（b）AEM 电解室示意

图 2.5 所示为传统碱性电解室示意，这是一个"间隙"电解室，其中气体在电极和中间隔膜之间形成，因此限制了电流密度的增加。

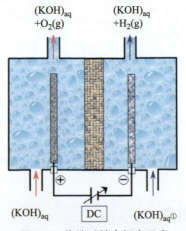

图 2.5　传统碱性电解室示意

使用聚合物电解质电解室的工作温度范围可以扩展到几百摄氏度，但通常情况下，这是通过浸渍非挥发性酸，如磷酸来实现的。在 300~600℃，聚合物电解质存在几乎没有离子导电材料的间隙。在 600℃ 以上，氧离子导电陶瓷作为电解

---

① aq：aqueous，含水的。

室隔膜和电解质。在这种材料中，离子载流子是氧离子（O^{2-}）。水分解的半室反应式为

$$O^{2-} \longrightarrow \frac{1}{2}O_2 + 2e^- \tag{2.6}$$

$$H_2O + 2e^- \longrightarrow H_2 + O^{2-} \tag{2.7}$$

图 2.6 为固体氧化物电解水（Solid Oxide Water Electrolysis，SOWE）的示意。薄电解质层担载在阳极或阴极，有助于显著提高效率。

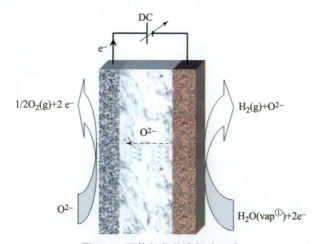

图 2.6　固体氧化物电解水示意

2.3　热 力 学

2.3.1　理想热化学

电解水反应式（2.1）是一种热力学转换。在转换过程中，质量和能量守恒。考虑图 2.7 的试验，可以在恒定的工作温度和压力下分析反应热能量。将电化学电解室置于等温恒温器，化学物质以恒压保持在电解室内。

假设反应发生在接近平衡的条件下（没有内部损耗），则温度 T 和压力 p 下的热能量转换满足吉布斯 – 亥姆霍兹方程，即

$$\Delta H(T,p) = \Delta G(T,p) + T\Delta S(T,p) \tag{2.8}$$

---

① vap：vapor，蒸汽水。

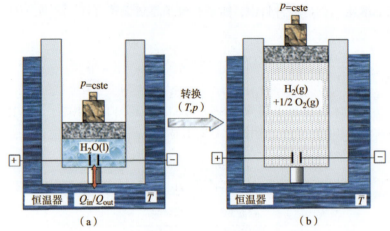

图 2.7 恒温恒压条件下电解水转换示意（图中：+表示正极，-表示负极）
(a) 初始状态；(b) 最终状态

焓变 ΔH 是 1 mol 水分子分解所需总能量的量度。由于分子数量的增加和液体转化为气体，熵变 ΔS 为正。在恒定温度下，伴随熵增加所需的热能由 $T\Delta S$ 给出。因此，式（2.8）给出的是分解 1 mol 水所需的电能 ΔG。

式（2.8）还表明，在恒定 (T, p) 条件下，反应热力学是 T 和 p 的函数。从工程角度来看，感兴趣的温度范围介于环境温度（在接近环境温度条件下电解液态水）和 900℃（SOWE）之间。在化学工业，实际可行和感兴趣的压力上限高达 800 bar（如提高燃料电池车辆的机动性）。然而，在如此高的压力下电解水，增加了额外成本，因此高压电解槽的工作压力通常限制为 50~100 bar，并与机械压缩机连接。

1. 工作温度的影响

在整个关注的 (T, p) 范围内，水分解反应是一个吸能（非自发）过程。图 2.8 总结了 1 bar 时的普遍情况。

在该范围内，总能量需求 $\Delta H(T, p)$ 几乎是恒定的，在（100℃，1 bar）的不连续性是由于水汽化造成的；熵变也几乎是恒定的，（在 100℃，1 bar）时的不连续性也是由于水汽化造成的，熵变所需的热量是温度的线性函数。由于这种趋势，吉布斯自由能变 $\Delta G(T, p)$ 随 T 减小（随 p 增大，如下所述）。为了比较，图 2.8 总结了 100℃ 以上高压液态水电解的普遍情况（虚线）。在这种情况下，分解水所需的能量更大，因为水仍然是液态。当然有一个压力极限，超过这个极限是不可能的，因为压力会随着温度的升高而迅速增加。电解水温度可以提高到 150℃，这是在更高的动力学、最小的腐蚀性和高压带来的额外成本最小之间的一个很好的折中。

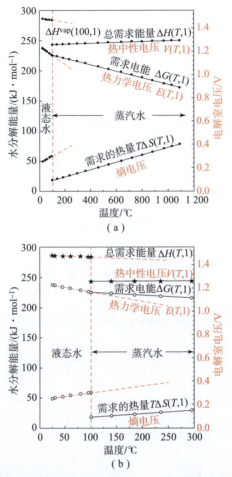

图2.8 电解水的 $\Delta H(T,1)$、$T\Delta S(T,1)$ 和 $\Delta G(T,1)$ 曲线

(a) 0~1 200℃时的变化情况；(b) 0~300℃时的变化情况

（注：---为高压液态水）

2. 工作压力的影响

假设电解水生成的是干燥和理想的气体（实际情况需要校正），考虑基础热力学，工作压力对水分解反应热化学的影响如下。

在 (T, p) 条件下，假设理想气体为 n mol，水分解系统的吉布斯自由能的微分形式为

$$\mathrm{d}G = \left(\frac{\partial G}{\partial T}\right)_{p,n} \mathrm{d}T + \left(\frac{\partial G}{\partial p}\right)_{T,n} \mathrm{d}p + \left(\frac{\partial G}{\partial n}\right)_{T,p} \mathrm{d}n \tag{2.9}$$

根据热力学第一定律和热力学第二定律

$$\mathrm{d}G = V\mathrm{d}p(\mathrm{FP}) + S\mathrm{d}T(\mathrm{SP}) \tag{2.10}$$

则

$$\left(\frac{\partial G}{\partial p}\right)_{T,z} = \Delta \bar{V} \tag{2.11}$$

式中：$\Delta \bar{V}$ 为与压力变化相关的摩尔体积变化；z 为总反应中交换的电子数。

设 E 为电解室电压，则

$$\left(\frac{\partial E}{\partial p}\right)_T = \frac{1}{zF}\left(\frac{\partial \Delta G}{\partial p}\right)_T = \frac{\Delta \bar{V}}{zF} \tag{2.12}$$

考虑到压力对液态水体积的影响很小，$\Delta \bar{V}$ 仅考虑气态物种。假设这些气体是理想的，则

$$\Delta \bar{V} = \sum_i v_i \frac{RT}{p_i} \tag{2.13}$$

式中：R 为理想气体常数；p_i 和 v_i 分别为物种 i 的分压和化学计量系数，则

$$\left(\frac{\partial E}{\partial p}\right)_T = \sum_i v_i \frac{RT}{zFp_i} = \sum_i \left(\frac{\partial E}{\partial p_i}\right)_T \tag{2.14}$$

在恒定工作温度下，从参考分压 p° 积分，得

$$E = E^\circ + \sum_i v_i \frac{RT}{zF}\ln\left(\frac{p_i}{p^\circ}\right) \tag{2.15}$$

应用于电解水，有

$$E = E^\circ + \frac{RT}{2F}\ln\left(\frac{p_{H_2}}{p^\circ}\sqrt{\frac{p_{O_2}}{p^\circ}}\right) \tag{2.16}$$

设 p° 为大气压力，p 为电解水系统总压力。忽略 H_2 和 O_2 中水蒸气的饱和压力，并假设阳极 $p_{O_2} = p$，阴极 $p_{H_2} = p$（当电解室在阳极室和阴极室中均以恒压平衡工作时），得出以下关系：

$$E = E^\circ + \frac{3RT}{4F}\ln p \tag{2.17}$$

当压力从 p_1 到 p_2 的变化时，电解室的电压变化为

$$\Delta E = \frac{3RT}{4F}\ln\left(\frac{p_2}{p_1}\right) \tag{2.18}$$

在这种假设下，应用理想气体的一般热状态方程，推导了电解水关注的（T,p）范围内的压力修正的热力学函数。图 2.9 所示为电解水关注的（T, p）范围的热力学电压 $E(T,p)$ 的关系简化图。

这些数据有助于确定电解水最关注的（T, p）范围吗？答案是肯定的，但也不完全。其他因素（如电解室材料的可用性、成本和稳定性、反应动力学）也需要考虑。通过粗浅分析可以得出结论：在高温（600～900℃）下分解水比在

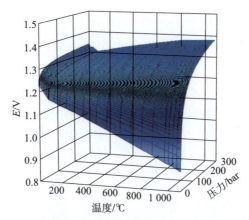

图2.9 电解室热力学电压 $E(T, p)$ 关系简化图

近环境温度（NAT）的条件下分解水更为有利，因为大约1/3的总能量需求可以由热量提供。当使用热机发电时，电能是热能的4~5倍。当使用可再生能源（太阳能电池板或风力涡轮机）时，情况并非如此，且在600~900℃温度下，火用含量（Exergy Content，EC）远高于NAT的火用含量。在比较NAT和高温电解水技术时，需要考虑上述因素。

2.3.2 非理想热化学

考虑以下事实，2.3.1节中描述的情况需要修正：①电解水过程中产生水蒸气饱和气体；②气体压力大于10 bar时，不能作为理想压力处理。

2.3.2.1 水蒸气的影响

电解室或电解槽制取的气体被水蒸气饱和。在气体排出条件 (T, p) 下，热力学电压的表达式可以通过这些气体的分压修正，分压简单处理为电解室总压力和水饱和压力之间的差值：

$$E = E^\circ + \frac{RT}{2F}\ln\left[\frac{p^A - p_{H_2O}^{sat}(T,p^A)}{p^\circ}\sqrt{\frac{p^C - p_{H_2O}^{sat}(T,p^C)}{p^\circ}}\right] \quad (2.19)$$

式中：p^A 为阳极室总压力（Pa）；p^C 为阴极室总压力（Pa）；$p_{H_2O}^{sat}$ 是 (T, p) 条件下水的饱和压力（Pa）。上标 A、C 和 sat 分别代表阳极、阴极和饱和。

因此，通过水蒸气分压降低反应物（H_2 和 O_2）的分压，可以降低电解过程中的电能需求，但还需要能量对气体进行干燥，以便于下游应用（如储气）。

2.3.2.2 压力引起的非理想效应

由压力增加产生的非理想效应可以通过使用对真实气体有效的热状态方程来评估。Hanke - Rauschenbach 等在 *Handbook of Hydrogen Energy* 中发表了理想的、干燥的和湿润的氢气和氧气的热力学电压与工作压力 p（bar）的函数关系图。与参考情况（理想和潮湿）的偏差随着工作压力 p 的增加而增加。在压力 100 bar 和温度 60℃时，忽略非理想性，将低估 1.3% 的能源需求，高估 9.7% 的热量需求。

2.3.3 电化学热力学

电解水反应是一个吸能过程。这意味着在恒温恒压条件下，标准吉布斯自由能变为正。如上所述，在更大范围（T, p）工作条件下，这种情况普遍存在。然而，电解反应可以通过提供等量的电能来进行。根据热力学第一定律（能量守恒定律），在（T, p）条件下分解 1 mol 水所需的电量 [反应式（2.5）和式（2.6）] 等于在相同（T, p）条件下电解水反应的吉布斯自由能变：

$$E(T,p) = \frac{\Delta G(T,p)}{2F} \tag{2.20}$$

式中：$\Delta G(T,p)$ 为（T, p）条件下，电解水反应的吉布斯自由能变；F 是法拉第常数，96 485.33 C/mol；E 为电解室的热力学电压（V）（在可逆、非耗散条件下，电解水转换的电解室电压）。

因此，$E(T,p)$ 是需要作用在电解室上的最小电压，此时可以观察小电流在电解室流动。仔细观察这一情况可以发现，在恒定（T, p）条件下，需要提供给电解室分离 1 mol 水的能量实际上是电能 ΔG 和热能（$T\Delta S$）的总和。因此，很方便引入热中性电压 $V_{tn}(T,p)$，即

$$V_{tn}(T,p) = \frac{\Delta H(T,p)}{2F} \tag{2.21}$$

式中：$\Delta H(T,p)$ 为（T, p）条件下，电解水反应的焓变；F 为法拉第常数；V_{tn} 为电解室水分解的热中性电压（V），下标 tn 表示热中性（thermoneutral）。

在实际工作条件（$j \neq 0$）下，$U_{cell}(T,P)$ 为电解室上作用的电压。根据热力学电压、热中性电压和电解室电压之间不同的关系，电解室有以下 3 种工作情况。

(1) $U_{cell}(T,p) < E(T,p)$，电解室内没有电流，不会发生电解水。

(2) $E(T,p) < U_{cell}(T,p) < V_{tn}(T,p)$，电解室内有净电流，发生电解水。然而，电解室内耗散不足以提供所需的热能。在这个电压范围内，电解室在吸热模式下工作。

(3) $U_{cell}(T,p) > V_{tn}(T,p)$，大量电流流经电解室，电解水反应速度更快。由于内耗散产生的热量比 (T, p) 条件下所需焓变的能量更多，过多的热量将散发到环境中。在这个电压范围内，电解室工作在放热模式。

因此，热中性电压是由于内耗散而由直流电源提供熵增加所需热量的电压。图 2.8 显示了 E（T, 1 bar）和 V（T, 1 bar）在适用温度范围内的曲线。

2.4 非平衡热力学

2.4.1 耗散源的回顾

非平衡热力学是热力学的一个分支，也称不可逆过程热力学，用于分析热力学不平衡系统。这是电流（$j \neq 0$）流经电解室的情况。两种主要能量耗散类型是电荷载流子（电解室中大面积金属零件和金属/金属界面上的电子，以及电解质中的离子）的传输和两个金属/电解质界面上的电荷转移过程。第一类耗散遵循欧姆定律：

$$\Delta U = RI \tag{2.22}$$

第二类耗散遵循 Butler – Volmer 方程（简称巴伏方程），该方程是针对单电子转移推导出来的，然后推广到多步（最终是多电子）反应方案。流过电化学界面的电流是电荷转移过电压 η 的双曲线函数：

$$j = j_0 \left\{ \exp\left[\frac{\beta F}{RT}\eta\right] - \exp\left[\frac{(1-\beta)F}{RT}\eta\right] \right\} \tag{2.23}$$

式中：j 为穿过界面的电流密度（A/cm^2）；j_0 为界面表面交换电流密度（A/cm^2）；β 是几何或对称因子，大多数试验接近 0.5；F 为法拉第常数（96 485.33 C/mol）；R 为理想气体的常数（8.134 J/(mol·K)）；T 为热力学温度（K）；η 为过电压（V）。

对于较大的过电压（大于 20 mV），可以忽略其中一个指数，得到两种极限情况，推导出塔菲尔斜率，即 $\eta = f(\ln j)$ 曲线的斜率，单位为每 10 倍电流密度过电位的变化量，即 mV/dec，有

$$\frac{\partial \eta}{\partial j} = \left(\frac{RT}{\beta F}\right)\frac{1}{j} \tag{2.24}$$

式（2.24）表明电荷转移的电阻与电流（或电势）有关，因此任何电化学

界面都是耗散的，相当于电阻与电位相关。因此，电解室界面电压分布由系列斜坡电位（在整个电解室内）和跳跃电位（在界面处）组成。图 2.10 定性地显示了 PEM 电解室在电解水时截面上的电压分压情况。最显著的压降出现在催化层（2 和 2'）。

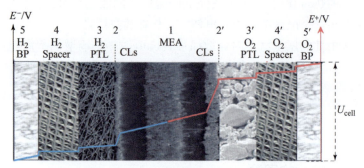

图 2.10　PEM 电解室电解水时电压轴截面分布

1—膜电极（Membrane Electrode Assembly，MEA）；2，2'—催化层（Catalytic Layers，CLs）；3，3'—多孔传输层（Porous Transport Layers，PTL）；4，4'—绝缘扰流层（Spacer）；5，5'—端板（Back Plate，BP）

2.4.2　析氢反应

H_2/H^+ 氧化还原偶是最快的电化学偶。关于析氢反应（Hydrogen Evolution Reaction，HER）机制的试验和理论信息极其丰富且文献充分，可在有关科学文献中找到[28]。在液体介质和 NATP 操作条件下，为了分析半电解室反应机理的动力学，吸附自由能是一个起决定性的特性，这一点现在已经证明并被广泛接受。

2.4.2.1　酸性水介质

在酸性介质中，质子是反应物，与催化剂表面共价键合的氢原子是中间物种。设 M 为金属反应位点，在这类介质中，普遍接受的 HER 机理有两种。

（1）Volmer - Tafel 机理（DCD）：

$$M + H_3O^+ + 1e^- \longrightarrow M\text{—}H + H_2O \quad (第一步，Volmer = D)$$

$$M\text{—}H + M\text{—}H \longrightarrow 2M + H_2 \quad (第二步，Tafel = CD)$$

（2）Volmer - Kobosew - Nekrassow 机理（DED）：

$$M + H_3O^+ + 1e^- \longrightarrow M\text{—}H + H_2O \quad (第一步，Volmer = D)$$

$$M + M\text{—}H + H_3O^+ + 1e^- \longrightarrow 2M + H_2 + H_2O \quad (第二步，Kobosew - Nekrassow = ED)$$

（1）和（2）中：DCD（Discharge followed by Chemical Desorption）表示放

电-化学解吸；CD（Chemical Desorption）表示化学解吸；DED（Discharge followed by Electrondic Desorption）表示放电-电解吸；D（Discharge）表示放电；ED（Electrochemical Desorption）表示电化学解吸。

以上 4 个步骤，任何一个步骤都可能是反应决速步（Rate Determining Step，RDS）。表 2.1 汇总了 HER 在不同 RDS 下的塔菲尔斜率。

表 2.1　HER 在不同 RDS 下的塔菲尔斜率

反应机理	机　理	塔菲尔斜率/(mV·dec^{-1})
DCD	D 是 RDS 第二步 CD	120
DCD	D 很快 第二步 CD，RDS	30
DED	D 是 RDS 第二步 ED	120
DED	D 很快 第二步 ED，RDS	40

在酸性水介质中，HER 在光滑 Pt（铂）电极上的交换电流密度 $j_0 \approx 10^{-3}$ A/cm^2。在 PEM 电解槽的粗糙度系数可达 800。在酸性介质中，Pt 的 HER 机理为 DCD，化学脱附（Tafel）步为 RDS。在低过电压（低 H 覆盖）下，试验观察到 Pt 的塔菲尔斜率为 30 mV/dec。

2.4.2.2　碱性介质

在碱性介质中，水分子是反应物，氢离子是中间物。HER 通常通过两个步骤进行：①催化剂将 H$_2$O 分子分解为氢氧根离子（OH$^-$）和一个吸附氢原子 H$_{ads}$（Volmer 步）；②氢分子通过氢原子和水分子的相互作用（Heyrovsky 步）或两个 H 原子的组合（Tafel 步）。氢氧根离子表面吸附结合能高于质子，这可以解释当电解质 pH 值增加时，Pt 的活性降低。一般认为，从催化剂的角度来看，无论 pH 值是多少，元素周期表中都有一个共同的活性趋势。

2.4.2.3　固体氧化物

SOWE 电解室的优势在于，在工作温度 650~900℃范围内，电解半室反应动力学远高于 NATP 条件下发生的动力学，这是因为非均相化学反应动力学受热激活。在 SOWE 电解室中，氢是通过水分子的还原[半室反应式（2.7）]生成的。迄今为止，镍钇稳定氧化锆（Nickle-Yttria-Stabilized Zirconia，Ni-YSZ）金属陶瓷是 SOWE 电解室中使用最广泛的阴极材料。对此类界面的电化学阻抗谱（Electrochemical Impedance Spectroscopy，EIS）分析表明，Ni-YSZ 电极中的 H_2O 吸附和扩散是整个电解反应的反应决速步。

2.4.3 析氧反应

类似的方法可用于分析阳极的析氧反应（Oxygen Evolution Reaction，OER）机理。然而，析氧电位高于所有金属的标准溶解电位，需要电子导电和保护氧化层（或大量氧化物材料），以避免快速和破坏性的金属溶解。含水非晶氧化层的结构和活性金属组分的氧化状态具有强烈的电位依赖性，并在 OER 过程中不断发生变化。因此，发生 OER 的表面通常没有很好的定义，反应机理也很难评估。

2.4.3.1 酸性介质

在酸性介质中，OER 条件非常恶劣。pH=0 时，OER 标准电位为 1.23 V（图 2.3）。另外，OER 反应缓慢，需要更高的工作电位（通常为 2.0 V）才能达到实际需要的电流密度。二氧化铱（IrO_2）是酸性介质中最常用的 OER 材料。根据用于反应的电催化剂的类型，假设了不同的反应机理。根据 Krasilshchikov 机理，在酸性介质中，贵金属氧化物（如大多数 PEM 电解槽中使用的氧化物）普遍存在的 4 个反应步骤如下：

(1) $M + H_2O \longrightarrow M-OH_{ads} + H^+ + e^-$

(2) $M-OH_{ads} \longrightarrow M-O_{ads} + H^+ + e^-$

(3) $M-OH_{ads} + M-OH_{ads} \longrightarrow M-O_{ads} + M + H_2O$

(4) $M-O_{ads} + M-O_{ads} \longrightarrow 2M + O_2$

上述步骤（1）~（4）中，M 为反应位点。（1）→（2）→（3）与（1）→（2）→（4）代表两条并行的反应路径。

这 4 个步骤中的任何一个都可能是反应决速步。表 2.2 汇总了每种情况下的塔菲尔斜率。

表 2.2　OER 中不同反应决速步（RDS）的塔菲尔斜率

反应步骤	机 理	塔菲尔斜率/($mV \cdot dec^{-1}$)
(1)	羟基形成是 RDS	140
(2)	羟基去质子化是 RDS	70
(3)	去质子化羟基的氧化是 RDS	47 或 140
(4)	O_2 的析出是 RDS	18

酸性水介质中，IrO_2 的 OER 的交换电流密度 $j_0 \approx 10^{-6}$ A/cm²。PEM 电解室的粗糙度系数可达 200。酸性介质中，IrO_2 的 OER 机理难以评估。然而，人们通常认为 Krasilshchikov 机理占主导。低电流密度下，在低过电压 [低 OH 覆盖率，即反应路径的步骤 (3)] 下，试验观察到的塔菲尔斜率为 47 mV/dec。在高过电压 [高 OH 覆盖率，即反应路径的步骤 (2)] 下，试验观察到的塔菲尔斜率更高，为 70 mV/dec。

2.4.3.2 碱性介质

在碱性介质中，普遍接受的 OER 机理包括羟基离子（OH^-）作为反应物种和不同的中间物种。普遍存在的 4 个反应步骤如下：

(1) $M + OH^- \longrightarrow M\text{—}OH_{ads} + e^-$

(2) $M\text{—}OH_{ads} + OH^- \longrightarrow M\text{—}O_{ads} + H_2O_{(l)} + e^-$

(3) $M\text{—}O_{ads} + OH^- \longrightarrow M\text{—}OOH_{ads} + e^-$

(4) $M\text{—}OOH_{ads} + OH^- \longrightarrow M + O_{2(g)} + e^-$

上述步骤 (1)~(4) 中，M 为反应位点。

2.4.3.3 固体氧化物

在 SOWE 电解室中，掺锶锰酸镧（LSM）被广泛用作阳极材料。氧离子在阳极上氧化形成氧分子 [式 (2.6)]。根据 EIS 测量结果，提出了一种将表面分离的 SrO 并入 LSM 晶格，并在 LSM-YSZ 电极中生成氧空位的活化过程，用于氧化 LSM-YSZ 电极上的氧离子。这是一条非常快速而直接的反应路径。另外，在这种温度下，水/氧的氧化还原反应（OER 和 ORR）是完全可逆的（图 2.11），OER 过电压不明显。

2.4.4 $I\text{-}V$ 曲线

电解室的关键性能指标是电解室电压与电流密度的关系（称为 $I\text{-}V$ 曲线，或电解室极化特性，见第 3 章）。图 2.11 比较了在碱性电解室、PEM 电解室和 SOWE 电解室上测量的典型 $I\text{-}V$ 曲线。

为了便于比较不同大小和形状的电解室/电解槽，通常使用电流密度 i（单位：A/cm² 或 mA/cm²）代替 $I\text{-}V$ 图形 X 轴的电流 I（单位：A 或 mA）。所谓的 $I\text{-}V$ 曲线，是在特定 (T, p) 工作条件下，测量或计算的电流密度与电解室电

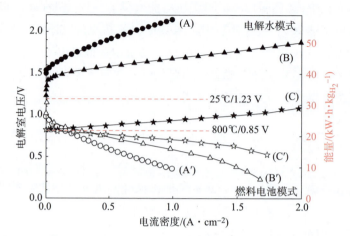

图 2.11 典型 I – V 曲线（上侧为电解水模式，下侧为燃料电池模式）

(A)—碱性电解水；(B)—PEM 电解水；(C)—固体氧化物电解水；
(A′)—碱性燃料电池；(B′)—PEM 燃料电池；(C′)—固体氧化物燃料电池

压的关系。在 (T, p, $i \neq 0$) 工作条件下，作用在电解室上的电压始终大于相同 (T, p) 条件下的热力学电解室电压，因为需要提供足够的能量，以确保载流子循环。在电解室中可以观察到传输质量的限制。在碱性电解室中，"间隙"电解室的设计很容易在电极表面形成高电阻气体膜，并产生气体屏蔽效应。这个问题可以通过使用"零间隙"电解室设计来解决，此时多孔电极压在电解室隔膜上。在质子交换膜电解室中，PTL 和 CL 之间界面的气体屏蔽效应已被证实。在固体氧化物电解室中，在较高的电流密度下，水蒸气的传输有时是 RDS，但其动力学要比 NATP 条件下快得多。特别是不存在强的水 – 氧不可逆性。与 NATP 电解室相比，SOWE 电解室 I – V 曲线的斜率（电解室内阻）通常要低得多。

这些 I – V 曲线的解析表达式可以通过将电解室内不同的电压相加而轻松推导出来。假设质量传输不受限制，得

$$U_{cell}(i) = \frac{\Delta G(T,p)}{2F} + \eta_{act}^{an}(i) + |\eta_{act}^{cat}(i)| + i \sum R_{cell} \qquad (2.25)$$

式中：$U_{cell}(i)$ 为电解室电压（V）；$\frac{\Delta G(T,p)}{2F}$ 为电解水的热中性电压（V）；$\eta_{act}^{an}(i)$ 和 $|\eta_{act}^{cat}(i)|$ 分别为阳极和阴极的激活过电压（V）；$\sum R_{cell}$ 为电解室各种内阻之和（$\Omega \cdot cm^2$）；i 为工作电流密度（A/cm^2）；下标"act"表示激活

(activation); 上标 "an" 和 "cat" 分别表示阳极 (anode) 和阴极 (cathode)。

PEM 电解室典型的电流密度和电压曲线如图 2.12 所示。在电解室电压为 2.0 V 时，电流密度接近 2 A/cm^2，这是实际 PEM 电解室的典型电压值。在此类电解室中，膜电阻电压 RI-mem 和 OER 过电压 η_{O_2} 是两个最重要的耗散项。

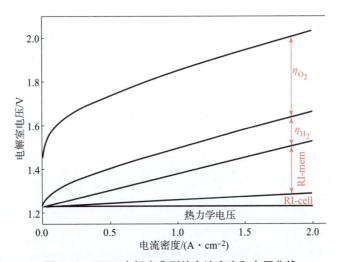

图 2.12　PEM 电解室典型的电流密度和电压曲线

通过计算电解室的热中性电压，或电解室电压等于热中性电压时的工作电流密度，可以方便地比较主要电解水技术的性能（图 2.13）。如上所述，这时内部散发的热涵盖了熵变所需的电解室电压。对于工作温度接近环境温度（PEM 电解室和碱性电解水），OER 动力学缓慢，水氧化成氧气是一个强烈的不可逆过程（这与固有的较小交换电流密度有关，即使在 IrO_2 上也是如此）。当电流密度开始流过 PEM 电解室和碱性电解室时，电解室电压迅速增加。在相对较低的电流密度（小于 50 mA/cm^2）下，就可达到热中性点，且此类电解室的吸热操作范围（需要外部热源的电流密度范围）较窄。在固体氧化物电解室中，在更高的电流密度下才能达到热中性电压 U_{tn}，吸热工作范围更大。这提供了 SOWE 在吸热（外部热源满足热需求，提供了使用废热的可能性）、自热（通过内部散热就地提供准确的热需求，不需要额外冷却）或放热（直流电源和散热本身就可满足热需求，需要冷却电解室）等工作模式的可能性。

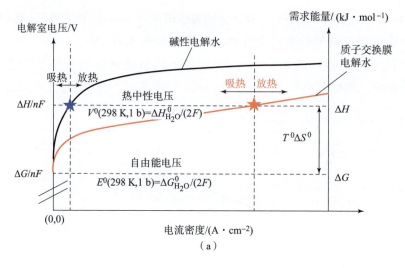

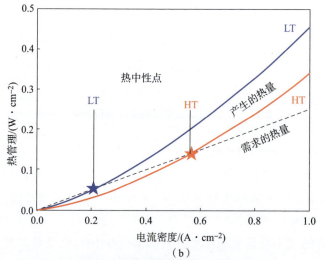

图2.13 质子交换膜和碱性电解水工艺的热中性点
（LT：低温；HT：高温）
(a) 环境温度下热中性点；(b) 高温和低温状况下热中性点

2.5 电解室效率

本节简单介绍在NAT条件下运行的电解室/电解槽效率的定义（详细内容见第4章）。

2.5.1 能量效率

利用电进行水分解反应的热力学效率仅基于热力学考虑。文献中的表达式通常是基于不同的简化假设推导的：①条件为恒定的（T, p）；②在能量平衡中，没有考虑在恒定（T, p）条件下，产生和保持液态水（或水蒸气）和反应物所需的能量，只考虑电解水反应的能量，电解室的实际贡献也被忽略。此类定义仅表示电解水反应的效率 ε_d：

$$\frac{\varepsilon_d}{100} = \frac{可逆条件的需求能量}{不可逆条件的需求能量} \tag{2.26}$$

目前，应用的3种主要效率定义如下：

$$\frac{\varepsilon_d(T,p)}{100} = \frac{U_{tn}(T,p)}{U_{tn}(T,p) + U_{cell}(T,p) - U_{rev}(T,p)} \leqslant 1 \tag{2.27}$$

$$\frac{\varepsilon_d(T,p)}{100} = \frac{U_{rev}(T,p)}{U_{cell}(T,p)} \leqslant 1 \tag{2.28}$$

$$\frac{\varepsilon_d(T,p)}{100} = \frac{U_{tn}(T,p)}{U_{cell}(T,p)} \leqslant 1 \tag{2.29}$$

式中：$U_{cell}(T,p)$、$U_{rev}(T,p)$ 和 $U_{tn}(T,p)$ 分别为电解室在（T, p）条件下的电解室电压、可逆电压和热中性电压。

图 2.14 所示为恒定（T, p）条件下电解室的能量效率曲线。

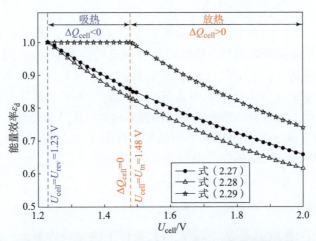

图 2.14 恒定（T, p）条件下电解室的能量效率曲线

第1个定义考虑了所有能量需求（电能和热能）；第2个定义只考虑了电能要求；第3个定义的分子考虑了所有能量需求（电能和热能），但分母忽略了可

逆热输入。在吸热范围内，盲目使用效率公式会导致电解室效率大于1。关于使用哪一个定义，文献中没有普遍一致的意见。在大多数情况下，各种效率百分比都是在没有相应定义的情况下给出的，这使得电解室的性能比较更加困难。

2.5.2 工业能量效率

工业上计算电解水装置能量效率 ε_{indus} 的定义与学者使用的定义不同，原因有很多，尤其是：①在能量平衡中，需要考虑辅助系统（Balance of Plant，BoP）中所有辅助设备消耗的能量；②电解装置产物（$H_2 + O_2$）的能量含量，仅考虑氢气的能量含量。准确地说，产物能量是氢气在氧气中燃烧的高热值。因此，最常用的定义为

$$\frac{\varepsilon_{indus}}{100} = \frac{H_2 \text{能量含量}}{\text{总电能}} \qquad (2.30)$$

这是一种非常实用且面向商业的方法，它给出了电解装置总效率的定义。然而，由于这种定义在一定程度上具有特定的技术和特定的应用场景的特点，且制取气体的（T, p）条件可能非常不同所以很难用于比较不同的电解装置。一般可通过选择一个参考点进行比较，例如标准状况或常用的（T, p）条件，但需要进行（T, p）校正。

2.5.3 库仑效率

在理想情况下，电解室中使用的隔膜应能渗透离子，但氢和氧不能交叉渗透，尤其当使用多孔隔膜或聚合物隔膜时（陶瓷的情况不同）。因此，氢气和氧气会发生交叉输运。阳极上氢气的自发再氧化（或未反应氢对氧气流的污染）和阴极上氧的还原（或未反应氧对氢气流的污染）都属于寄生反应，导致少量产物损失，降低了电解室的库仑效率或法拉第效率。库仑（电流）效率 $\varepsilon_C(T, p, i)$ 是该效率的度量。在理想情况下，该效率应等于1。在实际的电解室中，$\varepsilon_C(T, p, i) < 100\%$。对于具体的电解室组件和电解室设计，$\varepsilon_C$ 主要是工作温度 T、工作压力 p 和工作电流密度 i 的函数：

$$\varepsilon_C(T, p, i) = 1 - \frac{2F}{iA_{cell}}[\dot{n}_{H_2\_loss}(T, p, i) + 2\dot{n}_{O_2\_loss}(T, p, i)] \qquad (2.31)$$

式中：$\varepsilon_C(T, p, i)$ 为电解室在（T, p, i）条件下的库仑效率；F 为法拉第常数（96 485.33 C/mol）；i 为工作电流密度；A_{cell} 为电解室电解过程的电化学表面面积（m^2）；$\dot{n}_{H_2\_loss}$ 和 $\dot{n}_{O_2\_loss}$ 分别为气体交叉渗透损失的氢气和氧气的摩尔流量 [mol/($cm^2 \cdot s$)]。

在理想的电解室中，$\dot{n}_{\text{H}_2\_\text{loss}} = \dot{n}_{\text{O}_2\_\text{loss}} = 0$，$\varepsilon_\text{C}(T,p,i) = 1$，与 (T, p, i) 操作条件无关。在实际的电解室中，$\dot{n}_{\text{H}_2\_\text{loss}} \neq \dot{n}_{\text{O}_2\_\text{loss}} \neq 0$，$\varepsilon_\text{C}(T,p,i) \neq 1$。由于氢气和氧气的交叉渗透流速很小且难以测量，所以 ε_C 也可以通过计算工作期间氢气流量与电解室的电流（单位为单位时间的摩尔数）之比来确定。

2.6 小　　结

电解水是实现能源架构转换的不可获缺的基础技术，它非常适合电力-气体应用，即将可再生能源直接转化为氢气，这是一种多用途和多功能的能源载体，可用于能源和运输部门的脱碳。

水分子分解成氢分子和氧分子是一种吸能化学转化，可以在一定温度（环境温度~1 000℃）和压力（1~800 bar）的范围内进行反应。各种用于该目的的电解室概念（设计）具有不同的优点和缺点。使用质子或氢氧根离子聚合物导体，在接近环境温度和压力的条件下进行液态电解水的设备，现在已经得到了很好的开发。商用电解槽规模可达数兆瓦。

众所周知，PEM 电解室柔性高，适合提供电网服务，而碱性水电解室则适合在固定条件下生产廉价的氢气。高温 SOWE 电解室的概念正在得到越来越多的研究，并且在负载循环条件下显示出更好的稳定性。目前，这些不同类型的电解室之间还不能说存在着激烈的竞争（除了成本方面，它们目前的成熟度水平差异显著）。事实上，市场上有不同的技术是一件好事，这些技术具有不同和互补的特点，以应对不同的细分市场，并为氢经济的发展作出贡献。科学界和工业界也在进行着持续的研发工作，以提高电解水系统效率和降低电解水系统成本。

第3章

电解水的极化特性

3.1 引　　言

电解水极化曲线是电解室电压和电流密度之间的关系，称为极化特性。极化特性是电解室的重要特性，也是电解水技术的一项关键指标。电流密度越大，电解室电压越低，电解水极化特性越好。换言之，在一定的电压下，电解室电流密度越大，电解室性能越好。

本章梳理了目前常用的三种电解水极化特性模型——Ulleberg 模型、Ernesto 模型和 Maximillian 模型。这三种模型都属于半经验模型，由于它们没有反映电解室结构、电解室材料、电解液、隔膜等物理参数的影响，所以不便于进行电解室结构设计优化。

为体现电解室物理参数对极化特性的影响，即建立基于电解室物理模型的极化特性，本章重点介绍一种组件化建模方法，并结合碱性水电解槽 HRI 和 PHOEBUS 的试验数据，对模型进行验证，分析一些物理参数，如温度、电流密度、粗糙度系数、润湿因子等的影响规律。

3.2 接近环境温度下电解室工作原理

3.2.1 质子交换膜电解室

质子交换膜燃料电池（PEMFC）和质子交换膜电解室（PEMEC）原理如图 3.1 所示。图 3.1（a）为质子交换膜燃料电池（PEMFC）。图 3.1（b）为质子交换膜电解室，在电解室的阳极室充满液态去离子水，根据式（3.1），水分子在阳极［通常由非担体的铱（Ir）基氧化物颗粒构成］催化氧化，产生氧气和质子。

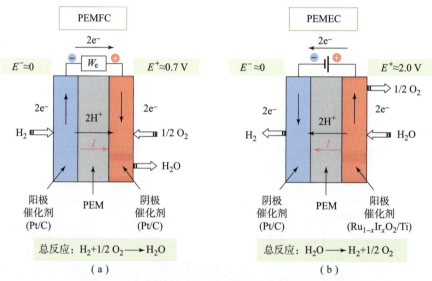

图 3.1 质子交换膜燃料电池和质子交换膜电解室原理

阳极反应为

$$H_2O \longrightarrow \frac{1}{2}O_2 + 2H^+ + 2e^- \tag{3.1}$$

和标准氢电极（Standard Hydrogen Electrode，SHE）相比，阳极电势为 1.23 V，记为

$$E_a = 1.23 \text{ V vs. SHE}$$

氧气在气相中生成，并从电解室中逸出。电子在外部电路中循环，水和质子穿过聚合物膜流向阴极［通常由无担体的 Pt 颗粒或碳担体的 Pt 纳米颗粒制成］。在阴极，质子被外部直流电源注入的电子还原。因此，根据半室反应式（3.2）

产生氢气。

阴极反应为

$$\begin{cases} 2H^+ + 2e^- \longrightarrow H_2 \\ E_c = 0.00V \text{ vs. SHE} \end{cases} \tag{3.2}$$

在式（3.1）和式（3.2）之间的电平衡，对应于将水电化学分解为氢气和氧气，即总反应为

$$H_2O \longrightarrow \frac{1}{2}O_2 + H_2 \tag{3.3}$$

在标准状况（$T = 25℃$，$p = 1$ bar，液态水）下，电解水反应的热力学分析得到以下数据：

$$\Delta H^0 = +285.8 \text{ kJ/mol } H_2O \text{ 和 } \Delta G^0 = +237.2 \text{ kJ/mol } H_2O$$

这个值和标准电解室电压等效，即

$$U_{rev}^0 = E_a - E_c = \Delta G^0/(2F) = 1.229 \text{ V} \approx 1.23 \text{ V}$$

这些电化学半电解室反应与使用酸性电解质（如磷酸或质子交换膜，图3.1）的燃料电池中发生的反应完全相反。在 PEM 电解室或 PEM H_2/O_2 燃料电池中，最常用的膜材料是全氟磺酸（perfluorosulfonicacid, PFSA）离子聚合物膜，可在市场上买到（如 Nafion® 产品）。膜的尺寸范围为 10~180 μm。HER 负电极或氢氧化反应（Hydrogen Oxidation Reaction, HOR）负极使用的电催化剂类似（Pt/C 纳米颗粒），因为 HER/HOR 是准可逆反应；但其正极使用的电催化剂却是不同的。氧还原反应（Oxygen Reduction Reaction, ORR）催化剂是将 Pt 基纳米颗粒分散在大表面积炭粉（如 Vulcan XC72R）表面，而 OER 是在抗腐担体 [如钛（Ti）网或泡沫 Ti] 上分散 Ir 基氧化物。

3.2.2 碱性电解室

碱性电解室（Alkaline Electrolysis Cell, AEC）的设计和布局如图3.2所示。阳极和阴极浸入液体电解质，隔膜（防止制取的 H_2 和 O_2 混合）安装在两电极中间。电解液通常使用浓度为 25%~30% 的 KOH 水溶液。电解液由泵送入电解室，收集气体产物的气泡，带走多余的热量；或使用由温度梯度和气泡浮力效应产生的自然循环（所谓的泵升程，Pump – Lift）进行碱液循环，但仅用在低电流密度范围。电解液储存在两个单独的容器中，每个容器用于一种气体产物（O_2 或 H_2），该容器也可用作气液分离器。干燥后，H_2 纯度和 O_2 纯度范围分别为 99.5%~99.9% 和 99%~99.8%。在线气体催化净化器（脱氧剂）可以使 H_2 气体达到更高的纯度（99.999% 以上）。

碱性电解的半电解室的电化学反应如下。

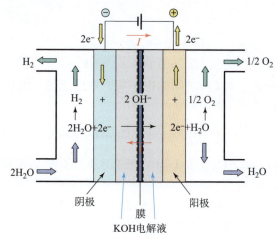

图 3.2　碱性电解室的设计和布局

阴极反应：

$$\begin{cases} 2H_2O + 2e^- \longrightarrow H_2 + 2OH^- \\ E_c = -0.828V \text{ vs. SHE} \end{cases} \quad (3.4)$$

阳极反应：

$$\begin{cases} 2OH^- \longrightarrow 1/2O_2 + H_2O + 2e^- \\ E_a = 0.401V \text{ vs. SHE} \end{cases} \quad (3.5)$$

总反应：

$$\begin{cases} H_2O \longrightarrow \dfrac{1}{2}O_2 + H_2 \\ U_{rev}^0 = E_a - E_c = 1.229 \text{ (V)} \approx 1.23 \text{ (V)} \end{cases} \quad (3.6)$$

这些电化学过程与碱性燃料电池（Alkaline Fuel Cell，AFC）中发生的过程完全相反。阳极通常由镍（Ni）或 Ni 基催化剂制成，含有 2 种或 3 种非贵金属元素［钴（Co）、锰（Mn）、NiMoFe 等］，甚至贵金属元素或氧化物（Pt、Pd、IrO_2 和 RuO_2）。阴极则由 Ni 或 Ni 基催化剂制成。非贵金属电催化剂（如 Ni 基催化剂）的优点：它们比铂族金属（Platinum Group Metal，PGM）便宜，在碱性介质中特别稳定，而且催化活性高。

3.2.3　阴离子交换膜电解室

阴离子交换膜电解是用阴离子交换膜（Anion Exchange Membrane，AEM）作为电极隔膜和固体电解液进行水的电化学分解，制取氢气和氧气。离子导体由氢氧阴离子转移实现。

图 3.3 为阴离子交换膜电解室（Anion Exchange Membrane Electrolysis Cell, AEMEC）的原理图。阴离子交换膜两侧被含有催化剂的多孔阳极和多孔阴极压紧。

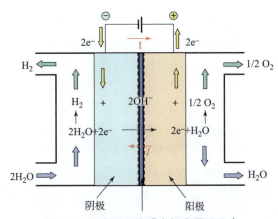

图 3.3 阴离子交换膜电解室原理示意

阳极 OER 典型的电催化剂是过渡金属氧化物（Co_3O_4、$CuCo_3O_4$ 等），稀土金属氧化物（如 $Ni/CeO_2-La_2O_3$ 沉积在微孔炭纸上）用作 HER 的阴极。水在阴极侧循环，通过外部直流电源提供两个电子，水被还原为氢气和氢氧根离子。氢氧根离子穿过阴离子膜到达阳极，而电子通过外部电路流向阴极。在阳极室，氢氧根离子失电子，被氧化为水和氧气。氧气泡从阳极表面逸出。两个半室反应都发生在对应电极的电催化剂表面，并逸出相应的气体。

AEM 电化学的分部反应如下。

阴极反应：

$$\begin{cases} 2H_2O + 2e^- \rightarrow H_2 + 2OH^- \\ E_c = -0.828\text{V vs. SHE} \end{cases} \tag{3.7}$$

阳极反应：

$$\begin{cases} 2OH^- \rightarrow 1/2 O_2 + H_2O + 2e^- \\ E_a = 0.401\text{V vs. SHE} \end{cases} \tag{3.8}$$

总反应：

$$\begin{cases} H_2O \rightarrow \dfrac{1}{2}O_2 + H_2 \\ U_{rev}^0 = E_a - E_c = 1.229\ (V) \approx 1.23\ (V) \end{cases} \tag{3.9}$$

尽管 pH 值较大，在 25℃ 时，水分子分解为氢气和氧气，仍需要 1.23 V 的理论热力学电压。然而，在实践中，因为需要额外的电压（过电压）来克服电极动力学和电解液及电解室组件的欧姆阻抗，所以高效制氢对电解室电压的要求大于 1.23 V。

在 70~90℃ 时，碱性电解室和 PEM 电解室的典型工作电压分别为 1.85~2.05 V 和 1.75 V。在 40℃ 和 400 mA/cm² 电流密度下，AEM 电解室的典型工作电压为 1.9 V。低温电解室典型的电流密度为 200~500 mA/cm²。

与质子交换膜和碱性电解室相比，AEM 电解室有几个优点：①仅使用过渡金属催化剂，而不是 PGM；②可用蒸馏水或低浓度碱性溶液（1% KOH 溶液）代替高浓度 KOH 作为电解液，使用低浓度碱性溶液可消除 K_2CO_3 的沉淀（空气中的 CO_2 在 KOH 中溶解产生的副反应）；③AEM 电解室使用的含有季铵离子交换基团的膜比基于 Nafion® 的膜便宜；④由于 AEM 中没有金属离子，CO_2 和 AEM 之间的相互作用很小；⑤无腐蚀性液体电解质，因此无泄漏、体积稳定性好、易于操作，电解室的尺寸和质量较小。总体而言，AEM 电解技术被认为是一种成本更低、更稳定的制氢技术。

3.3 半经验极化特性模型

一般电解室电压 U_{cell} 由电解水可逆电压 U_{rev}、电解液、隔膜等电阻引起的欧姆电压 U_{ohm} 和电极极化电压 U_{act} 组成，即

$$U_{cell} = U_{rev} + U_{ohm} + U_{act} \tag{3.10}$$

式中：U_{rev} 为可逆电压，是电解液温度和工作压力的函数；U_{act} 为由于电解质离子和电极表面的双层效应引起的电极极化电压，受电极材料、电极尺寸、电极形状、电极工作温度以及电极相关的其他方面影响；U_{ohm} 为由于电解液中存在气泡导致的电化学阻抗、电解液离子阻抗和电极间间隙、膜（隔膜）阻抗、电解液浓度、电解室温度、电解液类型和其他现象的综合反映，从高到低依次排列为：电极表面的氢气泡，电解液离子导电率，氧气泡，电极间距，膜电阻。

通过引入参数 r ($\Omega \cdot m^2$)、t (m^2/A) 和 s (V)，式 (3.10) 也可写为电解室电流密度 j 的函数，即

$$U_{cell} = U_{rev} + rj + s\lg(tj + 1) \tag{3.11}$$

式中：U_{rev} 为可逆电压；rj 为欧姆过电势；$s\lg(tj+1)$ 为极化过电势；参数 r 与欧姆过电势有关，参数 t 和 s 与极化过电势相关。

3.3.1 Ulleberg 模型

为了考虑温度对过电势的影响，Ulleberg 对式（3.11）进行了温度修正，即 Ulleberg 模型。该模型已被广泛用于电解水极化特性仿真。在 Ulleberg 模型中，参数 r 和 t 都考虑了温度的影响，即

$$r = r_1 + r_2 T \tag{3.12}$$

$$t = t_1 + \frac{t_2}{T} + \frac{t_3}{T^2} \tag{3.13}$$

式中：r_1 和 r_2 为欧姆电阻系数；t_1、t_2 和 t_3 为电极过电压系数。

式（3.12）表明欧姆电阻与温度线性相关，而反映极化过电势的式（3.13）是温度的二次函数。

可逆电压 U_{rev} 是在两个电极上保证电化学反应的最小电压。可逆电压可近似为常值，由吉布斯关系计算，近似为 1.229V，可表示为

$$U_{rev} = \frac{\Delta G}{zF} \tag{3.14}$$

式中：ΔG 为吉布斯自由能变；z 为转移电子数；F 为法拉第常数，F = 96 485.33 C/mol。

在 Ulleberg 模型中，电解室极化特性建模仅需 6 个参数就可以达到很高的精度。对应系数如表 3.1 所示。

表 3.1 Ulleberg 模型对应系数

符号	含义	值	单位
U_{rev}	可逆电压	1.229	V
F	法拉第常数	96 485.33	C/mol
A	电极面积	0.25	m^2
z	电子数	2	—
s	电极过电压系数	0.185	V
t_1	电极过电压系数	1.002	$m^2 \cdot A^{-1}$
t_2	电极过电压系数	8.424	$m^2 \cdot ℃ \cdot A^{-1}$
t_3	电极过电压系数	247.3	$A^{-1} \cdot m^2 \cdot ℃^2$
r_1	电解液欧姆电阻系数	8.05×10^{-5}	$\Omega \cdot m^2$
r_2	电解液欧姆电阻系数	2.5×10^{-7}	$\Omega \cdot m^2 \cdot ℃^{-1}$

3.3.2 Ernesto 模型

Ulleberg 模型将温度视为唯一的操作变量，假设其余参数为常数。Ernesto 引入参数 $p(\Omega \cdot m^2)$ 和 $q(\Omega \cdot m^2)$，提出了一个考虑电解液摩尔浓度 M 和电极间距 d 的数学模型。参数 p 考虑了电解室电阻随电解质浓度的变化，参数 q 考虑了电阻随电极−膜距离的变化。由于这两个参数对欧姆过电位有影响，因此它们被添加到电阻项中，即

$$U_{cell} = U_{rev} + (r + p + q) \cdot j + S\lg(t \cdot j + 1) \tag{3.15}$$

式中：S 为常数；r 和 t 为 Ulleberg 模型参数，由式（3.12）和式（3.13）计算；p 和 q 由式（3.16）和式（3.17）定义：

$$p = p_1 + p_2 M + p_3 \cdot M^2 \tag{3.16}$$

$$q = q_1 + q_2 |d - d_{opt}| \tag{3.17}$$

式中：$p_1(\Omega \cdot m^2)$、$p_2[\Omega \cdot m^2/(mol \cdot L^{-1})]$ 和 $p_3[\Omega \cdot m^2/(mol \cdot L^{-1})^2]$ 为与电解液浓度有关的欧姆损失参数；$q_1(\Omega \cdot m^2)$ 和 $q_2(\Omega \cdot m^2/mm)$ 为与电极−膜距离相关的欧姆损失参数；d_{opt} 为电极和膜之间的最佳距离，即

$$d_{opt} = \frac{1}{2}\left(1.271 \cdot \frac{R}{F} \cdot \frac{L}{p} \cdot \frac{T}{u_{gas}} \cdot j\right) \tag{3.18}$$

式中：T 为温度；L 为电极高度；p 为压力；F 为法拉第常数；R 为通用气体常数；u_{gas} 为气泡上升速度。

式（3.18）表明，电极−膜之间的最优距离和气泡上升速度成反比。气泡离开电解室的速度越快，电解室内积聚的气泡越少，因此可以减小电极间距，电解液电阻随之减小。试验表明，强制对流的流速明显影响电解水效率，即流速越大，电解水的效率越高。

3.3.3 Maximillian 模型

以上两种模型都没有考虑由气体析出引起压力的增加的影响。在电解水过程中，制取的氢气和氧气都是水蒸气饱和气体。在气体析出过程中，由于电解产物的质量传输和过饱和，增加了两电极的分压。根据法拉第定律，电极内部到电解室出口的摩尔气体流量与电流密度成正比，而气体渗透压降与该流量成正比（达西定律和 Fick 定律）。因此，电极内部压力和电流密度之间为线性关系，由比例常数描述。因此，阴极氢分压与电流密度成正比：

$$p_{H_2}^{cat} = p^{cat} + Y_{H_2} j - p_{sat}(T) \tag{3.19}$$

式中：p^{cat} 为阴极气体出口绝对压力；Y_{H_2} 为阴极分压增加系数；p_{sat} 为饱和蒸气压力。

阳极氧分压与式（3.19）类似，即

$$p^{an}_{O_2} = p^{an} + Y_{O_2} j - p_{sat}(T) \quad (3.20)$$

式中：p^{an} 为阳极气体出口绝对压力；Y_{O_2} 为阳极分压增加系数。

随温度 T、阴极氢分压 $p^{cat}_{H_2}$ 和阳极氧分压 $p^{an}_{O_2}$ 的可逆电解室电压通常表示为能斯特电压，即

$$U_N = U_{rev} + \frac{RT}{2F}\ln\left(\frac{p^{cat}_{H_2}\sqrt{p^{an}_{O_2}}}{p_0^{3/2} a_{H_2O}}\right) \quad (3.21)$$

式中：p_0 为标准大气压；a_{H_2O} 为水活度，当电极上为液态水时，$a_{H_2O}=1$。

作用在电解室的电压和电解室电流密度的关系为

$$U_{cell}(p^{cat}_{H_2}, p^{an}_{O_2}, j, T) = U_N(p^{cat}_{H_2}, p^{an}_{O_2}, j, T) + U_\Omega(j,T) + U_{kin}(j,T) + U_{rs}(j,T)$$
$$(3.22)$$

当阳极催化剂（酸性电解室）中电化学氧化消耗的水或阴极（碱性电解室）中还原消耗的水大于输送到催化剂的水时，催化剂中对应的液态水量减小。因此，催化剂的水活度 a_{H_2O} 降低，从而导致式（3.21）的 Nernst 电压升高。在这种情况下，电解室电压和电流密度是类似指数的影响，由式（3.22）中的 $U_{rs}(j,T)$ 描述，然而，电压随电流的指数增长关系并未被发现，因此，通常忽略 $U_{rs}(j,T)$ 项。

欧姆电压降分为离子通过膜传导的面积电阻 R_{sep} 和其他来源导致的面积电阻 R_e。R_e 的主要贡献可归因于通过电极的离子传导和接触电阻。R_e 为电极电阻，因此，欧姆电压降为

$$U_\Omega = (R_{sep} + R_e)j \quad (3.23)$$

式中：隔膜的面积电阻为

$$R_{sep} = \frac{d}{\kappa_{sep}} \quad (3.24)$$

式中：κ_{sep} 为隔膜的离子电导率；d 为隔膜厚度。

阳极和阴极反应的动力学过电势由塔菲尔斜率描述，即

$$U_{kin} \approx a\ln(j/j_0) \quad (3.25)$$

式中：j_0 为归一化为电解室面积的交换电流密度；a 为塔菲尔斜率。

最终，Maximillian 模型如式（3.26）所示：

$$U_{cell} = U_{rev} + \frac{RT}{2F}\ln\left[\frac{(p^{cat}+Y_{H_2}-p_{sat})\sqrt{(p^{an}+Y_{O_2}-p_{sat})}}{p_0^{3/2}}\right] + (R_e+R_{sep})j + a\ln\frac{j}{j_0}$$
$$(3.26)$$

该模型既适合碱性电解室，又适合酸性电解室。

通常，在以上 3 个模型中，若考虑温度对可逆电压 U_{rev} 的影响，常用式 (3.27) 的线性近似方程表示：

$$U_{rev} \approx 1.229 - 0.000\,846 K^{-1}(T - 298.15K) \quad (V) \qquad (3.27)$$

3.4　基于物理的电解室极化特性模型

上节介绍的电解室极化模型属于半经验模型，虽具有简单、易用的特点，但在结合物理特性方面较差，和电解室的几何结构关系也不紧密。模型中的参数，如 r_1、r_2、t_1、t_2 和 t_3 等不具有通用性，取决于特定电解室，需要通过试验数据拟合获得。

本节模型参数是在物理的基础上推导的，与结构材料及其组件配置相关。因此，通过该模型可以了解电解室内部各组件对电解室电压的具体贡献情况，这对于希望通过改进几何结构和增强电极材料来提高电解室性能的研究人员具有重要的借鉴作用。

3.4.1　模型对象概述

碱性电解室的阳极和阴极浸在电解液中，在外加电位差（电压）产生的电场的影响下，氢离子（H^+）向阴极移动，而氢氧根离子（OH^-）向阳极移动，如图 3.4 所示。具有良好离子导电性的气体隔膜防止制取的氧气和氢气混合。冷凝器用于冷却气液混合物，分离碱液和气体。气体接收器用于收集氢气和氧气（图 3.4 所示中未示出）。

隔膜是碱性电解室和 PEM 电解室的一个重要区别；另一个区别是碱性电解室中液体电解质和电极附近存在气泡。多孔电极、气泡区和多孔隔膜是非均匀导体，它们的有效导电性可由数学建模，与其孔隙率或气泡的物理分布相关。

通常，气泡覆盖率取决于电流密度、电解液性质、电极表面特性、温度和压力。电流密度越高，气泡覆盖率越大；气泡覆盖电极的面积越大，电化学失活越显著，从而大大增加电极的激活电位。

一般来说，补充水持续添加到系统中，以保持恒定的电解质浓度和黏度。电解质循环有助于减小浓度梯度，促进气泡从电极上分离，并使热量在电解室中分布均匀。

在实际电解室中，相比于垂直于电流路径的空间尺寸，元件之间的间距很

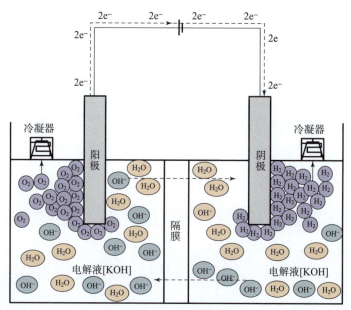

图 3.4 碱性电解室示意

小。因此,阳极和阴极的活性区域被认为是相同的,这意味着每个电极的电流密度是相同的。

本书介绍的模型按 Simulink 模块思想,将电解室主要分成 3 个模块化组件:阳极模块、阴极模块和电压模块。电极的气泡覆盖率是一个例外,对气泡现象的定性理解尚未转化为定量预测模型。这里假设气泡是独立的,均匀分布在独立的气泡区和电极表面上。气泡在电极表面上具有相同的形状(球体)和停留时间以及相同的破裂尺寸。

3.4.2 阳极模块

在阳极,氢氧根离子被氧化[式(3.5)],生成氧气、电子和水。阳极的摩尔流量平衡方程为

$$\frac{dN_{H_2O}}{dt} = \dot{N}^{in}_{H_2O} - \dot{N}^{out}_{H_2O} + \dot{N}^{gen}_{H_2O} \tag{3.28}$$

$$\frac{dN_{O_2}}{dt} = \dot{N}^{in}_{O_2} - \dot{N}^{out}_{O_2} + \dot{N}^{gen}_{O_2} \tag{3.29}$$

式中:$\dot{N}^{in}_{O_2}$、$\dot{N}^{in}_{H_2O}$、$\dot{N}^{out}_{O_2}$、$\dot{N}^{out}_{H_2O}$ 分别为阳极入口和出口的氧气和水的摩尔流量;$\dot{N}^{gen}_{H_2O}$、$\dot{N}^{gen}_{O_2}$ 分别为在阳极生成水和氧气的摩尔流量。

根据法拉第定律,氧气和水在阳极侧的摩尔流量分别为

$$\dot{N}_{O_2}^{gen} = \frac{I}{4F} \tag{3.30}$$

$$\dot{N}_{H_2O}^{gen} = \frac{I}{2F} \tag{3.31}$$

式中:I 为流经电解室的电流。

假设电流在电极表面均匀分布,则

$$I = jA_e \tag{3.32}$$

式中:j 为电流密度;A_e 为电极(外侧)表面积。

阳极侧水和氧气的摩尔通量分别为

$$\dot{n}_{H_2O}^{an} = \frac{\dot{N}_{H_2O}^{gen}}{A_e} = \frac{I}{2FA_e} = \frac{j}{2F} \tag{3.33}$$

$$\dot{n}_{O_2}^{an} = \frac{\dot{N}_{O_2}^{gen}}{A_e} = \frac{I}{4FA_e} = \frac{j}{4F} \tag{3.34}$$

由于阳极侧水和氧气的摩尔分数之和为 1,即 $X_{H_2O} + X_{O_2} = 1$,则实际的氧分压为

$$p_{O_2} = \frac{p_{H_2O}}{X_{H_2O}}(1 - X_{H_2O}) \tag{3.35}$$

这里假设气体[阴极侧气体 H_2 和 H_2O(g);阳极侧气体 O_2 和 H_2O(g)]是理想且均匀分布的,并且在电极内流道中的压力是均匀的。结合一维几何假设,将垂直于阳极表面的水蒸气摩尔通量设为 0,对斯特潘-麦克斯韦方程进行合理简化。水摩尔分数在阳极的一维梯度可以简单地表示为

$$\frac{dX_{H_2O}}{dx} = \frac{\varepsilon_{an}}{\tau_{an}} \frac{RTj}{2Fp_{an}D_{eff}^{an}} \tag{3.36}$$

将式(3.36)沿阳极流道到催化剂表面进行积分,得

$$X_{H_2O} = \frac{\varepsilon_{an}}{\tau_{an}} \exp\left(\frac{RTl_{an-c}j}{2Fp_{an}D_{eff}^{an}}\right) \tag{3.37}$$

式中:p_{an} 为阳极侧压力;$\varepsilon_{an}/\tau_{an}$ 为电极孔隙率与弯曲度之比;l_{an-c} 为阳极流道到催化剂的距离;D_{eff}^{an} 为阳极侧有效二元(O_2-H_2O)扩散系数。电极内气体在水蒸气中饱和意味着阳极有效的水压力是碱液 KOH 的饱和蒸气压 $p_{H_2O,KOH}^{sat}(T)$,氧分压表示为

$$p_{O_2} = \left(1 \bigg/ \frac{\varepsilon_{an}}{\tau_{an}}\exp\left(\frac{RTl_{an-c}j}{2Fp_{an}D_{eff}^{an}}\right) - 1\right)p_{H_2O,KOH}^{sat}(T) \tag{3.38}$$

3.4.3 阴极模块

在阴极，水根据式（3.4）还原为质子和氢氧根离子，质子和电子结合形成氢气。阴极侧的摩尔平衡方程为

$$\frac{dN_{H_2O}}{dt} = \dot{N}_{H_2O}^{in} - \dot{N}_{H_2O}^{out} - \dot{N}_{H_2O}^{cons} \tag{3.39}$$

$$\frac{dN_{H_2}}{dt} = \dot{N}_{H_2}^{in} - \dot{N}_{H_2}^{out} + \dot{N}_{H_2}^{gen} \tag{3.40}$$

式中：$\dot{N}_{H_2}^{in}$、$\dot{N}_{H_2O}^{in}$、$\dot{N}_{H_2}^{out}$、$\dot{N}_{H_2O}^{out}$ 分别为阴极入口和出口的氢气和水的摩尔流量；$\dot{N}_{H_2O}^{cons}$ 为阴极消耗的水摩尔流量；$\dot{N}_{H_2}^{gen}$ 为阴极生成氢气的摩尔流量。

根据法拉第定律，氢气生成和水消耗的摩尔流量分别为

$$\dot{N}_{H_2}^{gen} = \frac{I}{2F} \tag{3.41}$$

$$\dot{N}_{H_2O}^{cons} = \frac{I}{2F} \tag{3.42}$$

阴极侧氢气和水的摩尔通量分别为

$$\dot{n}_{H_2}^{cat} = \frac{\dot{N}_{H_2}^{gen}}{A_e} = \frac{I}{2FA_e} = \frac{j}{2F} \tag{3.43}$$

$$\dot{n}_{H_2O}^{cat} = \frac{\dot{N}_{H_2O}^{gen}}{A_e} = \frac{I}{2FA_e} = \frac{j}{2F} \tag{3.44}$$

阴极氢气的实际分压为

$$p_{H_2} = \frac{p_{H_2O}}{X_{H_2O}}(1 - X_{H_2O}) \tag{3.45}$$

计算阴极水摩尔分数，整理式（3.45），可得

$$p_{H_2} = \left(1 \bigg/ \frac{\varepsilon_{cat}}{\tau_{cat}} \exp\left(\frac{RTl_{cat-c}j}{2Fp_{cat}D_{eff}^{cat}}\right) - 1\right) p_{H_2O,KOH}^{sat}(T) \tag{3.46}$$

式中：p_{cat} 为阴极压力；$\varepsilon_{cat}/\tau_{cat}$ 为电极孔隙率与弯曲度之比；l_{cat-c} 为阴极流道到催化剂的距离；D_{eff}^{cat} 为阴极侧有效二元（$H_2 - H_2O$）扩散系数。

3.4.4 电压模块

在环境温度下，通过热分解水在热力学上是不可行的。因此，在绝热条件下，提供电解水必要的能量就需要电流提供总反应焓。在这种情况下，热中性电

压（在25℃和1 atm下，U_{tn} = 1.48V）是维持电化学反应而不发生热传递的必要条件。低于热中性电压时，为吸热反应；高于该电压时，为放热反应。其中，一些多余能量是电解室过电位损耗。在总反应机理中，为了在反应步中获得有用的反应速率，并在电极上为扩散提供热力学动力，还需要一个过电位。在25℃和1 atm下，标准或可逆电解室电压为 U_{std}^0 = 1.229 V。U_{tn} 和 U_{std}^0 之间的差异对应于自由能变的熵，即237.2 kJ/mol，这是在25℃和1 atm下制取氢气和氧气所需的最少电能。因此，电解室电压可以写为

$$U = U_{oc} + U_{act} + U_{con} + U_{ohm} \tag{3.47}$$

式中：U_{oc} 为开路电压；U_{act} 为激活过电位；U_{con} 为浓度过电位；U_{ohm} 为欧姆过电位。

3.4.4.1 开路电压

由于熵的贡献，电解室平衡或开路电压随温度升高而降低，而制取的气体自由能使得电压随压力升高而升高。对于电解水，开路电压（Open Circuit Voltage，OCV）可通过能斯特方程获得：

$$U_{oc} = U_{std}^0 + (T - T_{ref}) \times \frac{\Delta S^0}{zF} + \frac{RT}{2F}\ln\frac{p_{H_2}\sqrt{p_{O_2}}}{a_{H_2O,KOH}} \tag{3.48}$$

式中：第二项是在不同于标准参考温度下，温度对可逆电压影响的近似考虑；$\Delta S^0/(zF)$ [-0.9×10^{-3} J/(mol·K)] 为标准状态熵变；$a_{H_2O,KOH}$ 为电解液的水活度。

3.4.4.2 激活过电位

电极动力学体现在电极和化学物质之间电荷转移产生的激活过电位。电极表面的性质和预处理以及邻近电极的电解液的组成决定了电极反应的速率。

应用过渡态理论（Transition State Theory，TST），在每个电极的复杂反应机理中，假设为单一的限速激活步骤（Rate Limiting Activated Step，RLAS），可得到著名的 Butler–Volmer 方程，通过该方程可以写出阳极和阴极的激活过电位：

$$U_{act}^{an} = \frac{RT}{\alpha_{an}F}\ln\frac{j}{j_0^{an}} \tag{3.49}$$

$$U_{act}^{cat} = \frac{RT}{\alpha_{cat}F}\ln\frac{j}{j_0^{cat}} \tag{3.50}$$

式中：α_{an}、α_{cat} 为阳极和阴极的电荷转移系数；j 为电流密度；j_0 为电极的有效交换电流密度。

假设电极面积相等，电解室的电流守恒意味着阳极和阴极的电流密度相等。有效交换电流密度取决于电极表面的温度和粗糙度因子。其中，电极粗糙度因子定义为电极有效面积（电化学面积）与电极几何面积之比；参考交换电流密度（在参考温度和压力下的电流密度）取决于催化剂的活性表面面积。因此，在激活机理下，任意温度下的有效交换电流密度可表示为

$$j_0 = \gamma_M \exp\left[-\frac{\Delta G_C}{R}\left(\frac{1}{T} - \frac{1}{T_{ref}}\right)\right] j_{0,ref} \tag{3.51}$$

式中：γ_M 为电极粗糙度系数；$j_{0,ref}$ 为 T_{ref} 温度下的参考交换电流密度；ΔG_C 是激活自由能。

在电极表面吸附的气泡覆盖了部分电极表面，隔离了反应物，使电极失活。这个效应可以依据式（3.38）和式（3.39）重新调整影响电流密度的面积。考虑气泡覆盖效应的过电位为

$$U_{act}^{an} = \frac{RT}{\alpha_{an} F} \ln \frac{j}{j_0^{an}} + \frac{RT}{\alpha_{an} F} \ln \frac{1}{1 - \Theta_{an}} \tag{3.52}$$

$$U_{act}^{cat} = \frac{RT}{\alpha_{cat} F} \ln \frac{j}{j_0^{cat}} + \frac{RT}{\alpha_{cat} F} \ln \frac{1}{1 - \Theta_{cat}} \tag{3.53}$$

重写式（3.52）和式（3.53），可得

$$U_{act}^{an} = \frac{RT}{\alpha_{an} F} \ln \frac{j}{j_0^{an}(1 - \Theta_{an})} \tag{3.54}$$

$$U_{act}^{cat} = \frac{RT}{\alpha_{cat} F} \ln \frac{j}{j_0^{cat}(1 - \Theta_{cat})} \tag{3.55}$$

式中：Θ_{an}、Θ_{cat} 为阳极和阴极表面上的气泡覆盖率。

根据热力学第一定律，计算电极的气泡覆盖率是一个非常复杂的问题。由于气泡效应取决于电极的表面特性、电解液的表面张力以及电解液的循环方式（自然循环或强制循环），因此所有这些因素都会影响电极表面脱离气泡的大小。所以，气泡覆盖率采用了经验表达式，为电流密度和温度的函数，并修改了压力的影响，即

$$\Theta = \left[-97.25 + 182 \frac{T}{T_{ref}} - 84 \left(\frac{T}{T_{ref}}\right)^2\right] \times \left(\frac{j}{j_{lim}}\right)^{0.3} \times \frac{p}{p - p_{H_2O,KOH}^{sat}(T)} \tag{3.56}$$

式中：j_{lim} 为100%气泡覆盖时的极限电流密度，$j_{lim} = 300 \text{ kA/m}^2$。

3.4.4.3 浓度（扩散）过电位

浓度或扩散过电位产生的原因是电极表面发生了电化学反应，使附近的反应

物浓度产生了梯度。通过多孔电极的质量流通常被解释为扩散现象，可以用菲克定律建模。从式（3.4）和式（3.5）可以明显看出，电解水为二元化学系统。在这种混合物中，每种物质都可以根据密度或摩尔浓度进行量化。为了预测反应物浓度梯度引起的电压损失，可以结合能斯特方程与菲克定律，对扩散速率进行建模。

图 3.5 显示了碱性电解室内的物质浓度和摩尔通量。应用菲克定律，在电极－电解质界面，气体的摩尔浓度可以写成

$$\dot{n}_{O_2} = D_{eff}^{an} \frac{C_{O_2,el} - C_{O_2,ch}}{\delta_{an}} \quad (3.57)$$

$$\dot{n}_{H_2} = D_{eff}^{cat} \frac{C_{H_2,el} - C_{H_2,ch}}{\delta_{cat}} \quad (3.58)$$

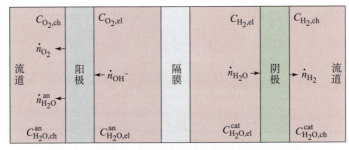

图 3.5 碱性电解室内的物质浓度和摩尔通量示意

重写式（3.57）和式（3.58）可得

$$C_{O_2,el}^{an} = C_{O_2,ch} + \frac{\delta_{an} \dot{n}_{O_2}}{D_{eff}^{an}} \quad (3.59)$$

$$C_{H_2,el}^{cat} = C_{H_2,ch} + \frac{\delta_{cat} \dot{n}_{H_2}}{D_{eff}^{cat}} \quad (3.60)$$

在典型的碱性电解槽工作压力下，由理想气体定律可知，气体物质的摩尔浓度与其分压有关。因此，电极－电解质界面处的摩尔浓度［式（3.59）和式（3.60）］可以写成

$$C_{O_2,el}^{an} = \frac{P_{an} X_{O_2}}{RT} + \frac{\delta_{an} \dot{n}_{O_2}}{D_{eff}^{an}} \quad (3.61)$$

$$C_{H_2,el}^{cat} = \frac{P_{cat} X_{H_2}}{RT} + \frac{\delta_{cat} \dot{n}_{H_2}}{D_{eff}^{cat}} \quad (3.62)$$

式中：δ_{an} 和 δ_{cat} 分别为阳极和阴极的厚度。

式（3.61）和式（3.62）中等号右边第一项表示电极通道中氧气和氢气

的摩尔浓度；第二项表示气体在多孔电极中的摩尔浓度。

当与孔壁的相互作用比与其他分子的碰撞更频繁时，具有平均自由程 $\bar{\lambda}$ 的分子物种通过平均孔半径 $\bar{r}$ 的多孔介质的扩散以两种主要机制发生：$\bar{r} \gg \bar{\lambda}$ 的分子扩散和 $\bar{r} \ll \bar{\lambda}$ 的克努森扩散。在大多数多孔结构中，这两种机理都很重要，因此阳极和阴极的有效二元扩散系数可以表示为

$$\frac{1}{D_{\text{eff}}^{\text{an}}} = \frac{\varepsilon_{\text{an}}}{\tau_{\text{an}}}\left(\frac{1}{D_{\text{eff}}^{O_2\text{-}H_2O}} + \frac{1}{D_{\text{eff}}^{H_2O,K}}\right) \tag{3.63}$$

$$\frac{1}{D_{\text{eff}}^{\text{cat}}} = \frac{\varepsilon_{\text{cat}}}{\tau_{\text{cat}}}\left(\frac{1}{D_{\text{eff}}^{H_2\text{-}H_2O}} + \frac{1}{D_{\text{eff}}^{H_2O,K}}\right) \tag{3.64}$$

式中：$D_{\text{eff}}^{O_2\text{-}H_2O}$ 为 O_2 – H_2O 二元系统的有效分子扩散系数；$D_{\text{eff}}^{H_2\text{-}H_2O}$ 为 H_2 – H_2O 二元系统的有效分子扩散系数；$D_{\text{eff}}^{H_2O,K}$ 为水的有效克努森扩散系数。H_2 和 O_2 的克努森扩散系数在式（3.63）和式（3.64）中没有体现，这是因为均布压力这一假设的缘故。压力均匀意味着摩尔通量为 0，即等摩尔逆向扩散。因此，H_2 在 H_2O 中与 H_2O 在 H_2 中的克努森扩散系数相同，即 $D_{\text{eff}}^{H_2\text{-}H_2O,K} = D_{\text{eff}}^{H_2O\text{-}H_2,K}$，但通量相反。因此，对应的克努森扩散系数为 0。对于 O_2，处理类似。

有效的克努森扩散系数可用动力学理论进行建模，为

$$D_{\text{eff}}^{H_2O,K} = \frac{4}{3}r\sqrt{\frac{8RT}{\pi M_{H_2O}}} \tag{3.65}$$

式中：r 为孔的平均半径；M_{H_2O} 为 H_2O 的摩尔质量。

利用理想气体的 Chapman – Enskog 理论，有效摩尔二元扩散系数 $D_{\text{eff}}^{O_2\text{-}H_2O}$ 和 $D_{\text{eff}}^{H_2\text{-}H_2O}$ 如式（3.66）和式（3.67）所示：

$$D_{\text{eff}}^{O_2\text{-}H_2O} = 0.00133\left(\frac{1}{M_{O_2} + M_{H_2O}}\right)^{1/2} \frac{T^{3/2}}{p_{\text{an}}\sigma_{O_2\text{-}H_2O}^2 \Gamma_D} \tag{3.66}$$

$$D_{\text{eff}}^{H_2\text{-}H_2O} = 0.00133\left(\frac{1}{M_{H_2} + M_{H_2O}}\right)^{1/2} \frac{T^{3/2}}{p_{\text{cat}}\sigma_{H_2\text{-}H_2O}^2 \Gamma_D} \tag{3.67}$$

式中：M_{O_2} 和 M_{H_2} 分别为 O_2 和 H_2 的摩尔质量；$\sigma_{O_2\text{-}H_2O}$ 和 $\sigma_{H_2\text{-}H_2O}$ 分别为物种 O_2 – H_2O、H_2 – H_2O 的平均分子半径；Γ_D 为无量纲的扩散碰撞积分。

Γ_D、$\sigma_{O_2\text{-}H_2O}$ 和 $\sigma_{H_2\text{-}H_2O}$ 的解析表达式分别如式（3.68）和式（3.69）所示：

$$\Gamma_D = \frac{1.06}{\tau^{0.156}} + \frac{0.193}{\exp(0.476\tau)} + \frac{1.036}{\exp(1.53\tau)} + \frac{1.765}{3.894\tau} \tag{3.68}$$

$$\begin{cases} \sigma_{O_2\text{-}H_2O} = \dfrac{\sigma_{O_2} + \sigma_{H_2O}}{2} \\ \sigma_{H_2\text{-}H_2O} = \dfrac{\sigma_{H_2} + \sigma_{H_2O}}{2} \end{cases} \tag{3.69}$$

其中，$\tau_{O_2-H_2O}$、$\tau_{H_2-H_2O}$ 如式（3.70）所示：

$$\begin{cases} \tau_{O_2-H_2O} = \dfrac{kT}{\varepsilon_{O_2-H_2O}} \\ \tau_{H_2-H_2O} = \dfrac{kT}{\varepsilon_{H_2-H_2O}} \end{cases} \quad (3.70)$$

式（3.70）中 Lennard-Jones 势能 $\varepsilon_{O_2-H_2O}$ 和 $\varepsilon_{H_2-H_2O}$ 可表示为

$$\begin{cases} \varepsilon_{O_2-H_2O} = \sqrt{\varepsilon_{O_2}\varepsilon_{H_2O}} \\ \varepsilon_{H_2-H_2O} = \sqrt{\varepsilon_{H_2}\varepsilon_{H_2O}} \end{cases} \quad (3.71)$$

式中：σ_{O_2}、σ_{H_2} 和 σ_{H_2O} 分别为 3.467Å、2.827Å 和 2.641Å；O_2、H_2 和 H_2O 的 Lennard-Jones 势 ε_i/k（k 为玻尔兹曼常数）分别为 106.7 K、59.7 K 和 809.1 K。$D_{\text{eff}}^{O_2-H_2O}$ 和 $D_{\text{eff}}^{H_2-H_2O}$ 可由式（3.63）~式（3.71）进行求解。

综合上述关系，浓度过电势可表示为

$$U_{\text{con}} = \frac{RT}{4F}\ln\frac{C_{O_2,\text{el}}^{\text{an}}}{C_{O_2,0}^{\text{an}}} + \frac{RT}{2F}\ln\frac{C_{H_2,\text{el}}^{\text{cat}}}{C_{H_2,0}^{\text{cat}}} \quad (3.72)$$

式中：下标 0 代表参考工作条件。

3.4.4.4 欧姆过电位

在碱性电解槽中，电极、电解液和隔膜这些元件的电阻是产生过电位的主要因素。通常假定该过电位是欧姆引起的过电位，即与电流呈线性比例：

$$U_{\text{ohm}} = IR_{\text{cell}} = I(R_e + R_{\text{el}} + R_s) \quad (3.73)$$

式中：R_{cell} 为电解室的有效欧姆电阻；R_e 为电极电阻；R_{el} 为电解质电阻，包括电解质浓度和气泡的影响；R_s 为隔膜电阻。

欧姆电阻这一假设意味着，每个元件的电阻仅取决于其组成材料的性质及其几何形状，即

$$R = \rho\frac{l}{A} \quad (3.74)$$

式中：l 为电流流经的路径长度；ρ 为材料的电阻率；A 为材料的横截面面积。

式（3.74）中，l 和 A 仅对应于几何形状简单的物理尺寸，如长导电棒（$l \gg A$）或垂直于平面的薄导电板（$l \ll A$）。其周围包围着绝缘体，因此边缘效应可以直接忽略。

对于具有明确电荷载体的固体材料，以及电荷积聚可忽略不计的液体电解质，导体可用仅随温度变化的电阻率表示，这是合理的。对于式（3.73）中的电阻也是如此。电极和隔膜的多孔性，以及气泡对电解质传导路径的中断，虽然影响元件的详细几何结构，但不影响固有电阻率 ρ_0。对这些电阻进行建模的方法通

常是计算有效电阻率 ρ_{eff}，包括孔隙率等，因此式（3.74）中的几何因子可作为导体的大致外部尺寸。

电极、隔膜和气泡区是非均匀导体。对于此类系统，难以用精确的理论解决，但已经开发了许多近似模型，如用有效导电率描述导体 1 基体中夹杂导体 2 组成的复合导体的导电特性，这种方法通常称为均一化方法。在夹杂物相浓度较低时，大多数模型给出的结果基本相同，与夹杂物的详细排列或形态无关。例如，经常使用的 Maxwell – Eucken 模型和 Bruggeman 平均场模型就是如此。这种方法遵循的假设是液体电解质不会穿透电极，且孔隙相对于电极材料是绝缘的。同样的方法也适用于气泡区，相对于电解质本身，气泡被视为绝缘体。求解包含夹杂物相体积分数为 ϕ_{incl} 的两相导体电导率的 Bruggeman 方程为

$$1 - \phi_{\text{incl}} = \left(\frac{\sigma_{\text{incl}} - \sigma_{\text{eff}}}{\sigma_{\text{incl}} - \sigma_{\text{matrix}}}\right)\left(\frac{\sigma_{\text{matrix}}}{\sigma_{\text{eff}}}\right)^{1/3} \tag{3.75}$$

当夹杂物相电导率 $\sigma_{\text{incl}} = 0$ 时，有效电导率为

$$\frac{\sigma_{\text{eff}}}{\sigma_{\text{matrix}}} = (1 - \phi_{\text{incl}})^{3/2} \tag{3.76}$$

隔膜代表的情况正相反。隔膜相当于绝缘基质中的孔渗透网络，孔中填充导体。由于夹杂物相浓度较高，不同的均一化方法产生的有效导电率差异显著，因此本书采用了基于假设微观结构的直接计算方法。

1. 电极

下列方程既可用于阳极电极，也可用于阴极电极。阳极电极电阻为

$$R_{\text{an}} = \rho_{\text{eff}}^{\text{an}} \frac{\delta_{\text{an}}}{A_e} \tag{3.77}$$

式中：$\rho_{\text{eff}}^{\text{an}}$ 为阳极电极有效电阻率。

由式（3.76）和式（3.77）得出

$$\rho_{\text{eff}}^{\text{an}} = \frac{\rho_0^{\text{an}}}{(1 - \varepsilon_{\text{an}})^{3/2}} \tag{3.78}$$

式中：ρ_0^{an} 为在参考温度下的 100% 阳极材料的电阻率；ε_{an} 为阳极的孔隙率。

引入电阻率的温度系数 κ，在任意温度下，阳极电极电阻为

$$R_{\text{an}} = \frac{\rho_0^{\text{an}}}{(1 - \varepsilon_{\text{an}})^{3/2}} \frac{\delta_{\text{an}}}{A_e} [1 + \kappa_{\text{an}}(T - T_{\text{ref}})] \tag{3.79}$$

对阴极电极进行同样处理，则电解室电极的总电阻为

$$R_e = R_{\text{an}} + R_{\text{cat}} = \frac{\rho_0^{\text{an}}}{(1 - \varepsilon_{\text{an}})^{3/2}} \frac{\delta_{\text{an}}}{A_e} [1 + \kappa_{\text{an}}(T - T_{\text{ref}})] +$$

$$\frac{\rho_0^{\text{cat}}}{(1 - \varepsilon_{\text{cat}})^{3/2}} \frac{\delta_{\text{cat}}}{A_e} [1 + \kappa_{\text{cat}}(T - T_{\text{ref}})] \tag{3.80}$$

2. 电解质

为使电解液中的气泡问题易于处理,在阳极侧,电解液可分为宽度为 $l_{an-s} - \beta_{an}$ 的无气泡区(bf)和宽度为 β_{an} 的气泡区(bz)。阴极侧进行同样处理,如图 3.6 所示。试验发现,电解槽中气泡区的宽度在 0.4~0.6 mm 变化,这是典型的电极—隔膜距离,是电解室的一个重要部分。

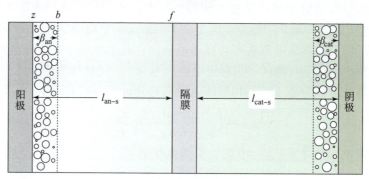

图 3.6 电解质区域

分离气泡区的贡献后,阳极侧的总电解液电阻可以表示为

$$R_{el}^{an} = R_{bf}^{an} + R_{bz}^{an} = \rho_{el}\frac{l_{an-s} - \beta_{an}}{A_e} + \beta_{bz}^{an}\frac{\beta_{an}}{A_e} \tag{3.81}$$

式中:ρ_{el} 为无气泡电解液的电阻率;β_{bz}^{an} 为阳极气泡区电解液的有效电阻率。Bruggeman 模型[式(3.76)]同样可以用于计算阳极气泡区的有效电阻率,其中含有电解质相气泡体积分数,有时称为空隙率 ϕ_{an},$\overline{\beta_{bz}^{an}}$ 可表示为

$$\beta_{bz}^{an} = \frac{\rho_{el}}{(1-\phi_{an})^{3/2}} \tag{3.82}$$

式(3.82)已在大范围条件下(电极间隙、电解液流速、电流密度)得到了试验验证。然后,计算总电解质电阻,即

$$R_{el} = R_{el}^{an} + R_{el}^{cat} = \frac{\rho_{el,ref}}{1 + \kappa_{el}(T - T_{ref})} \cdot$$

$$\left[\frac{l_{an-s} - \beta_{an}}{A_e} + \frac{1}{(1-\phi_{an})^{3/2}}\frac{\beta_{an}}{A_e} + \frac{l_{cat-s} - \beta_{cat}}{A_e} + \frac{1}{(1-\phi_{cat})^{3/2}}\frac{\beta_{cat}}{A_e}\right] \tag{3.83}$$

根据通常的假设,在稳定状态下,电极的表面气泡分数和气泡区的体积分数实际上是相同的,即 $\phi = \Theta$。

3. 隔膜

隔膜必须提供持续的离子传导路径,阻止气体混合,这是通过穿过结构的孔隙实现的。这些孔隙的体积分数是孔隙率 ε_s。相对于隔膜厚度,孔隙的有效长度由弯曲度给出,即

$$\tau_s = \frac{l_{\text{eff}}}{\delta_s} \tag{3.84}$$

孔隙内吸收的电解液体积与孔隙总体积之比定义为电解液隔膜的润湿因子 ω_s。有效孔隙率为 $\omega_s \varepsilon_s$。假设均匀的电流穿过隔膜的横截面面积 A_s,则孔隙构成的等效导体,其面积等于孔隙总的横截面面积 $(\omega_s \varepsilon_s / \tau_s) A_s$,长度为 $\delta_s \tau_s$。由式(3.74)给出隔膜的电阻,即

$$R_s = \rho_{\text{el}} \frac{\tau_s^2 \delta_s}{\omega_s \varepsilon_s A_s} \tag{3.85}$$

3.5 极化特性仿真

图 3.7 所示为碱性电解室极化特性的完整 Simulink 模型。仿真模型包括 3 个模块以及模块之间的关系。极化特性仿真可以体现电解室的几何形状、电解室温度、气体分压、电极表面气泡覆盖率以及一些内部参数,如电极的孔隙率和弯曲度、电解质浓度、隔膜厚度、电极的活性表面面积等。

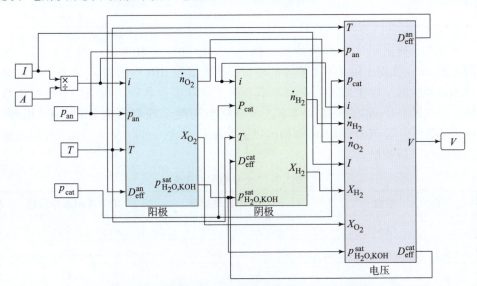

图 3.7 碱性电解室极化特性的完整 Simulink 模型

3.5.1 模型参数验证

模型验证数据来自 HRI 电解槽和 PHOEBUS 电解槽的试验数据。结合低温电解水技术的温度和压力技术要求,为研究温度和压力对电解室极化特性的影响,

选取的温度范围和压力范围分别为 35~80℃ 和 1~9 bar。

表 3.2 列出了一些电解槽参数的固定值。假设两个电解槽的气泡区和隔膜的一些参数 ($\beta_{an/cat}$, δ_s, ε_s, τ_s) 相同。

表 3.2　电解室参数的固定值

参数	HRI 电解槽	PHOEBUS 电解槽
A_e/cm^2	300	2 500
$l_{an/cat-s}/cm$	0.125	0
δ_e/cm	0.2	0.2
τ_e	3.65	4.25
$\Delta G_{c,an}$, $\Delta G_{c,cat}/(kJ \cdot mol^{-1})$	80, 51	52, 18
ε_e	0.3	0.41
A_s/cm^2	300	2 500
$\beta_{an/cat}/cm$	0.045	0.045
δ_s/cm	0.05	0.05
ε_s	0.42	0.42
τ_s	2.18	2.18

表 3.3 列出了 7 个参数的拟合值。在温度和压力范围内，图 3.8（a）和图 3.8（b）分别比较了本节推导的极化特性数据和 HRI 电解槽、PHOEBUS 电解槽的试验数据。对比结果，表明了本节模型非常适合各种操作条件下的试验数据。图 3.8（c）是在标准条件下，本节模型和两个现有模型（Ulleberg 模型、Henao 模型）与 PHOEBUS 电解槽的试验数据的对比。可以看出，本节提出的模型更贴合试验数据。

表 3.3　7 个参数的拟合值

参数	HRI 电解槽	PHOEBUS 电解槽
$\gamma_{M,an}$	1.25	2.5
$\gamma_{M,cat}$	1.05	1.5
ω/cm	0.85	0.87
$j_{0,ref}^{an}/(A \cdot cm^{-2})$	1×10^{-11}	1×10^{-9}
$j_{0,ref}^{cat}/(A \cdot cm^{-2})$	1×10^{-3}	1×10^{-3}
α_{an}	1.65	1.85
α_{cat}	0.73	0.85

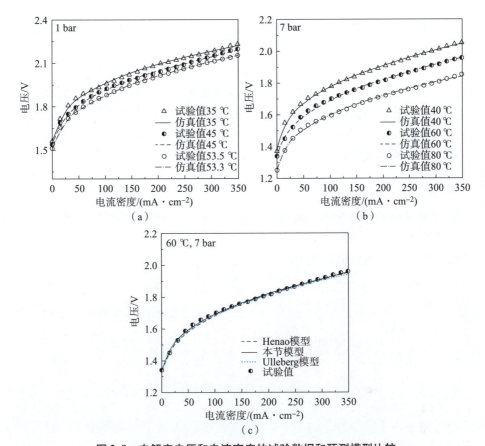

图 3.8 电解室电压和电流密度的试验数据和预测模型比较
(a) HRI 电解槽；(b) PHOEBUS 电解槽；(c) 现有模型和本节模型的比较

粗糙度系数 γ_M 取决于电极表面的结构，可以通过试验确定或根据电催化剂的担载量、催化剂颗粒密度和尺寸进行估算。粗糙度系数通常随着电极厚度的增加而增加。试验测量的方法有原子力显微镜（Atomic Force Microscope，AFM）、喷雾热解和序列溶液涂层的方法以及旋转圆盘电极（Rotating Disc Electrode，RDE）等方法。

在 HRI 电解槽中，阳极（OER）和阴极（HER）采用的都是 Ni 基板担载 Ni 电催化剂。在 PHOEBUS 电解槽中，阳极是担载 $Ni/Co_3O_4/Fe$ 电催化剂的 Ni 板，阴极是担载 C-Pt 电催化剂的 Ni 板。HRI 电极形貌通过 AFM 测量，Ni 电催化剂的粗糙度系数 $\gamma_M = 1.05 \sim 1.4$。RDE 方法测量的 PHOEBUS 电解槽 HER 电极的 C-Pt 电催化剂的粗糙度系数 $\gamma_M \approx 2$。本节模型拟合的 HRI 电解槽和 PHOEBUS 电解槽粗糙度系数分别为 $\gamma_{M,an} = 1.25$、$\gamma_{M,cat} = 1.05$ 和 $\gamma_{M,an} = 2.5$、$\gamma_{M,cat} = 1.5$，

与试验测量接近。润湿因子 ω_s 也被视为拟合参数，目前尚不能在文献中找到可靠的值。阳极和阴极的电荷转移系数分别在 0~2 和 0~1 范围内，它们的拟合值也在这些范围内。对于 Ni 基电极，氧还原反应和氢氧化反应的交换电流密度分别为 $10^{-7} \sim 10^{-12}$ A/cm^2 和 $10^{-4} \sim 10^{-1}$ A/cm^2，本节的拟合值也在这些范围内。

通过以上参数试验和基于物理模型拟合的对比，表明本节提出的物理模型所获得的参数值比许多假设和不确定性的间接试验中估计的参数值更可靠。

3.5.2 模型分析

1. 电解室电压分布

图 3.9 显示了 HRI 碱性电解槽在恒压（1 bar）和恒温（60℃）下每个过电位因素对电解室极化曲线的贡献量分布。图中，$U_{act-\Theta}$ 为电极气泡覆盖率下的过电压，$U_{act,e}$ 为无气泡电极的过电压。

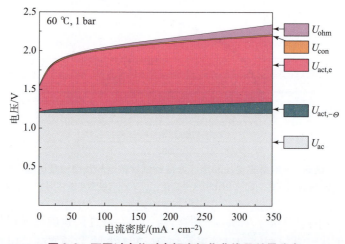

图 3.9 不同过电位对电解室极化曲线贡献量分布

图 3.9 所示中忽略了浓度（扩散）过电位的贡献。欧姆贡献总量相对较小，其中电极（小于 $10^{-9} \Omega$）的贡献非常小，电解液（0.001 Ω）的贡献小于隔膜的贡献（约 0.002 Ω）。电极气泡覆盖率对激活过电位的贡献不容忽视。在不产生过多寄生功耗的情况下，减少气泡覆盖率有利于提高电解室效率。电解室电压的主要贡献仍然是无气泡电极的激活过电位，其中阳极过电位占主导，因为阳极的交换电流密度相对较小。

2. 电解室工作温度

图 3.10（a）给出了电解室工作温度对电极气泡覆盖率 Θ 的影响；图 3.10（b）

为工作温度对 HRI 电解室激活过电位的贡献情况。气泡覆盖率对电极激活过电压的贡献相对较小。温度升高，促进了气泡从电极表面分离，使激活过电压降低的优势是显而易见的。

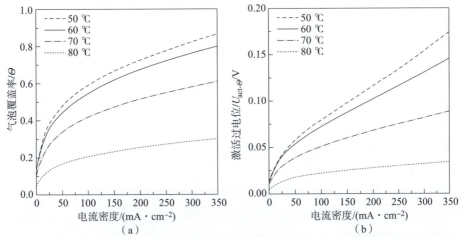

图 3.10　不同工作温度下电极气泡覆盖率 Θ 和激活过电位 $U_{act-\Theta}$ 与电流密度的关系曲线

(a) 气泡覆盖率；(b) 气泡过电压

3. 电极交换电流密度

图 3.11 给出了电极交换电流密度对 HRI 电解槽极化曲线的影响。析氢反应（HER）动力学快速，阴极激活过电位相对较小，阴极交换电流密度的拟合值相对较高，这一点很明显。析氧反应（OER）动力学缓慢，电解室过电位主要由阳极激活过电位决定。为了获得更高的阳极交换电流密度，未来的研究应致力于开发新的催化剂和优化电极结构参数。

尽管阳极激活过电位较高，但通过改善阴极，可明显降低电解室的总过电位。这可通过对电极交换电流密度取相同对数，图 3.11（b）比图 3.11（a）的过电位灵敏度更高来验证。

4. 电极粗糙度系数

图 3.12 探讨了电极粗糙度系数对 HRI 电解槽极化曲线的影响。一般来说，较高的粗糙度系数有助于增加交换电流密度，效果与加快反应动力学一致，从而降低过电位。另外，电极表面粗糙化（如担载氧化物）可能会导致过电位升高而不是降低。原因是气泡可能会被吸附在不规则的电极表面上，从而阻碍电解液和电催化剂的接触。图 3.12 表明，适当提高电催化剂表面的粗糙度系数有好处，尤其提高阴极的粗糙度系数。

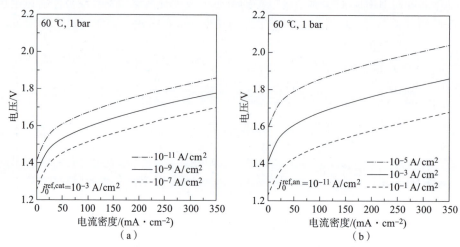

图 3.11　电极交换电流密度对 HRI 电解槽极化曲线的影响
（a）阳极；（b）阴极

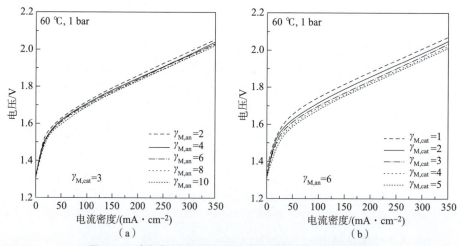

图 3.12　电极粗糙度系数对 HRI 电解槽极化曲线的影响
（a）阳极；（b）阴极

5. 电荷转移系数

图 3.13 给出了电极电荷转移系数对 HRI 电解槽极化曲线的影响。相对于拟合值 $\alpha_{an}=1.75$ 和 $\alpha_{act}=0.8$，α_{an} 对极化曲线的改善更敏感。

6. 隔膜润湿因子

图 3.14（a）为隔膜润湿因子对 HRI 电解槽极化曲线的影响，图 3.14（b）

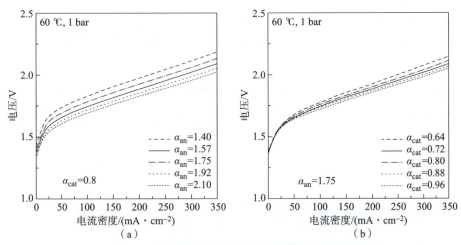

图 3.13　电极电荷转移系数对 HRI 电解槽极化曲线的影响
(a) 阳极；(b) 阴极

为在 1 bar 压力下 HRI 电解槽温度的变化和润湿因子对隔膜电阻的贡献。润湿因子低于 0.3 时，极化曲线斜率大，电解室电压升高很快，隔膜电阻很高。在工作温度较低的情况下，极化曲线斜率更大，应极力避免电解室隔膜润湿因子低于 0.3。

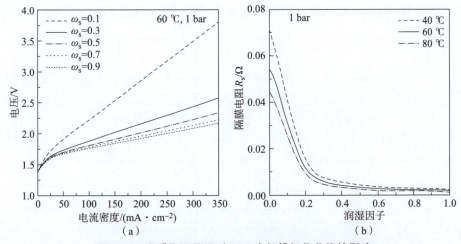

图 3.14　隔膜润湿因子对 HRI 电解槽极化曲线的影响
(a) 恒温恒压下的极化曲线；(b) 工作温度范围的隔膜电阻

7. 气泡体积分数

在温度变化和压力变化下，图 3.15 给出了 HRI 电解槽气泡体积分数对电解液电阻的影响。气泡区对欧姆损耗的贡献相对较小，也可以通过提高工作温度和压力减小气泡区，将气泡分数对电解液的阻抗降至最低。

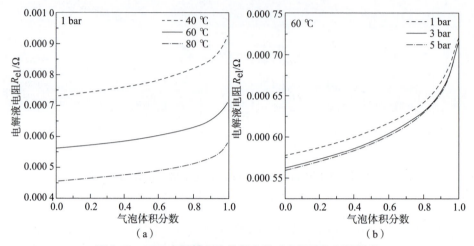

图 3.15　HRI 电解槽气泡体积分数对电解液电阻的影响
(a) 工作温度；(b) 工作压力

8. 工作温度和压力

图 3.16 给出了工作温度和压力对 HRI 电解槽极化曲线的影响。在恒定温度下 [图 3.16 (a)]，压力增加的效果是通过开路电压非线性增加电解室电压 [式

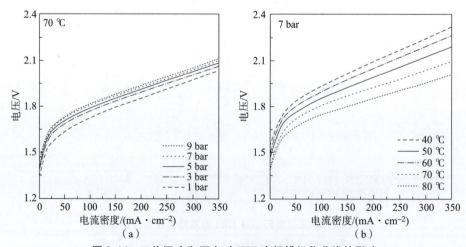

图 3.16　工作温度和压力对 HRI 电解槽极化曲线的影响
(a) 温度 70℃，压力不同；(b) 压力 7 bar，温度不同

(3.37)] 实现的。在恒压下 [图 3.16 (b)], 由于反应速率较高, 电解质和隔膜的电导率也较高, 因此提高工作温度会显著降低电解室电压。在 1 atm 下排出氢气, 则需要使用单独的压缩机压缩氢气。因此, 更高压力工作的电解槽, 可减少额外损失, 因此电解槽在高压下运行更具吸引力。

3.6 小 结

电解室极化特性是分析电解室性能的一个重要指标。本章在介绍常用 3 种半经验电解室极化模型的基础上, 重点介绍了一种基于电解室物理模型的电解室极化模型建模方法。该方法将电解室分成阳极、阴极和电压 3 个组件, 分别进行了建模。基于 Simulink 建立了仿真模型, 并对一些影响参数进行了分析, 也为研究电解槽极化曲线对参数改善的敏感性提供了有用的工具。

本章讨论的模型将碱性水电解室的性能与基本物理参数联系起来, 因此有助于开发性能更好的电极、电催化剂, 科学地处理气泡问题。该模型可以通过将新材料的特性纳入相关组件, 以对模型进行扩展, 例如, 传统复合材料与新型电极微观结构。一个主要的挑战是开发一个基于物理的模型来计算电极表面上的气泡覆盖率和气泡区中的气泡空隙率。

第 4 章

电解水的效率特性

4.1 引 言

电解水在将电能转换为氢能的过程中，虽然对能源需求非常高，每标方氢气需 4.5~5 kW·h，但水分解的电解过程近年来变得越来越重要，有望在不影响环境的情况下实现净零排放，尤其以可再生能源制氢。为了使电解水成为一种更有效的工艺，必须尽量减少能量损失，降低设备成本。因此，提高制氢效率，尽可能降低制氢成本，是未来发展氢经济的核心。

为了提高电解水制氢的效率，人们进行了许多尝试。一般可将其分为两类：①通过不同的方法降低电解水过程中所需的能量，如"零间隙"电解室设计、开发新的隔膜材料，尤其开发新的电极电催化材料；②尽可能降低用电成本，如使用价格低廉的过剩电能、风能、潮汐能和太阳能等。

本章从电解水过程的基本热力学出发，介绍了单电解室、电解槽、组件和系统的效率模型。为了便于比较电解水技术（在电解室、电解槽或系统层面），必须将效率量化。在本章中，术语"能量效率系数"（符号 ε）用于此目的描述。这里需要注意的是，在有些文献中使用"效率"一词代替"能量效率系数"。但在某些情况下，这可能会导致混淆（例如，能量效率、电流效率和系统效率须区分），因此需要使用适当的术语来避免混淆（本章中的符号 η 用于电流效率和系统效率的描述）。还应注意，定义电解水的"能量效率系数"的方法有多种。本章的目的是建立各种定义，解释它们的差异和对应的简化假设。

4.2 低温电解室

目前，市场上有3种不同类型的低温电解水技术产品：质子交换膜电解室（PEMEC），它使用酸性聚合物电解质（由于这个原因，有时也被称为聚合物电解质膜）；碱性电解室（AEC）；阴离子交换膜电解室（AEMEC）。

1. 质子交换膜电解室

质子交换膜电解室由3个功能元件组成：阴极、固体质子交换聚合物和阳极，外部电能驱动电化学水分解，制取氢气和氧气。

2. 碱性电解室

碱性电解室由3个功能元件组成：阴极、微孔隔膜或膜和阳极，都浸入碱性溶液中，通过电能制取氢气和氧气。

3. 阴离子交换膜电解室

阴离子交换膜电解室由3个功能元件组成：阴极、固体羟基交换聚合物膜（输送氢氧化物电解质）和阳极，外部电能作为电化学过程的驱动，制取氢气和氧气。

4.3 电 解 槽

电解槽是由多个电解室组成的组件，主要采用压滤方式布置。按电源布置分为3种电解槽：并联，如图4.1（a）所示，为单极组件；全串联，如图4.1（b）所示，为双极组件；或与中央阳极串联，如图4.1（c）所示。液压采用并联方式。除这些电解室组件外，电解槽还包括其他组件，如分离器、冷却板、歧管和支撑结构等。

电解槽的典型组件如下：

（1）膜或隔膜。

（2）电极（阳极和阴极）。

（3）多孔传输层或液态气体扩散层。

（4）双极板，作为两个相邻电解室之间的隔板，有时为了便于流体流动，

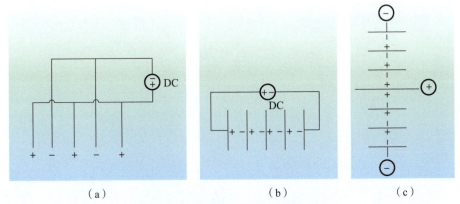

图 4.1 电解室的 3 种电气连接模式
(a) 单极组件；(b) 双极组件；(c) 与中央阳极串联

设计有额外的流道。

(5) 电解室极框和/或垫圈和/或密封件。
(6) 电流分配器。
(7) 用于机械压紧的端板。
(8) 电气端子。
(9) 电解槽的其他部件，如紧固螺栓等。

4.4 电解系统

4.4.1 质子交换膜电解水系统

质子交换膜电解水系统的典型示意如图 4.2 所示，是一个包含各种部件的装配体，用于在预期运行条件（温度、压力、水等）下，操作电化学转换装置（即电解槽），制取氢气。

质子交换膜电解水系统的典型部件如下。

(1) 电源，包括以下部件。

①进线配电，包括连接电网和变压器，根据运行要求调整输电或配电网络。

②电解槽运行的整流器。

③电解系统其他辅助部件的系统控制柜，包括根据制造商规范操作的自动控

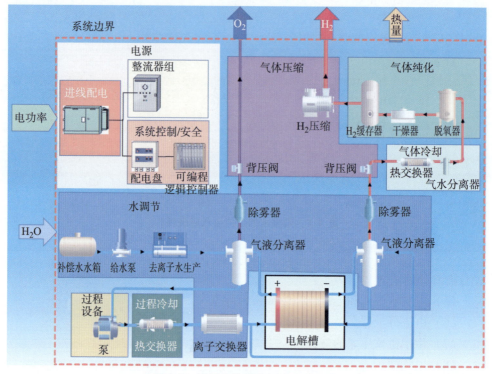

图 4.2 质子交换膜电解水系统示意

制系统。其中,包括安全传感器、过程参数测量仪器、管道和阀门、可编程逻辑控制器(Programmable Logic Controller,PLC)、数据输入/输出(I/O)、个人计算机(PC)。

(2)对供水和回水进行必要处理的水调节系统,包括以下内容。

①补给水箱。

②给水泵。

③去离子水生产装置。

④阳极循环回路,其中包括:水净化装置,主要是一个离子交换树脂床,用于将水质保持在所需水平,以将电解槽的化学污染风险降至最低;氧气/水分离器,用于首次分离出口气流中的残余液态水;除雾器,用于进一步去除出口气流中的小液滴。

⑤阴极循环回路,至少包括一个氢气/水分离器和除雾器;有时还包括一个循环泵,满足阴极侧热管理要求。

(3)电解槽,系统的核心。通过直流电流,水发生电化学反应,生成氢气和氧气。它包括一个或多个以串联或并联方式连接的质子交换膜电解槽。

（4）过程设备。包括以下设备：使用电力进行操作的设备，如水循环泵，使水能够连续流入电解槽，用于电化学反应和电解槽的热管理；过程参数测量仪器，如压力传感器、流量计、气体传感器等。

（5）过程冷却。包括用于热管理的热交换器，利用冷却水泵排出碱液循环回路的热量，将电解槽保持在适当的温度范围内。

（6）气体冷却。包括热交换器，对电解过程中产生的气体进行热管理。

（7）气体纯化。纯化制取的氢气至要求的质量水平，包括以下流程和设备。

①去氧化阶段，采用催化方式，对气体交叉导致的残余微量氧重新组合生成水。

②气体干燥器。去除残余水分，使残余水分浓度降至百万分之一。

③缓冲罐。用于平衡制氢量的变化。

（8）气体压缩。由以下部分组成。

①氢气和氧气的压力控制阀。使电解槽系统在设计的压力水平（压力平衡或压差）工作。

②压缩机。使气体压力达到规定值。

③高压储罐。用于储存电解槽制取的最终气体。

4.4.2 碱性电解水系统

碱性电解水系统如图4.3所示。与质子交换膜电解水系统相比，碱性电解水系统最显著的区别是：电解液是一种碱性水溶液，在去离子水中，KOH浓度为20%~30%（质量分数）。阳极和阴极浸入溶液，并用隔膜隔开。这种溶液具有腐蚀性，与碱液接触或可能接触的部件要选择合适的材料，以提高电解槽的寿命，便于电解槽维护。

碱性电解水系统组件与质子交换膜电解水系统组件基本相同，区别在以下几个方面。

（1）碱性电解槽。碱液供应/再循环系统，用于向电解槽提供连续的电解液，以进行电化学反应和热管理，主要包括碱液循环泵和碱液热交换器。

（2）气体/碱液分离器，用于分离第一次出口气流中的残余液体。

（3）除雾器和洗涤器，用于进一步去除出口气流中的水和碱液气溶胶。

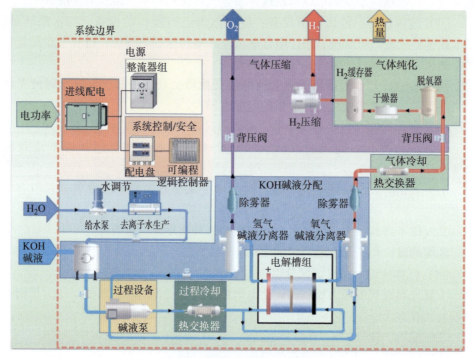

图 4.3 碱性水电解系统示意

4.4.3 阴离子交换膜电解水系统

阴离子交换膜电解水系统类似于质子交换膜电解水系统,但它使用的电解槽技术是阴离子交换膜,而不是质子交换膜,如图 4.4 所示。

阴离子交换膜电解水系统的组件与 PEMWE 系统的组件相同,唯一的区别在于电解技术。

4.5 电解水效率

本节针对电解室、电解槽、部件和系统层面进行效率分析,且仅适用于近环境温度技术,如质子交换膜、碱性和阴离子膜电解水。

从热力学的角度,电解室、电解槽和电解系统都可看作能量转换装置。这类设备的能量效率定义为有用化学能输出(氢/氧能量含量)与能量输入(电和

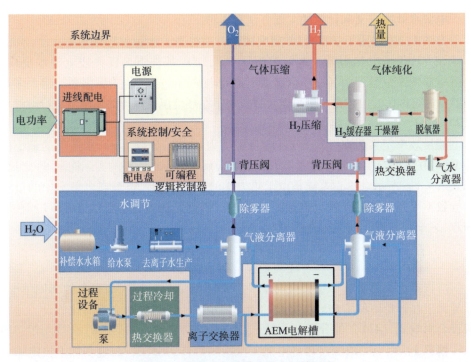

图 4.4 阴离子交换膜电解水系统示意

热)之间的比率。效率系数或描述符提供了转换装置特性、转换过程质量评估和结果比较的通用且实用的方法。图 4.5 所示为电解水系统典型输入/输出质量流和能量流示意。

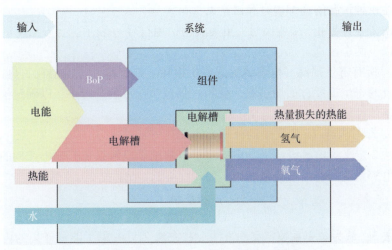

图 4.5 电解水系统典型输入/输出质量流和能量流示意

电解水效率定义和计算的主要方法有 3 种。

方法 1：主要用于学术/科学研究团体，用符号 ε 表示。

该方法仅考虑热力学。在恒温恒压（T, p）条件下，仅关注电解水反应。电解室放置在恒温器中（在环境温度下进行电解时，空气作为恒温器。但大多数实验室进行试验时，它是一个恒温装置，用于在环境温度以外的温度下进行电解水试验）。

能量效率定义为在（T, p）（电流强度为 0 时）分解 1 mol 水所需的最小能量 W_t 与在（T, p）（电流强度不为 0 时）分解 1 mol 水所需的实际能量 W_r 之比，如式（4.1）所示。这种差异是由于热力学的第二原理：电荷在电解室中的传输会导致不可逆的能量衰减（耗散）造成的，因此，分母比分子大，$\varepsilon \leqslant 1$。在平衡点，$\varepsilon = 1$，有

$$\varepsilon_{\text{cell}} = \frac{可逆反应需求能量}{不可逆反应需求能量} = \frac{W_t}{W_r} \tag{4.1}$$

应该指出，尽管这个定义很简单，但是 ε 的量化表达式却有 4 种不同情况。差异源于在评价电解室和环境之间的能量流中采用了不同热力学简化假设。这些假设会影响式（4.1）的分子和分母。

情况 1：反应的焓变（可逆电能 + 可逆热）作为分子，总电功加上恒定输入的可逆热作为分母。

情况 2：反应的吉布斯自由能（可逆电能）作为分子，分母仅为总电能。

情况 3：反应的焓变（可逆电能 + 可逆热）作为分子（如情况 1），总电能加上变化的热输入（取决于 U_{cell}，以区分吸热和放热工作模式）为分母。

情况 4：比情况 3 更通用。假设电解室的输入热量全部由外部源提供。

上述 4 种情况的详细内容和讨论见 4.5.2 节。

方法 2：主要用于工业部门，更为实用，用符号 η 表示。与方法 1 的定义相比，有以下两个区别。

（1）所有寄生损耗（电解装置的寄生损耗，如能量和电流损耗、热损耗等；辅助系统的寄生损耗，如加热器、泵等）都包含在 η 的分母中，以确定整个电解系统的整体性能。

（2）参考能量（ε 定义中的分子）不同。

方法 2 定义为电解设备（如电解室、电解槽、电解系统）输出产物的能量与提供给电解系统的总需求能量之比，如式（4.2）所示：

$$\eta_{\text{cell}} = \frac{产物能量}{总需求能量} = \frac{W_t}{W_r} \tag{4.2}$$

方法 3：认为效率系数定义的方法 1 和方法 2 只考虑了能量守恒的内在机理（热力学第一原理），没有定量考虑环境条件和能量退化。为确保不同技术（如

电解系统、光伏系统、风力发电机）之间进行有意义的比较，最终对它们进行排名并不是一项简单的任务。为了做到这一点，需要定义设备的最佳理论性能。最好的方法是进行详细的㶲分析，即考虑各种输入/输出能量流的㶲（可用能量）来计算效率。㶲损失分析（装置内㶲的大小和位置）可更详细地描述任何能量转换装置的优缺点，有助于改进装置中各部件的设计。本章不介绍此方法。

4.5.1 电解热力学基础

4.5.1.1 水分解反应热力学

在可逆条件（电流强度 $I=0$）下，在标准环境温度和压力条件（Standard Ambient Temperature and Pressure Conditions，SATP），即 $T^0 = 25℃$（298.15 K）和 $p^0 = 10^5$ Pa = 1 bar 时，电解 1 mol 液态水，反应的能量方程如式（4.3）所示：

$$H_2O(l) + \Delta Q_{rev}(T^0, p^0) + \Delta G_{cell}(T^0, p^0) \rightarrow H_2(g) + \frac{1}{2}O_2(g) \quad (4.3)$$

式中：$\Delta Q_{rev}(T^0, p^0)$ 为可逆热能（48.6 kJ/mol）；$\Delta G_{cell}(T^0, p^0)$ 为电能，即吉布斯自由能变（237.2 kJ/mol）。

由式（4.3）可知，电解 1 mol 液态水，所需的总能量为可逆热能 $\Delta Q_{rev}(T^0, p^0)$ 和吉布斯自由能变 $\Delta G_{cell}(T^0, p^0)$ 之和，即焓变 $\Delta H_{cell}(T^0, p^0)$ 为 285.8 kJ/mol。可逆热能、吉布斯自由能和焓变三者之间关系方程，即吉布斯-亥姆霍兹方程：

$$\Delta H_{cell}(T, p) = \Delta Q_{rev}(T, p) + \Delta G_{cell}(T, p) \quad (4.4)$$

式中：T 为电解室的热力学温度（K）。

在可逆条件（电流强度 $I=0$）下，热能的变化和水分解的熵变有关，即

$$\Delta Q_{rev}(T, p) = T \Delta S(T, p) \quad (4.5)$$

标准状况下，1 mol 水的熵变 $\Delta S(T^0, p^0)$ 计算如下：

已知 $S^0_{H_2}$ = 130.7 J/(mol·K)、$S^0_{O_2}$ = 205.1 J/(mol·K)、$S^0_{H_2O}$ = 69.9 J/(mol·K)，可得

$\Delta S(298\ K, 1\ bar) = 130.7 + 0.5 \times 205.1 - 69.9 \approx 163.4 (J/(mol·K))$

则分解 1 mol 水所需热能 $\Delta Q_{rev}(298\ K, 1\ bar) = 298 \times 163.4 \approx 48.7$ (kJ/mol)。

4.5.1.2 电解水反应的电解室电压

在 SATP 下，从热力学角度，在可逆条件下，电解水开始反应所需的最小电压 U^0_{rev} 定义为

$$U_{\text{rev}}^0 = \frac{\Delta G^0}{nF} \tag{4.6}$$

式中：n 为转移的电子数（电解水，$n=2$）。

在 SATP 条件下，ΔG^0 = 237.22 kJ/mol，则 U_{rev}^0 = 1.229 3 V。

进行以上分析时，应考虑以下三点：

（1）与 $T\Delta S$ 对应的热量为 48.6 kJ/mol，仅可从周围环境完全转移到水分解过程时才有效。例如，电解过程处于吸热状态时，通过向电解室供应预热水。

（2）当电解室电压 $U_{\text{cell}} \leqslant U_{\text{rev}}^0$ 时，不能制取氢气。

（3）电解槽绝热运行（电解槽吸收的热能 = 电解槽产生的热能，即热平衡为 0）。在 SATP 条件下，热中性电位 E_{tn} 或热中性电压 U_{tn} 定义为

$$U_{\text{tn}}^0 = \frac{\Delta H^0}{nF} \tag{4.7}$$

式中：在 SATP 下，ΔH^0 = 高热值(HHV) = 285.84 kJ/mol（U_{tn} = 1.481 3 V）。

在不同的物理条件下，即气态水，ΔH^0 = 低热值(LHV) = 241.8 kJ/mol（U_{tn} = 1.253 V）。必须注意，式（4.7）的 U_{tn}^0 比式（4.6）的 U_{rev}^0 高，因为 U_{tn}^0 包括了与熵变有关的热量 ΔQ_{rev}。

（1）高热值（J/mol）包括水蒸发的热量，用于电解液态水的参考热值。

（2）低热值（J/mol）用于电解蒸气，如固体氧化物电解水。

（3）在严格绝热条件下，当 $U_{\text{rev}} < U_{\text{cell}} < U_{\text{tn}}$ 时，电解室冷却，因为熵变所需的热量仅来自电解室内部产生的热量。在这种情况下，电解室和周围环境之间不存在热交换。

（4）当电解室工作电压 $U_{\text{cell}} > U_{\text{tn}}$ 时，反应所需热量由电解室内耗（过电压和欧姆损失）提供。内耗产生的热量高于所需热量时，电解室温度升高。

4.5.1.3 电解水反应热平衡 Q_{cell}

在特定工作条件下（恒定的 T 和 p），热平衡 Q_{cell} 可定义为与反应熵变相关的可逆热 ΔQ_{rev}（$\Delta Q_{\text{rev}} = T\Delta S$）与能量损失之差。当 $T_{\text{cell}} < T_{\text{out}}$ 时，ΔQ_{rev} 自发地从环境转移到电解室。能量损失是由电荷转移过电压 $\left(\sum |\eta_i|\right)$ 和欧姆损失 $R_e I$ 引起的内耗，与不可逆热 Q_{irrev} 相关。当 $T_{\text{cell}} > T_{\text{out}}$ 时，不可逆热自发地从电解室散发到周围环境。

电解室产生的热量为

$$Q_{\text{output}} = Q_{\text{irrev}} = nF(U_{\text{cell}} - U_{\text{rev}}) = nF\eta_{\text{loss}} = nF\left(\sum |\eta_i| + R_e I\right) \tag{4.8}$$

电解室的热平衡为

$$Q_{cell} = Q_{input} - Q_{output} = \Delta Q_{rev} - Q_{irrev} = T\Delta S - nF(U_{cell} - U_{rev}) \quad (4.9)$$

电解室的输入热为

$$Q_{input} = \Delta Q_{rev} = T\Delta S = \Delta H_{rev} - \Delta G_{rev} = nF(U_{tn} - U_{rev}) \quad (4.10)$$

因此，热平衡 Q_{cell} 表达式为

$$Q_{cell} = nF(U_{tn} - U_{rev}) - nF(U_{cell} - U_{rev}) = nF(U_{tn} - U_{cell}) \quad (4.11)$$

在 SATP 条件下，有

$\Delta Q_{rev}^0 = nF(1.48 - 1.23) = 285.8 - 237.2 = 48.6(kJ/mol)$，$\Delta Q_{rev}/(2F) \approx 0.25$ V

式（4.11）通过比较 U_{cell} 和 U_{tn}，计算环境和电解室间总交换热 Q_{cell}。在所有运行条件下，Q_{cell} 热平衡取决于外部交换的可逆热（$\Delta Q_{rev} = T\Delta S$）与过电压和焦耳效应导致的不可逆热 $nF\eta_{loss}$。

事实上，这两种热源很难区分，但如果 $U_{cell} < U_{tn}$，系统需要外部输入热（通过恒温器）；如果 $U_{cell} > U_{tn}$，多余的热量会释放到环境（通过恒温器或辐射、传导或对流）。但是，热流方向是可以确定的：向电解系统供热或向周围环境散热。

Q_{cell} 的代数符号表示净热流的方向。

(1) $Q_{cell} = 0$（当 $U_{cell} = U_{tn}$ 时），即电解室在等温条件下运行，电解室与周围环境之间没有热交换。

(2) $Q_{cell} > 0$（当 $U_{cell} < U_{tn}$ 时），在低电流密度下，电解室吸收热量，以保持 T 恒定。

(3) $Q_{cell} < 0$（当 $U_{cell} > U_{tn}$ 时），在高电流密度下，电解室中释放产生的多余热量需要外部冷却，以保持 T 恒定。

4.5.2 学术视角的能量效率

如上所述，在最简单的单个电解室情况下，电解室的能量效率 ε_{cell} 可定义为分解 1 mol 水所需的理论总能量 W_t（J/mol）（与生成焓变 ΔH_f 相反）与电解过程中的实际能量 W_r（J/mol）之比：

$$\varepsilon_{cell} = \frac{可逆条件下的能量需求}{不可逆条件下的能量需求} = \frac{W_t}{W_r} \quad (4.12)$$

电解液态水时（如 PEM、碱性和阴离子膜技术），参考的是液态水的能耗（氢气在氧气中燃烧的 HHV 的绝对值）。

下面，基于不同的热力学假设，提出了 4 种不同的情况作为当前能量效率的定义。

4.5.2.1 能量效率——情况1（基于恒定可逆热输入）

考虑涉及的所有能量（电能和热能），式（4.12）的分子（可逆条件下的能量需求）定义为与熵变有关的必要的电能 + 必要的热流 $\Delta Q_{rev} = T\Delta S$（J/mol），因此，有

$$W_t = \Delta G_{rev} + \Delta Q_{rev} = \Delta H_{rev} \Leftrightarrow W_t = nFU_{rev}（电能）+ nF(U_{tn} - U_{rev})（可逆 Q）$$

则总能量 $W_t = nFU_{tn}$（J/mol）。

式（4.12）的分母，即不可逆条件下的能量需求，定义为实际消耗的电能（必要的电能 + 内部耗散为热量的电能）与熵增加相关的必要热量之和：

$$W_r = \Delta G_{rev} + \Delta Q_{rev} + nF\eta_{loss}$$

$$W_r = nFU_{rev}（电能）+ nF(U_{tn} - U_{rev})（可逆 Q）+ nF(U_{cell} - U_{rev})（不可逆 Q）$$

$$W_r = nF(U_{tn} + U_{cell} - U_{rev})（J/mol）（总能量）$$

因此，情况1的能量效率为

$$\varepsilon_{cell,case1} = \frac{\Delta H_{rev}}{\Delta H_{rev} + nF\eta_{loss}} = \frac{\Delta G_{rev} + \Delta Q_{rev}}{\Delta Q_{rev} + nFU_{cell}} = \frac{U_{tn}}{U_{tn} + U_{cell} - U_{rev}} \quad (4.13)$$

在 SATP 条件下，$U_{cell}(\text{SATP}) = U_{rev}^0$，则

$$\varepsilon_{cell,case1}^0 = \frac{U_{tn}^0}{U_{tn}^0 + U_{cell}(\text{SATP}) - U_{rev}^0} = 1 \quad (4.14)$$

在任意 (T, p) 条件下，有

$$\varepsilon_{cell,case1} = \frac{U_{tn}(T,p)}{U_{tn}(T,p) + U_{cell}(T,p) - U_{rev}(T,p)} < 1 \quad (4.15)$$

情况1的热力学效率曲线如图4.6所示。

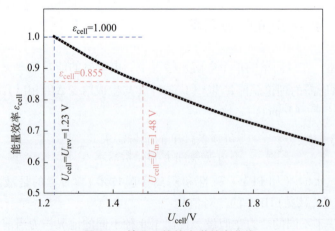

图4.6 情况1的热力学效率曲线

图 4.6 所示曲线是关于 U_{cell} 的连续递减函数。这条曲线与情况 2 的曲线相似，但 ε_{cell} 随 U_{cell} 递减的速度较慢（见图 4.10 中情况 1、情况 2 和情况 3 的量化比较）。

[情况 1 讨论]

（1）赞成的观点。必要的恒定热力学热量 Q_{rev}（水分解反应，熵增加所需的可逆热）仅由外部热源（环境或恒温器）提供，而不是由电能的内部耗散提供。不考虑随 U_{cell} 的变化（根据放热或吸热工作条件），水分解反应可能所需热量部分（当 $U_{rev} < U_{cell} < U_{tn}$ 时）或全部（当 $U_{cell} > U_{tn}$ 时）由内部耗散源产生。在所有工作条件下（放热和吸热），电解室都有恒定的可逆热量从外部输入，这是周围环境向电解室提供的唯一热量。

（2）反对的观点。

①在所有操作条件（所有 U_{cell}）下运行，包括在强放热条件（$U_{cell} > U_{tn}$）下，W_r 包含来自外部源的恒定热量（等于 ΔQ_{rev}）输入。此时，电解室产生多余的热量，而不被外部源吸收。

②情况 1 的热平衡与电解室和周围环境之间的温度梯度不完全一致，因此与非平衡热力学（不可逆热力学）也不一致。

③无法区分恒温器产生的热量和内部散热产生的热量。只有温度梯度（非平衡热力学）决定 ΔQ_{rev} 的方向（ΔQ_{rev} 热量源）。

④外部温度控制装置，使得不可逆过程中电解室内部多余的电能产生的热都被散发，电解室内部熵不会增加，因此，电解室内部由电能耗散产生的热量没有增加反应熵。

⑤系统的能量输入等于电解槽的电能输入加上辅助设备的电能输入（作为分母）。因此，如果 ΔQ_{rev} 作为电解槽效率计算分母的一部分，以比较电解槽效率和系统效率，则辅助设备的功耗将低于实际测量的功耗。

⑥此外，在情况 1 中，计算部分输入能量，而不像其他过程需要单独测量转换效率。

4.5.2.2　能量效率——情况 2（基于自由能变）

定义：在情况 2 下，式（4.12）的分子（可逆条件下的能量需求）仅定义为必要的电能，不考虑与熵变（从恒温器传递到电解室）有关的必要热流 $\Delta Q_{rev} = T\Delta S$ (J/mol)，则

$$W_t = \Delta G_{rev} = nFU_{rev}（电功）$$

式（4.12）的分母，即不可逆条件下的能量需求，定义为实际电能消耗，是必要的电功和内部转换为热的额外电功之和，即

$$\begin{cases} W_r = \Delta G_{rev} + nF\eta_{loss} \\ W_r = nFU_{rev}(可逆电功) + nF(U_{cell} - U_{rev})(不可逆热) \\ W_r = nFU_{cell}(J/mol)(总能量 = 总电功) \end{cases}$$

因此，情况 2 中的能量效率（情况 2 中 ε_{cell} 的定义有时被称为热力学电压效率）由式（4.16）给出，即

$$\varepsilon_{cell,case2} = \frac{\Delta G_{rev}}{nFU_{cell}} = \frac{nFU_{rev}}{nFU_{cell}} = \frac{U_{rev}}{U_{cell}} \quad (4.16)$$

在 SATP 条件下，$U_{cell}(SATP) = U_{rev}^0$，则

$$\varepsilon_{cell,case2}^0 = \frac{U_{rev}^0}{U_{cell}(SATP)} = 1 \quad (4.17)$$

在任意（T, p）下，有

$$\varepsilon_{cell,case2} = \frac{U_{rev}(T,p)}{U_{cell}(T,p)} \quad (4.18)$$

图 4.7 为热力学效率曲线。

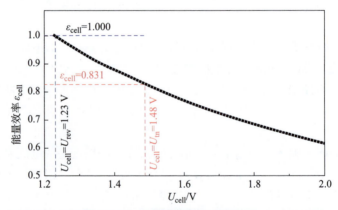

图 4.7　热力学效率曲线（情况 2）

在 SATP 条件下，能量效率是 U_{cell} 的函数。从 $U_{cell} = U_{rev}$ 开始，是一个连续递减函数。可以看出，当 $U_{cell} = U_{rev}$（$U_{rev} = 1.23$ V）时，ε_{cell} 为 100%。当电解室电压等于热中性电压（SATP 条件下，$U_{cell} = U_{tn} = 1.48$ V）时，ε_{cell} 为 83.1%。考虑热平衡，当 $U_{rev} < U_{cell} < U_{tn}$（电解室电压低于热中性电压）时，从恒温器到电解室有热流，称为吸热运行模式。当 $U_{cell} = U_{tn}$（电解室电压等于热中性电压）时，恒温器和电解室之间的热流为 0，因为电解水必要的热量都是在电解室内部反应过程中产生的（热力学第二定律，与带电物质传输相关的损失）。当 $U_{cell} > U_{tn}$（电解室电压高于热中性电压）时，从电解室到恒温器有一个反向的热流，这

是因为反应过程产生的热量超过了电解室的需求热量,是放热运行模式。温度梯度 $T_{in} - T_{out}$ 的符号在吸热域为负,在热中性点为 0,在放热域为正。

在隔热相对较好的电解室,在吸热模式下,$U_{rev} < U_{cell} < U_{tn}$,水流量相对较低,出水温度 T_{out} 低于进水温度 T_{in}。在放热模式下,$U_{cell} > U_{tn}$,T_{out} 将高于 T_{in}。

[情况 2 讨论]

(1) 赞成的观点。

①式(4.16)的分子和分母性质相同,都是电功。

②忽略了热流,这对于接近环境温度的电解水(质子交换膜和碱性)是可以接受的,因为阳极缺乏可逆性,使得吸热范围非常窄(在非常低的电流密度下,如 $10 \sim 20 \text{ mA/cm}^2$,就可达到热中性点)。

③除了 SATP 条件外,容易修正运行条件的影响。

(2) 反对的观点。

①式(4.16)不反映实际情况,也不严格,因为它只将电功视为有用能量输出,而不是总能量输出。

②在具有周期性循环的瞬态运行工况中,吸热域的时间可能会增加,在这种情况下应考虑热流。

4.5.2.3 能量效率——情况 3(基于焓)

情况 3 和情况 1 一样,定义 ΔH_{rev} 作为式(4.12)的分子(可逆条件下的能量需求),即

$$W_t = \Delta G_{rev} + \Delta Q_{rev} = \Delta H_{rev} \Leftrightarrow W_t = nFU_{rev}(电能) + nF(U_{tn} - U_{rev})(可逆热)$$

则

$$W_t = nFU_{tn}(\text{J/mol})(总能量)$$

式(4.12)的分母,即不可逆条件下的能量需求,考虑了详细的热平衡。因此,分母取决于 U_{cell} 的值。分 3 种情况:$U_{rev} < U_{cell} < U_{tn}$;$U_{cell} = U_{tn}$;$U_{cell} > U_{tn}$。

(1) $U_{rev} < U_{cell} < U_{tn}$:吸热范围工作。

W_r = 直流电源的电功 + 电耗产生的直流电源热量 + 恒温器的补充热量,以保持电解室温度恒定,则

$$W_r = nFU_{rev}(电能) + nF(U_{cell} - U_{rev})(内部产热) + nF(U_{tn} - U_{cell})$$

式中:$nF(U_{tn} - U_{cell}) = Q_{cell}$,是热净输入 Q_{input},因为部分热量已经通过不可逆反应(内部产热)提供。

公式 $W_r = nFU_{rev} + nF\eta_{loss} + (\Delta Q_{rev} - nF\eta_{loss})$ 可修改为

$$W_r = nFU_{rev} + \Delta Q_{rev} = nFU_{rev} + nF(U_{tn} - U_{rev})$$

则
$$W_r = nFU_{tn}$$

因此，如果输入热与 $nF(U_{tn} - U_{cell}) = Q_{cell}$ 完全一致，当 $U_{rev} < U_{cell} < U_{tn}$ 时，情况 3 的能量效率为

$$\varepsilon_{cell,case3} = \frac{W_t}{W_r} = \frac{nFU_{tn}}{nFU_{tn}} = 1 \tag{4.19}$$

(2) 当 $U_{cell} = U_{tn}$ 时，电解室在热中性点工作。
W_r = 仅来自直流电源的电功，则

$$W_r = nFU_{rev} + nF(U_{tn} - U_{rev}) = nFU_{tn}$$

那么，当 $U_{cell} = U_{tn}$ 时，情况 3 的能量效率为

$$\varepsilon_{cell,case3} = \frac{W_t}{W_r} = \frac{nFU_{tn}}{nFU_{tn}} = 1 \tag{4.20}$$

这适用于没有外部热量输入电解室的情况。使用恒温器意味着有外部热量输入，因此适用于 $U_{cell} = U_{tn}$ 条件下的情况 4。

(3) 当 $U_{cell} > U_{tn}$ 时，电解室在放热范围内工作。这是质子交换膜和碱性电解技术的常见工作模式。在这个范围内，电解水过程是放热过程，没有热量从周围环境提供给电解室。因此，$Q_{input} \approx 0$。以上结论还基于下述其他假设。

①电解室是隔热的。
②忽略保持温度恒定（系统平衡），冷却水循环所需的能量。
W_r = 仅来自电源的电功（来自恒温器的热量为 0），则

$$W_r = nFU_{rev} + nF\eta_{loss} = nFU_{cell}$$

此时，$nF\eta_{loss} > \Delta Q_{rev}$。

这意味着放热过程中内部产生的热量大于电解水过程熵变有关的所需可逆热量，因此电解室不会吸收外部热量（可能需要冷却），则

$$W_t = nFU_{tn}$$

因此，当 $U_{cell} > U_{tn}$ 时，情况 3 中的能量效率（有时称为焓效率）为

$$\varepsilon_{cell,case3} = \frac{W_t}{W_r} = \frac{U_{tn}}{U_{cell}} < 1 \tag{4.21}$$

[情况 3 总结]
情况 3 的能量效率由以下两组方程给出：

$$\begin{cases} \varepsilon_{cell,case3} = 1, U_{rev} < U_{cell} \leq U_{tn} \\ \varepsilon_{cell,case3} = \dfrac{U_{tn}}{U_{cell}} < 1, U_{cell} > U_{tn} \end{cases} \tag{4.22}$$

在 SATP 条件下，有

$$\begin{cases} \varepsilon_{\text{cell,case3}} = 1, U_{\text{rev}}^0 < U_{\text{cell}}(\text{SATP}) \leq U_{\text{tn}}^0 \\ \varepsilon_{\text{cell,case3}} = \dfrac{U_{\text{tn}}}{U_{\text{cell}}} < 1, U_{\text{cell}}(\text{SATP}) > U_{\text{tn}}^0 \end{cases} \quad (4.23)$$

在任意 (T, p) 条件下，有

$$\begin{cases} \varepsilon_{\text{cell,case3}} = 1, U_{\text{rev}}(T,p) < U_{\text{cell}}(T,p) \leq U_{\text{tn}}(T,p) \\ \varepsilon_{\text{cell,case3}} = \dfrac{U_{\text{tn}}(T,p)}{U_{\text{cell}}(T,p)} < 1, U_{\text{cell}}(T,p) > U_{\text{tn}}(T,p) \end{cases} \quad (4.24)$$

图 4.8 为情况 3 的热力学能量效率（U_{cell} 最大值为 2 V）$\varepsilon_{\text{cell}}$ 与 U_{cell} 曲线。

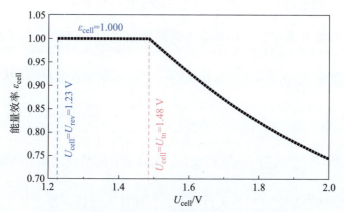

图 4.8 情况 3 的热力学能量效率 $\varepsilon_{\text{cell}}$ 与 U_{cell} 曲线

[**情况 3 讨论**]
（1）赞成的观点。

①情况 3 接近物理实际：当 $U_{\text{cell}} < U_{\text{tn}}$ 时，与熵增加相关的热量由外部温度控制装置和内耗提供。当 $U_{\text{rev}} < U_{\text{cell}} < U_{\text{tn}}$ 时，因为准确的热量只由外部源和内部源提供，这是通常假定能量效率为常数的原因。当 $U_{\text{cell}} > U_{\text{tn}}$ 时，电解室不会从恒温器吸收任何热量（$Q_{\text{input}} = 0$），Q_{cell} 为负，因为内部不可逆性产生的多余热量被释放到电解室外。电解室内，每摩尔水从外部接收的热量正好是所需的热量（来自内部耗散＋恒温器的一部分）。

②情况 3 中的热平衡与电解室和周围环境之间的温度梯度一致，因此与非平衡热力学一致。

③情况 3 中电解室效率和电解槽效率、系统效率的定义完全一致。

(2) 反对的观点。

①当 $U_{cell} < U_{tn}$ 时，$\varepsilon_{cell} > 1$，式（4.21）无效。然而，假设式（4.19）~式（4.21）都给出了正确的定义，则不论 U_{cell} 为何值，均有 $\varepsilon_{cell} \leqslant 1$。

②定义 $Q_{rev} = 0$，意味着要么 $T = 0$，要么 $\Delta S = 0$，高于0K以上的温度是不可能的。必须区别对待反应所需的必要热量 Q_{rev} 与该热量的来源。在情况3中，必要热量 Q_{rev} 的来源取决于温度梯度（非平衡热力学），可能部分来自恒温器，部分来自内部产热，此时 $T_{cell} - T_{out} < 0$（吸热模式 $\approx U_{cell} < U_{tn}$），或仅来自内部耗散（放热模式 $\approx U_{cell} > U_{tn}$）。

③根据该定义，在总平衡中，无法区分可逆热（来自环境或恒温器）和不可逆损失（热释放到环境）产生的热。

4.5.2.4　能量效率——情况4（基于电能和热量输入）

在更一般的方法中，当热量由外部热源提供时，应在效率方程中考虑该热源。

在这种情况下，$Q_{cell} = Q_{input} > 0$，因此，Q_{input} 必须可以测量，并体现在效率方程式中：

$$\varepsilon_{cell,case4} = \frac{\Delta H_{rev}}{nFU_{cell} + Q_{input}} = \frac{nFU_{tn}}{nFU_{cell} + Q_{input}} \quad (4.25)$$

式（4.25）广泛应用于这些情况：T 能以足够的精度测量大功率单电解室、短电解槽。

如果外部热量是通过加热入口水提供，如使水温达到所需的工作温度，则 Q_{input} 可通过下式计算：

$$Q_{input} = 热功率 \times 时间 = P_{thermal}(J/s) \cdot t(s)$$
$$P_{thermal} = 水流量 \times 水的比热容 \times \Delta T$$
$$P_{thermal} = \dot{m}_{H_2O} \times C_p \times \Delta T$$

式中：$\dot{m}_{H_2O}$ 为水流量（g/s）；标准状况下，水的比热容 $C_p = 4.186 J/(g \cdot K)$；$\Delta T = T_{out,cell} - T_{in,cell}(K)$，其中，$T_{in,cell}$ 为电解室入口水温，$T_{out,cell}$ 为电解室出口水温。

这种方法可以提供电解室与周围环境之间有效的热交换信息。如果 $\Delta T < 0$，则电解室内部是吸热反应，在效率方程中必须考虑提供给电解室的热量。因此，当 $U_{rev} < U_{cell} < U_{tn}$ 时，如果考虑提供给水分解反应的实际热量，那么最终的效率低于100%。

图4.9为情况4热力学效率图。

电解水反应仅在 $nFU_{cell} \geqslant \Delta G$ 和 $Q_{input} + Q_{irrev} \geqslant T\Delta S$ 下发生。如式（4.25）所

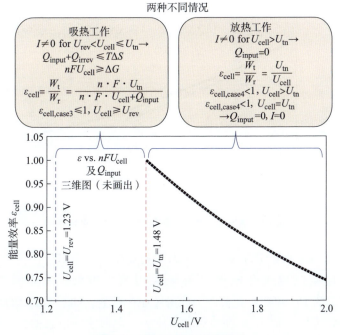

图 4.9　情况 4 热力学效率图

示，效率是输入电能和输入热能的函数。

当 $Q_{input}=0$ 时，与上述情况 3 的曲线图相同，如图 4.8 所示。当总能量输入（热能和电能）为 285.84 kJ/mol 时，电解水效率为 1。这个最低的需求能量可以由电能和热能或单独电能提供。

4.5.2.5　3 种情况的电解水效率比较

图 4.10 显示了情况 1、情况 2 和情况 3 的能量效率系数比较。对于任意给定的 U_{cell}，很明显，与情况 1 和情况 2 相比，情况 3 的电解水效率更高，差异为 15%~17%，在情况 1 和情况 2 之间，电解水效率差异范围为 0（在 U_{rev}）~5%（在 2.0 V）。

4.5.3　能量效率与工作温度的关系

绝对温度 T 和压力 p 是定义电解室状态的两个主要物理量。所有用于定义能量效率的热力学函数都是 (T,p) 的函数。因此，在电解室工作范围内，都需要知道热力学函数在任意 (T,p) 的表达式，以便能够计算对应 (T,p) 的电解效率。

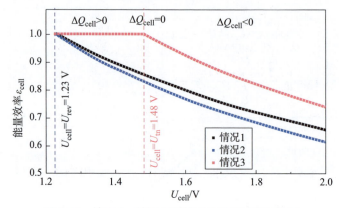

图 4.10　情况 1、情况 2 和情况 3 的能量效率曲线

1. 在 $p = 1$ bar（10^5 Pa）时，效率与 T 的简化表达式

质子交换膜电解水和碱性电解水采用第一近似，水分解反应的焓变 $\Delta H(T,p)$ 在 298.15~400 K 温度范围内可考虑为常数，如图 4.11 所示。$\Delta H(T,p)$ 等于标准焓变 $\Delta H^0 = nFU_{tn}^0$。在该温度范围内，电解室或电解槽的能量效率系数 ε_{cell} 可使用 SATP 下的参考电压 U 进行计算：

$$U_{rev}^0 = 1.23 \text{V} \text{ 和 } U_{tn}^0 = 1.48 \text{ V}$$

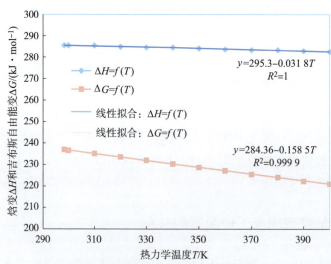

图 4.11　水分解的焓变 ΔH 和吉布斯自由能变 ΔG 与热力学温度（298.15~400 K）的函数关系

2. 没有简化假设下，$p=1$ bar 时效率与 T 的关系式

为了更准确地计算能量效率，需要考虑工作温度的影响。式（4.26）和式（4.27）给出了基于吉布斯自由能变计算的热力学电压 $U_{rev}(T,p)$ 和热中性电压 U_{tn} 的经验多项式。对于液态水条件，在 0～100℃ 范围内，$p=1.013\times10^5$ Pa = 1.013 bar；在 200℃ 时，$p=1.824\times10^5$ Pa = 1.824 bar，表达式为

$$U_{rev}(T,1\text{atm}) = \frac{\Delta G(T)}{2F} = 1.5184 - 1.5421\times10^{-3}T +$$
$$9.523\times10^{-5}T\ln(T) + 9.84\times10^{-8}T^2 \quad (4.26)$$

$$U_{tn}(T,1\text{atm}) = \frac{\Delta H(T)}{2F} = 1.485 - 1.49\times10^{-4}(T-T^0) -$$
$$9.84\times10^{-8}(T-T^0)^2 \quad (4.27)$$

式中：T 为热力学温度，$T^0 = 273.15$ K。应注意的是，这两个方程适用于 p 为 1 atm，而非 1 bar，两者压差为 1%。因此，当压力为 1 bar 时，可以使用式（4.26）和式（4.27）。

在 1 atm 下，修正后的热中性电压值 U_{tn} 如图 4.12 所示（液态水），是反应温度的函数。U_{tn} 值从 25℃ 时的 1.481 V 变化到 100℃ 时的 1.469 V（仅 0.82% 的变化），证实了上述假设，即温度效应在简化近似时可以忽略。在可逆条件下，电解室可逆电压 U_{rev} 的变化也具有类似的线性行为，但变化相对较大，为 5%，即 25℃ 时，U_{rev} 为 1.229 V；100℃ 时，U_{rev} 为 1.167 V。

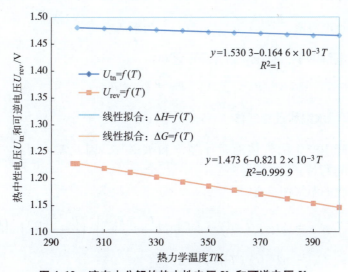

图 4.12 液态水分解的热中性电压 U_{tn} 和可逆电压 U_{rev} 与热力学温度 T 的函数关系

4.5.4 能量效率为工作压力的函数

4.5.4.1 干燥理想气体

首先应该注意的是，在电解水反应中，只有吉布斯自由能变 ΔG 随着压力的变化而变化。焓变 ΔH 是恒定的，因为压力对自由能变和熵变的影响相互抵消。因此，只有在情况 2 下，才需要提供压力作用的定义 [式（4.12）的分子]（ΔH 用于情况 1 和情况 3 的分子）。

假设电解室排气口的产物（H_2 和 O_2）是干燥的理想气体，通过引入随反应物压力 p_{H_2O} 和产物压力（p_{H_2}, p_{O_2}）变化的电解室电压 ΔU_{cell}，可以确定制取 1mol 氢气所需的最小电能 $W_t = \Delta G_{rev}((T,p), I = 0)$（$J/mol_{H_2}$）：

$$nFU_{rev}(T,p) = \Delta G_{rev}(T,p^\theta) + RT\ln\left[\left(\frac{p_{O_2}}{p^\theta}\right)^{\frac{1}{2}}\left(\frac{p_{H_2}}{p^\theta}\right)\Big/\left(\frac{p_{H_2O}}{p^\theta}\right)\right]$$

$$= nF(U_{rev}(T,p^\theta) + \Delta U_{cell}) \quad (4.28)$$

其中，

$$\Delta U_{cell} = U_{rev}(T,p) - U_{rev}(T,p^\theta) = \frac{RT}{2F}\ln\left[\left(\frac{p_{O_2}}{p^\theta}\right)^{\frac{1}{2}}\left(\frac{p_{H_2}}{p^\theta}\right)\Big/\left(\frac{p_{H_2O}}{p^\theta}\right)\right] \quad (4.29)$$

式中：p_{O_2} 为氧分压；p_{H_2} 为氢分压；p^θ 为工作温度下的参考压力，对于质子交换膜电解室和碱性电解室，$\dfrac{p_{H_2O}}{p^\theta} = a_{H_2O} = 1$（$a_{H_2O}$ 为水活度）。

在每个电解室中，总压 p 是各分压之和：

$$p = \sum p_i = p_{O_2} + p_{H_2} + p_{H_2O}$$

4.5.4.2 水饱和理想气体

电解过程中产生的气体通常伴随饱和水蒸气，因此需要对式（4.28）和式（4.29）进行修正。

对于理想的湿气体，有

$$nFU_{rev}(T,p^\theta) = \Delta G_{rev}(T,p^\theta) + RT\ln\left[\left(\frac{p^A - p_{H_2O}^{sat}}{p^\theta}\right)^{\frac{1}{2}}\left(\frac{p^C - p_{H_2O}^{sat}}{p^\theta}\right)\Big/\left(\frac{p_{H_2O}^{sat}}{p^\theta}\right)\right]$$

$$= nF[U_{rev}(T,p^\theta) + \Delta U_{cell}] \quad (4.30)$$

$$\Delta U_{cell} = \frac{RT}{2F}\ln\left[\left(\frac{p^A - p_{H_2O}^{sat}}{p^\theta}\right)^{\frac{1}{2}}\left(\frac{p^C - p_{H_2O}^{sat}}{p^\theta}\right)\Big/\left(\frac{p_{H_2O}^{sat}}{p^\theta}\right)\right] \quad (4.31)$$

式中：$U_{rev}(T,p^\theta)$ 为参考压力 p^θ 和温度 T 的电解室可逆电压；$p_{H_2O}^{sat}$ 为工作温度 T 的饱和水压力；p^A 为阳极室压力（$=p$），包括一些 H_2 压力（通过隔膜渗透）和水蒸气压力；p^C 为阴极室压力（$=p+\Delta p$），假设在两个分室之间压差为 Δp。

4.5.4.3 等压运行

若两个电极的压力相同（$p^A = p^C = p = p^\theta$），假设隔膜中没有气体渗透，式（4.31）的简化表达式可用于考虑压力对能斯特方程导出的电解室可逆电压 U_{rev} 的影响。该简化表达式由式（4.32）给出：

$$\Delta U_{cell} = U_{rev}(T,p) - \Delta U_{rev}(T,p^\theta) = \frac{RT}{2F}\ln\left[\left(\frac{p-p_{H_2O}^{sat}}{p^\theta}\right)^{\frac{1}{2}}\right] \quad (4.32)$$

4.5.5 能量效率为工作温度和压力的函数

电解室平衡电压 $U_{cell}(I=0)$ 可由每个电极的能斯特电势进行计算：

$$\begin{cases} U_{cell}(I=0) = E_a - E_c = \dfrac{\Delta G}{2F} = \dfrac{\Delta G^0}{2F} + \dfrac{RT}{2F}\ln\dfrac{p_{O_2}^{1/2}p_{H_2}}{p_{H_2O}} \\ \\ U_{cell} = U_{rev}^0 + \dfrac{RT}{2F}\ln\dfrac{p_{O_2}^{1/2}p_{H_2}}{p_{H_2O}} \end{cases}$$

式中：$U_{rev}^0 = 1.229$ V（在 SATP 下）；p_{O_2}、p_{H_2} 和 p_{H_2O} 分别为氧分压、氢分压和水分压。因此，通过提高反应物压力，降低产物（氢和氧）压力，可以降低电解室电压。U_{rev} 随 T 的变化主要来自熵，即 $\Delta S_0 = nF(\mathrm{d}U^0/\mathrm{d}T)$，是电解室的温度系数。因此，假设 ΔH 和 ΔS 都和温度无关，对于 25℃ 液态水（$\Delta H^0 = 285.84$ kJ/mol，$\Delta S^0 = 163.2$ J/(mol·K)，则

$$U_{rev}(T) = \Delta G/nF = (\Delta H - T\Delta S)/nF = 1.481 - 0.000\,846T \text{ (V)}$$

总之，液体电解水的最小电解室电压 U_{rev} 可表示为压力和温度的函数，即

$$U_{rev}(T,p) = 1.481 - 0.000\,846T + 0.000\,043\,1T\ln\dfrac{p_{O_2}^{1/2}p_{H_2}}{p_{H_2O}} \text{ (V)} \quad (4.33)$$

或

$$U_{rev}(T,p) = 1\,481 - 0.846T + 0.043\,1T\ln\dfrac{p_{O_2}^{1/2}p_{H_2}}{p_{H_2O}} \text{ (mV)}$$

4.5.6 电解槽能量效率

在温度 T 和压力 p 下,液态电解水槽的能量效率等于单电解室平均能量效率乘以电解槽中的电解室数量 N。这里未考虑辅助设备的能耗 W_{aux}。换言之,电解槽效率等于电解室平均电压 $U_{cell} = U_{stack}/N$ 的效率。因此,之前所有定义能量效率的方程式都适用。唯一要做的就是,在这些方程中的 U_{cell} 用 U_{stack}/N 替换。

注意:由 N 个电解室组成的电解槽,在计算第 j 个电解室的能量效率时可通过式(4.34)的电解室电压进行计算,即

$$U_{cell} = U_{cell}^{jth} \tag{4.34}$$

当用电解槽电压 U_{stack} 计算以上 4 种情况的能量效率时,对应的方程如下。

情况 1:

$$\varepsilon_{stack,case1} = \frac{NU_{tn}(T,p)}{NU_{tn}(T,p) + U_{stack}(T,p) - NU_{rev}(T,p)} \tag{4.35}$$

情况 2:

$$\varepsilon_{stack,case2} = \frac{NU_{rev}(T,p)}{U_{stack}(T,p)} \tag{4.36}$$

情况 3:

当 $U_{cell} > U_{tn}$ 时, $\varepsilon_{stack,case3} = \frac{NU_{tn}}{U_{stack}} \tag{4.37}$

当 $U_{rev} < U_{cell} \leq U_{tn}$ 时, $\varepsilon_{stack,case3} = \frac{NnFU_{tn}}{NnFU_{tn}} = 1 \tag{4.38}$

情况 4:

$$\varepsilon_{stack,case4} = \frac{NnFU_{tn}}{NnFU_{tn} + Q_{input}} < 1 \tag{4.39}$$

式中:$U_{stack} = N[U_{cell}(T,p,I) + \Delta U_{cell}]$。

由式(4.11),可推出电解槽热平衡 Q_{stack}:

$$Q_{stack} = NnF(U_{tn} - U_{cell}) = nF(NU_{tn} - U_{stack}) \tag{4.40}$$

4.5.7 电解水系统能量效率

电解水系统能量效率公式的分母需包含电解槽运行的所有必要辅助设备(如 AC/DC 转换、水净化、水预热、循环水泵、氢气纯化、氢气干燥、过程监控等)的能耗。在不可逆($I \neq 0$)条件下,辅助设备的能耗,W_{aux}(J/mol)作为需求能量。系统的效率方程为

$$\eta_{sys} = \frac{NU_{tn}(T,p)}{U_{stack} + W_{aux}/(nF)} \qquad (4.41)$$

系统的热平衡为

$$Q_{sys} = nF(NU_{tn} - U_{stack}) + W_{aux} \qquad (4.42)$$

4.5.8 电流效率

4.5.8.1 电流效率损失

在理想的电解室中，假设膜/隔膜没有气体渗透，电流效率 $\varepsilon_I = 100\%$。然而，隔膜材料（PEM 的聚合物电解质或碱性电解室隔膜）并非完全不渗透。氢气和（或）氧气在电解室隔膜两侧的质量传输，尤其当电解室在压力下运行时，会引发安全问题，且影响电流效率。根据电解室所用隔膜材料的特性，一部分传输的气体可以发生化学反应或电化学反应。总之，在电解室中，由于气体交叉效应或气体渗透效应，电流效率低于 100%。

通常，氢气和氧气通过隔膜的流速 $\dot{n}_{H_2\_loss}$ 和 $\dot{n}_{O_2\_loss}$（mol/s）很难准确测量。试验结果表明，由于含有水蒸气残留物，单电解室和短电解槽中氢气流速相对较小，且在测量之前，由于气体交叉和渗透效应，一些氢气和氧气已相互反应产生水。

4.5.8.2 单电解室电流效率

部分电流通过电化学电解室完成了期望的化学反应。对于一组电解室组件和某种电解室设计，电流效率 η_I 主要是工作温度 T、工作压力 p 和工作电流密度的函数。

$$\eta_I(T,p,I) = 1 - \frac{F}{I_{DC}}[2\dot{n}_{H_2\_loss}(T,p,I) + 4\dot{n}_{O_2\_loss}(T,p,I)] \qquad (4.43)$$

式中：$\dot{n}_i$ 为从隔膜渗透的物质 i 的摩尔流量（mol/s）；2 和 4 分别为每摩尔氢气、氧气的法拉第常数；I_{DC} 为电解室输入的直流电流（A）。

理想电解室，$\dot{n}_{H_2\_loss} = \dot{n}_{O_2\_loss} = 0$，则 $\eta_I(T,p,I) = 1$，与工作条件（T，p，I）无关。

实际电解室，$\dot{n}_{H_2\_loss} \neq \dot{n}_{O_2\_loss} \neq 0$，因此，$\eta_I(T,p,I) < 1$。

实际上，测量电解室排出的氢气或氧气流量比测量氢气和氧气交叉渗透流量更容易、更准确，因为在许多情况下，氢气和氧气交叉渗透量非常小。式（4.44）（制氢）或式（4.45）（制氧）可以用于计算制氢和制氧的电流效率：

$$\eta_I^{H_2} = \frac{测量的氢气流量}{理论氢气流量} = \frac{2F\dot{n}_{H_2}}{I_{DC}} \tag{4.44}$$

$$\eta_I^{O_2} = \frac{测量的氧气流量}{理论氧气流量} = \frac{4F\dot{n}_{O_2}}{I_{DC}} \tag{4.45}$$

氢气或氧气的测量应使用量程合适且精度高的质量流量计。该流量计安装在去除99.9%以上气体水含量的除雾器后，在气体干燥后，应通过气相色谱分析或具有类似测量量程的其他分析技术测量氧气中的氢浓度。在气体出口处，还应测量组分的摩尔分数。在正常条件下，假设氢气中的氧气和水蒸气或氧气中的氢气和水蒸气的残量很小，通常可以忽略不计。在高压差和薄隔膜（厚度为50~90 μm）的情况下，可以测量到98%甚至更低的电流效率。尽管如此，强烈建议使用安全传感器来监测出口氢气中的氧气水平（氢中氧）或出口氧气中的氢气水平（氧中氢），以检测隔膜气体交叉可能导致的危险因素。

4.5.8.3　电解槽电流效率

在工作温度和压力下，电解槽的电流效率定义为制氢流速 $\dot{n}_{H_2}$（mol/s）和法拉第常数乘积与直流电流 I_{DC}（A）和电解室数量 N 的乘积之比，即

$$\eta_{I\_stack}^{H_2} = \frac{测量的氢气流量}{理论氢气流量} = \frac{2F\dot{n}_{H_2}}{NI_{DC}} \tag{4.46}$$

$$\eta_{I\_stack}^{O_2} = \frac{测量的氧气流量}{理论氧气流量} = \frac{4F\dot{n}_{O_2}}{NI_{DC}} \tag{4.47}$$

4.5.8.4　库仑效率和法拉第效率

库仑效率和法拉第效率的公式与电流效率公式一致。

4.5.9　单电解室和电解槽的总效率

总效率 η_ω 定义为能量效率和电流效率之积，可用于计算单电解室或电解槽的总效率：

$$\eta_\omega^{cell} = \varepsilon_{cell}\eta_I^{cell} \tag{4.48}$$

$$\eta_\omega^{stack} = \varepsilon_{stack}\eta_I^{stack} \tag{4.49}$$

4.5.10　工业视角的能量效率

4.5.10.1　能量效率

工业部门用于定义电解室、电解槽或系统的能量效率所参考的能量状态与学

术界不同，一般的定义为

$$\eta_{cell} = \frac{制取物能量}{总输入能量} = \frac{W_t}{W_r} \quad (4.50)$$

式中：分子中制取物的能量通常是指氢气在氧气中的燃烧热值（不是在空气中燃烧的热值），定义为可逆反应生成 1 mol 水的标准焓，$HHV = \Delta H^0 = 285.8 \text{ kJ/mol}$。实际应用中，存在不同的处理方法，将不可避免地得到不同的能量效率值。为了便于比较，本书列出以下不同处理方法：

（1）使用氢气在空气中而不是氧气中燃烧的热值。
（2）使用氢气在氧气/空气中燃烧的 HHV（导致液态水的形成）。
（3）使用氢气在氧气/空气中燃烧的 LHV（导致气态水的形成）。
（4）使用不同的 (T, p) 条件来计算产物的能量。
（5）工业领域的惯常做法和学术界不同，效率不是百分比，而是比能耗（例如，以 $kW \cdot h/kg_{H_2}$ 或 $kW \cdot h/Nm^3_{H_2}$ 为单位）。

显然，这些差异产生的原因是实际应用决定的参考状态没有唯一性，同一个电解室在不同的应用时，可能会有不同的效率。因此，需要提供明确的说明，以便进行比较。

主要问题是指定计算氢气参考能量的 (T, p) 条件。这些 (T, p) 条件可在电解室（电解槽）排气位置，或在气体处理（除氧、干燥和可能的压缩）后的排气位置考虑。

具体而言，瞬时制氢效率（基于 HHV）定义为制氢的流速 $\dot{n}_{H_2}$ (mol/s) 与 HHV (J/mol_{H_2}) 的乘积，与供给系统的总热功率和电功率（单位为 W）之比，即

$$\eta^{HHV} = \frac{HHV \cdot \dot{n}_{H_2}}{P_{thermal} + P_{electrical}} \quad (4.51)$$

式（4.51）提供了一个实用且通用的（能量+电流）效率值。式（4.51）的积分形式用于计算制氢的比能耗（$kW \cdot h/kg_{H_2}$）。当系统在稳态条件下运行时，给定时间间隔 Δt，简化的效率表达式为

$$\eta^{HHV} = \frac{HHV \cdot \dot{n}_{H_2} \cdot \Delta t}{W_e + Q_{cell} + Q_{H_2O}} = \frac{HHV \cdot N_{H_2}}{W_e + Q_{cell} + Q_{H_2O}} \quad (4.52)$$

式中：$\dot{n}_{H_2}$ 为一段时间内制氢摩尔数（摩尔流量）；N_{H_2} 为 Δt 内制氢摩尔数；W_e 为输入的电能，$W_e = nFU_{cell}$；Q_{cell} 为熵变 $(T\Delta S)$ 与 Q_{irrev} 的差，Q_{irrev} 与电化学反应过电压产生的不可逆损失和内阻的焦耳效应有关；Q_{H_2O} 为附加热交换器（在系统外部）的热能输入，用于进一步加热水。

4.5.10.2 电解槽组件总效率

电解槽组件的 HHV 效率定义为制氢流速 $\dot{n}_{H_2}$（mol/s）与 HHV（J/mol）的乘积，与供给组件的总热功率和电功率之间的百分比为

$$\eta_{\text{component}}^{\text{HHV}} = \frac{\text{HHV}}{P_{\text{component\_external}}} \dot{n}_{H_2} \times 100\% \tag{4.53}$$

4.5.10.3 系统总效率

在电解水系统层（电解槽 + 辅助系统），有必要考虑所有必要的辅助设备的能耗。系统的 HHV 效率定义为所产生氢气的流速 $\dot{n}_{H_2}$（mol/s）与 HHV（J/mol）的乘积与所有辅助设备运行时供给系统的总热功率和电功率之比，表示为

$$\eta_{\text{system}}^{\text{HHV}} = \frac{\text{HHV}}{P_{\text{system\_external}}} \dot{n}_{H_2} \times 100\% \tag{4.54}$$

4.5.10.4 实际应用的其他表达式

电解槽效率（假设电流效率为100%）乘 AC/DC 转换效率［在这种情况下，参考情况是反应的焓变 = 学术界在情况 3 的定义，不考虑气体调节（如纯化、压缩等）效率］来计算系统的能量效率系数。

放热工作时，电解槽效率公式与情况 3 的式（4.37）相同。式（4.37）乘以 AC/DC 转换效率，得系统的能量效率，即

$$\varepsilon_{\text{system}} = \frac{NU_{\text{tn}}(T,p)}{U_{\text{stack}}} \cdot \frac{\eta_{\text{AC/DC}}}{1+\xi} \tag{4.55}$$

式中：ξ 为辅助设备能耗引起的，电解室寄生功率和净功率之比；$\eta_{\text{AC/DC}}$ 为 AC/DC 转换器、DC/DC 电压调节器或功率调节器的效率。

由式（4.55）考虑氢气电流效率，可得另一个工程实际应用的公式为

$$\varepsilon_{\text{system}} = \frac{NU_{\text{tn}}(T,p)}{U_{\text{stack}}} \cdot \frac{2F\dot{n}_{H_2}}{I_{\text{DC}}N} \cdot \frac{\eta_{\text{AC/DC}}}{1+\xi} \tag{4.56}$$

4.5.11 效率公式汇总

本节汇总了本章提出的所有效率公式，如表 4.1 ~ 表 4.3 所示。表 4.1 ~ 表 4.3 中列出了公式适用范围以及对应的公式编号，便于读者进行查阅和正确应用效率公式。

表 4.1 能源效率汇总表 1

单电解室	备注	公式编号
$U_{rev}^0 = \Delta G^0/(nF)$	1.229 V（SATP）	式（4.6）
$U_{rev}(T, 1\text{atm}) = 1.5184 - 1.5421 \times 10^{-3}T + 9.523 \times 10^{-5} T \ln T + 9.84 \times 10^{-8} T^2$	温度范围 0~100℃	式（4.26）
$U_{tn}^0 = \Delta H^0/(nF)$	1.481V（SATP）	式（4.7）
$U_{tn}(T, 1\text{atm}) = 1.485 - 1.49 \times 10^{-4}(T - T^0) - 9.84 \times 10^{-8}(T - T^0)^2$	温度范围 0~100℃	式（4.27）
$\varepsilon_{cell,case1} = \dfrac{U_{tn}}{U_{tn} + U_{cell} - U_{rev}}$	情况 1：恒定热输入	式（4.13）
$\varepsilon_{cell,case1} = \dfrac{U_{tn}(T,p)}{U_{tn}(T,p) + U_{cell}(T,p) - U_{rev}(T,p)}$	情况 1：任意 (T, p)	式（4.15）
$\varepsilon_{cell,case2} = \dfrac{U_{rev}}{U_{cell}}$	情况 2：自由能	式（4.16）
$\varepsilon_{cell,case2} = \dfrac{U_{rev}(T,p)}{U_{cell}(T,p)}$	情况 2：任意 (T, p)	式（4.18）
$\varepsilon_{cell,case3} = \dfrac{nFU_{tn}}{nFU_{tn}}$	情况 3：$\varepsilon = 1$ $U_{rev} < U_{cell} \leq U_{tn}$	式（4.19）
$\varepsilon_{cell,case3} = \dfrac{U_{tn}}{U_{cell}}$	情况 3：基于焓 $(U_{cell} > U_{tn})$	式（4.21）
$\varepsilon_{cell,case3} = \dfrac{U_{tn}(T,p)}{U_{cell}(T,p)}$	情况 3：任意 (T, p) $(U_{cell} > U_{tn})$	式（4.24）
$\varepsilon_{cell,case4} = \dfrac{nFU_{tn}}{nFU_{cell} + Q_{input}}$	情况 4	式（4.25）
$\Delta U_{cell} = \dfrac{RT}{2F} \ln \left[\left(\dfrac{p^A - p_{H_2O}^{sat}}{p^\theta} \right)^{\frac{1}{2}} \left(\dfrac{p^C - p_{H_2O}^{sat}}{p^\theta} \right) \Big/ \left(\dfrac{p_{H_2O}^{sat}}{p^\theta} \right) \right]$	水饱和理想气体修正电压	式（4.31）
$Q_{cell} = nF(U_{tn} - U_{cell})$	电解室热平衡 $Q_{cell} < 0$ 放热 $Q_{cell} > 0$ 吸热	式（4.11）
电解槽	**备注**	**公式编号**
$\varepsilon_{stack,case1} = \dfrac{NU_{tn}(T,p)}{NU_{tn}(T,p) + U_{stack}(T,p) - NU_{rev}(T,p)}$	情况 1	式（4.35）

续表

单电解室	备注	公式编号
$\varepsilon_{\text{stack,case2}} = \dfrac{NU_{\text{rev}}(T,p)}{U_{\text{stack}}(T,p)}$	情况 2	式 (4.36)
$\varepsilon_{\text{stack,case3}} = \dfrac{NU_{\text{tn}}}{U_{\text{stack}}}$	情况 3: $U_{\text{cell}} > U_{\text{tn}}$	式 (4.37)
$\varepsilon_{\text{stack,case3}} = \dfrac{NnFU_{\text{tn}}}{NnFU_{\text{tn}}} = 1$	情况 3: $U_{\text{rev}} < U_{\text{cell}} \leq U_{\text{tn}}$	式 (4.38)
$\varepsilon_{\text{stack,case4}} = \dfrac{NnFU_{\text{tn}}}{NnFU_{\text{tn}} + Q_{\text{input}}}$	情况 4: $U_{\text{rev}} < U_{\text{cell}} \leq U_{\text{tn}}$	式 (4.39)
$Q_{\text{stack}} = nF(NU_{\text{tn}} - U_{\text{stack}})$	电解室热平衡 $Q_{\text{stack}} < 0$ 放热 $Q_{\text{stack}} > 0$ 吸热	式 (4.40)

系统	备注	公式编号
$\eta_{\text{sys}} = \dfrac{N \cdot U_{\text{tn}}(T,p)}{U_{\text{stack}} + W_{\text{aux}}/(nF)}$	系统效率	式 (4.41)
$Q_{\text{sys}} = nF(NU_{\text{tn}} - U_{\text{stack}}) + W_{\text{aux}}$	热平衡	式 (4.42)

表 4.2　电流效率汇总表 2

单电解室	备注	公式编号
$\eta_I(T,p,I) = 1 - \dfrac{F}{I_{\text{DC}}}[2\dot{n}_{\text{H}_2\_\text{loss}}(T,p,I) + 4\dot{n}_{\text{O}_2\_\text{loss}}(T,p,I)]$	基础公式（学术角度）	式 (4.43)
$\eta_I^{\text{H}_2} = \dfrac{2F\dot{n}_{\text{H}_2}}{I_{\text{DC}}}$	制氢效率（工业观点）	式 (4.44)
$\eta_I^{\text{O}_2} = \dfrac{4F\dot{n}_{\text{O}_2}}{I_{\text{DC}}}$	制氧效率（工业观点）	式 (4.45)

电解槽	备注	公式编号
$\eta_{I\_\text{stack}}^{\text{H}_2} = \dfrac{2F\dot{n}_{\text{H}_2}}{NI_{\text{DC}}}$	制氢效率（工业观点）	式 (4.46)
$\eta_{I\_\text{stack}}^{\text{O}_2} = \dfrac{4F\dot{n}_{\text{O}_2}}{NI_{\text{DC}}}$	制氧效率（工业观点）	式 (4.47)

表 4.3　总效率汇总表 3

单电解室	备注	公式编号
$\eta_\omega^{cell} = \varepsilon_{cell}\eta_I^{cell}$	总效率（学术观点）	式（4.48）
$\eta^{HHV} = \dfrac{HHV\dot{n}_{H_2}}{P_{thermal}+P_{electrical}}$	瞬时制氢效率（工业观点）	式（4.51）
$\eta^{HHV} = \dfrac{HHV\dot{n}_{H_2}\Delta t}{W_e+Q_{cell}+Q_{H_2O}}$	电解室效率积分形式（稳态运行工况）	式（4.52）

电解槽	备注	公式编号
$\eta_\omega^{stack} = \varepsilon_{stack}\eta_I^{stack}$	总效率（学术观点）	式（4.49）

组件	备注	公式编号
$\eta_{component}^{HHV} = \dfrac{HHV}{P_{component\_external}}\dot{n}_{H_2}\times 100\%$	组件效率	式（4.53）

系统	备注	公式编号
$\eta_{system}^{HHV} = \dfrac{HHV}{P_{system\_external}}\dot{n}_{H_2}\times 100\%$	系统效率（工业观点）	式（4.54）
$\varepsilon_{system} = \dfrac{NU_{tn}(T,p)}{U_{stack}}\cdot\dfrac{\eta_{AC/DC}}{1+\xi}$	不包含法拉第效率的系统效率（工业观点）	式（4.55）
$\varepsilon_{system} = \dfrac{NU_{tn}(T,p)}{U_{stack}}\cdot\dfrac{2F\dot{n}_{H_2}}{I_{DC}N}\cdot\dfrac{\eta_{AC/DC}}{1+\xi}$	包含法拉第效率的系统效率（工业观点）	式（4.56）

4.6　小　结

能量效率是比较电解室、电解槽和电解厂的能量性能以及计算制氢成本的关键性能指标。然而，文献中有不同的定义。本章针对接近环境温度条件下运行的 3 种主要电解槽——质子交换膜电解槽、液体电解质的碱性电解槽和阴离子交换膜电解槽，梳理了学术领域和工业领域计算能量效率的定义。

当考虑氧化还原过程的动力学时，能量效率 ε_{cell} 可由平衡（$I=0$）和非平衡（$I\neq 0$）状态的电解水反应的基本热力学分析推导。在推导并比较学术界和工业界使用的不同表达式的基础上，本章概述了它们之间的差异，讨论了它们的意义。由于电解水需要电能和热能，因此 ε_{cell} 最合适的定义应具有一致的分子和分母的表达式，即同时包含电能和热能，或仅包含电能。若在能量效率的分子使用热中性电压，ε_{cell} 的表达式应小心处理，这是因为热中性电压包含了分解水分子所需的电能和可逆热；如果分母的表达式仅包含电能，则当电解室电压低于热中性电压时，$\varepsilon_{cell} > 100\%$，这在热力学上是无意义的。这种定义和理论不一致，不应使用。

第5章
影响电解水效率的因素分析

5.1 引　言

目前，能源问题得到了极大的关注。随着人口的增长，持续增长的能源需求对全球经济、环境和气候的改变带来了严重威胁；人类的主要能源仍是化石燃料，然而，这种能源是不可再生的。更重要的是，化石燃料消耗带来环境污染也是一个重要的关注点，如温室气体的排放带来的地球温度的升高。可再生能源，如太阳能、风能、潮汐能，虽得到了极大的关注，但其固有的波动性，降低了能源传输效率，限制了大规模使用，因此，需要一种解决方案：在峰值时储能，在低谷时释能。

氢气具有高能量产出、高质量能量密度、地球上储量丰富以及消耗过程中的零排放，是解决上述问题的关键，这已得到全球共识。作为一种能源载体，它与制取氢气的方法一样清洁，因此利用可再生能源产生的电力分解水来制取氢气具有许多优势。氢气的使用不仅得益于丰富的水资源，还得益于产生的零污染物排放。然而，目前制取的氢气总量中只有4%来自水的电解，大部分制取的氢气仍来自化石燃料，尤其是天然气的蒸汽重整（48%），其次是石油和煤气化（分别为30%和18%）。这是因为电解水制取的氢气必须与化石燃料技术产生的相对较低的氢气价格竞争。然而，氢被视为与化石燃料竞争并结束地球对化石燃料的能源依赖的一种有希望的方法。鉴于这一过程成本仍然非常昂贵，因此人们正在大力提高电解效率。

本章首先简要回顾电解水热力学基础和效率，针对电解效率极大依赖过电势和电解槽电阻，重点分析了电催化剂的过电势，以及目前在电催化剂方面一些减少过电位的措施；然后针对电解质浓度、隔膜材料和电极间距进行了分析；最后分析了高温高压碱性电解水在提高效率方面的可能性。

5.2 基础知识回顾

5.2.1 水分解热力学

水分解成氢和氧在热力学上并不是最好的。为了实现这一点，必须在阳极和阴极之间施加电位差，称为平衡电压或电解室可逆电位 U_{rev}。在标准条件下（环境温度为25℃，大气压力），氢气焓变 ΔH_{cell} 为286 kJ/mol，吉布斯自由能变 ΔG_{cell} 为238 kJ/mol。这两个值之间的差值是因为电解导致水从液相到气相的变化，从而大幅增加了系统的熵。这些条件下的 U_{rev} 为 –1.23 V（$-\Delta G_{cell}/(nF)$），这个电解室电压下，水分解反应是吸热的。

当系统被隔离时，系统熵增无法通过吸收周围环境的热量来实现，因此所有能量必须来自电源，这意味着需要施加更高的电位差。在特定温度下，维持电化学反应而不产生或吸收热量所需的总电能称为热中性电压 U_{tn}。在标准条件下，U_{tn} 为1.48 V [$\Delta H_{cell}/(nF)$]。虽然 U_{rev} 是利用电解水分子所需的理论最小电解室电压，但 U_{tn} 对应电解室在绝热条件下运行的是实际最小电压，即电解室吸收的热能和电解室产生的热能之间的净零热平衡。电解室电压超过 U_{tn}，水分解反应放热，产生热量。这意味着，实际中，所有电解室电压都必须在 U_{tn} 以上运行。

在非标准条件下运行时，必须根据能斯特方程计算电解室电势。式（5.1）为计算两电极反应的电解室电势方程：

$$U_{cell} = U_{rev} + \frac{RT}{nF}\ln\frac{a_{H_2}^2 a_{O_2}}{a_{H_2O}^2} \tag{5.1}$$

式中：a 为反应物和产物的活度；R 为通用气体常数。

除了电解过程中的理论能耗外，电解过程还需要克服几个额外的电垒。所有这些电垒都会影响电解水所需的电解室电压（图5.1），并构成过电位。过电位定义为理论电解室电位（电解室的平衡电位，U_{rev}）和以期望的反应速率进行电解水的实际电解室电位 U_{cell} 之间的差值，如式（5.2）所示：

$$\eta = U_{\text{cell}} - U_{\text{rev}} \tag{5.2}$$

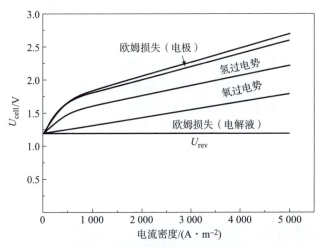

图 5.1　碱性电解室电压的典型组成

过电位可分为三大类：欧姆过电位 η_{ohm}、激活过电位 η_{act} 和浓度过电位 η_{con}。因此，电化学电解室的总过电位是这 3 种过电位之和，如式（5.3）所示：

$$\eta = \eta_{\text{ohm}} + \eta_{\text{act}} + \eta_{\text{con}} \tag{5.3}$$

1. 欧姆过电位

欧姆过电位与电解室的欧姆内阻 R 有关，包括电极、电解液、隔膜、连接线的电阻以及氢气泡和氧气泡产生的电阻。这意味着，过电位是由溶液的离子电阻（与导电性有关）与电解室或电解槽电子电阻产生的。欧姆过电位，顾名思义，遵循欧姆定律（$\eta_{\text{ohm}} = iR$，式中 i 是作用电流），该关系表明欧姆降随电解室的作用，电流呈线性变化。

2. 激活过电位

激活过电位是高于平衡电位的电位差，克服电解室反应的激活能，以产生特定电流。这种过电位与电极界面上发生的电子转移有关，其中一个主要原因是电荷在电极表面积累，为后续电子的产生带来了能垒。

在没有传质限制和激活过电位不是很高的情况下，式（5.4）的塔菲尔方程给出了反应速率（即电流密度 j）和激活过电位之间的关系：

$$|\eta_{\text{act}}| = a + b\lg|j| \tag{5.4}$$

式中：a 为截距，如式（5.5）所示；b 为塔菲尔斜率，如式（5.6）所示：

$$a = -b\lg j_0 \tag{5.5}$$

$$b = -\frac{2.3RT}{\alpha F} \tag{5.6}$$

式中：α 为阳极或阴极转移系数，代表降低电极/电解质界面反应动力学势垒的过电势分数；j_0 为交换电流密度，定义为反应物在平衡状态转化为产物以及产物再生为反应物的速率，不受传质的任何限制。

3. 浓度过电位

浓度过电位是由电极表面电解液中反应物或产物的浓度梯度引起的，这是由于反应过程中的质量传输限制。当质量传输和电解室反应速度不匹配时就会发生这种情况。当质量传输相对较低时，反应物分子不能到达反应位点和（或）产物分子不能从反应位点漂移，导致电极表面反应物减少或产物在电极表面聚集。质量转移步骤可以遵循3种不同的机理：扩散（浓度梯度，从高浓度到低浓度进行物种移动）、迁移（电场施加的带电物种移动）和对流（电解液中不稳定力驱动的物种移动）。

5.2.2 效率模型

根据对电解系统的评价和比较，有多种方法可以表示电解室的效率。电压效率 U_{eff} 通常按照式（5.7）计算，是分解水的有效电压与电解室总电压的比例系数，即

$$U_{eff} = \frac{U_{an} - U_{cat}}{U_{cell}} \times 100\% \tag{5.7}$$

式（5.8）法拉第效率和式（5.9）热效率是分别根据电解水反应的能量变化计算的两个不同参数：

$$\eta_F = \frac{\Delta G_{cell}}{\Delta G_{cell} + E_{Losses}} = \frac{U_{rev}}{U_{cell}} \tag{5.8}$$

$$\eta_{thermal} = \frac{\Delta H_{cell}}{\Delta G_{cell} + E_{Losses}} = \frac{U_{tn}}{U_{cell}} \tag{5.9}$$

输入能量为理论需求能量和能量损失 E_{Losses} 之和；输出的能量分别是水分解反应的吉布斯自由能变和焓变。

评价电解水效率的另一种方法是根据制氢量 r_{H_2} 与系统消耗的总电能 ΔW 之比，如式（5.10）所示：

$$\eta_{thermal} = \frac{r_{H_2}}{\Delta W} = \frac{V_{H_2}}{iU_{cell}t} \tag{5.10}$$

式中：t 为时间；V_{H_2} 为电解室单位体积的制氢率；i 为电流。

根据以上表达式可以得出结论：为了提高碱性电解室的效率，必须降低分解水分子所需的能量，通过减少需要克服的总过电位，降低反应所需的电解室电位。如上所述，由于电化学电解室组件的某些原因，过电位升高。

碱性电解室中的效率损失可能与下述因素有关：首先，必须克服发生 HER

和 OER 的激活能，用激活过电位表示，欧姆损耗也是一个需要考虑的问题。其次，气泡效应是欧姆降的主要原因。在电解水过程中，气泡在电极上形成，不能迅速通过电解液扩散并从电解系统中去除，因此它们会聚积在阴极和阳极表面，堵塞活性位点。当气泡直径达到临界值时，气泡从电极表面分离进入电解液。最后，电解液的离子电阻、电极距离和隔膜电阻也是对欧姆损耗有很大影响的参数。

因此，正确选择电极材料和电催化剂材料（见 5.3 节）、电解液和隔膜、工作条件和电解室匹配设计使总过电位和欧姆损耗最小化，对于实现电化学系统的效率最大化至关重要。

商业碱性电解室的运行条件以及有关电解液浓度和隔膜材料已经基本确定。如今，提高碱性电解室效率的关键途径是开发新的电催化剂，以提高析氢和析氧反应的活性。

5.3 电催化剂

要为碱性电解室开发合适的电极，所选的材料必须具有高耐蚀性、高导电性、高比表面积、高催化效果，并且必须具有合理的价格和使用寿命。

如前所述，为了提高电解系统的效率，有必要降低析氢和析氧反应的活化过电位，这可以通过电催化剂在电极表面沉积或直接用电催化剂作电极来实现。电催化剂是为特定的电化学反应提供低活化过电位的途径，并允许在高电流密度下发生反应。其工作原理是改变反应动力学，甚至改变反应发生的机理。根据式（5.4），一种材料要成为良好的电催化剂，也就是说，要获得较低的过电位，催化剂的塔菲尔斜率必须较低并且（或）交换电流密度必须较高。

电极的性能不仅取决于催化剂的材料组成，还取决于它们的表面积和微观结构。当电解过程发生时，电极表面形成氢气泡和氧气泡，只有当它们达到一定尺寸时才会从电极表面分离。这种现象降低了电极的有效活性面积，此时气泡起到了电屏蔽的作用，增加了系统的欧姆损耗。因此，关于电极的组成，除了具有适当的催化活性外，还必须是多孔的，并有多种路径允许电解质渗透，促进气泡的分离。这种分离还取决于电极的润湿性，因此亲水性好的电极表面可以减少气泡对表面的覆盖。

本节简要介绍析氧反应（HER）和析氧反应（OER）的机理，以及这两种反应最常用的电催化剂，重点是可以更容易地应用于工业环境的催化剂。为了更准确地分析和比较电催化剂的性能，过电位分析的标准电流密度为 10 mA/cm^2。

如果可能，应在工业运行条件下进行过电位分析。

从根本上说，电解室中电催化剂的性能要求目前还是空白，没有建立统一的标准。首先，评估催化剂性能的许多电化学测试是在室温下进行的，而电解槽的工作温度通常为 60~90℃；其次，测试所用的电流密度 10 mA/cm² 远低于工业常用的电流密度 200~400 mA/cm²；最后，电极结构和有效表面积在确定催化剂层活性时与催化剂层的组成一样重要，但没有固定的标准来比较这些特性。

5.3.1 HER 机理

碱性介质中的析氢反应被广泛认为是 Volmer – Tafel 和 Volmer – Heyrovsky 机理的组合。第一步，Volmer 步，包括还原吸附在催化剂表面的水分子，形成吸附氢原子（H_{ads}），如式（5.11）所示：

$$H_2O + e^- \longrightarrow H_{ads} + OH^- \tag{5.11}$$

在这个初始步之后，可以通过化学脱附，即两个吸附氢原子形成一个氢分子，即 Tafel 步，如式（5.12）所示：

$$2H_{ads} \longrightarrow H_2 \tag{5.12}$$

电化学脱附，即另一个水分子攻击吸附的氢原子，形成一个氢分子制取氢气，即 Heyrovsky 步，如式（5.13）所示：

$$H_{ads} + H_2O + e^- \longrightarrow H_2 + OH^- \tag{5.13}$$

碱性介质中的 Volmer 步也与水的吸附能和氢氧化物离子的解吸能有关。水吸附能低可导致反应物不足，而氢氧化物离子吸附能高会使催化剂失去催化活性位点，从而导致中毒效应。催化剂表面的多步反应使 Volmer 步非常复杂。

为了确定 HER 的反应决速步，以塔菲尔斜率代表确定不同电极表面 HER 机理的诊断标准。假设朗缪尔吸附等温线（Langmuir Adsorption Isotherm，LAI）适用，塔菲尔斜率为 30 mV/dec，表示为 Volmer – Tafel 路径，化学解吸是限速步；塔菲尔斜率为 40 mV/dec，表明氢气生成机理是 Volmer – Heyrovsky 路径，此时电化学脱附是反应决速步（图 5.2）。当塔菲尔斜率为 120 mV/dec，反应决速步将取决于吸附氢原子 H_{ads} 的表面覆盖率。在低 H_{ads} 表面覆盖率下，Volmer 步被视为限速步；而在覆盖率饱和下，Heyrovsky 反应和 Volmer 反应中都可以观察到该斜率。

因此，阴极过电位与电极材料周围区域中氢的形成直接相关，而氢的形成又由氢和电极表面之间的键决定。氢的吸附和解吸机制要求氢气与金属表面的反应位点结合良好，电极过电位将取决于电极的催化活性及其物理性质。

制氢的过电位 η_{H_2} 通常由式（5.14）所示的塔菲尔方程测量：

$$\eta_{H_2} = \frac{2.3RT}{\alpha_c F} \lg \frac{j}{j_0} \tag{5.14}$$

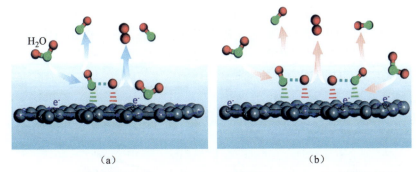

图 5.2 催化剂表面 Volmer – Heyrovsky 路径和 Volmer – Tafel 路径示意
(a) Volmer – Heyrovsky 路径；(b) Volmer – Tafel 路径

式中：α_c 为阴极电荷转移系数。

5.3.2 HER 电催化剂

贵金属，尤其是铂族金属，当之无愧成为 HER 最好的电催化剂。铂族金属的催化效率最高，具有较低的过电位和较小的塔菲尔斜率。然而，贵金属电催化剂的价格昂贵，储量稀有，不可能大规模用于电解水的 HER 电极。因此，地球富含的过渡金属作为碱性电解室的电催化剂，如镍（Ni）、钴（Co）、铁（Fe）、钼（Mo）或锌（Zn）等引起了科研人员的极大兴趣。其中，镍是最活跃的非贵金属。其在强碱溶液中稳定性好，地球含量丰富，因此是一种较为廉价的材料。由于这些原因，镍和镍基合金是目前 HER 和 OER 的首选电催化剂。

传统上，裸镍（零价镍）被许多研究人员用作电催化剂。然而，在电解槽制氢所需的电流密度下，镍电极的 HER 过电位为 300~400 mV，这对于当今电解槽来说太大了。另外，多数研究指出，随着阴极材料失活，过电位将随时间的增加而增加。因此，研究工作转向寻找新的技术途径，达到激活这种材料并提高其催化性能的目的。

改善镍材料电催化性能的一个明显方法是开发多孔电极（Porous Electrode，PE），以增加电极表面面积。纳米技术的快速发展使人们有可能构建尺寸均匀、形态均匀的纳米结构，如纳米镍粉和多孔泡沫镍（Ni Foam，NF）或镍网（Ni Mesh，NM）。与裸镍相比，多孔泡沫镍和镍网都有更高的催化活性，因此过电位较低。目前，多孔泡沫镍和镍网大多被用作活性更高的非贵金属电催化剂的电极担体。

镍—碳复合材料可以显著提高 HER 电极的催化活性，该材料利用了镍的固有活性和碳材料的特点，如良好的导电性、大表面面积、易于表面改性和高稳定性等特点。通过金属介导点蚀（Metal Mediated Pitting，MMP）工艺，将镍纳米颗粒（Nano Particles，NPs）部分嵌入碳纤维布（Carbon Fiber Cloth，CFC）中，可以开发大尺寸电极,这种方法很容易适用于工业制氢。在 CFC 中嵌入镍纳米颗粒有利于调节碳的电子密度状态,暴露镍催化位点,提高催化稳定性。图 5.3 为该工艺制备电极材料的极化曲线和相应的塔菲尔曲线。由图 5.3(a)和图 5.3(b)可知,HER 电极催化活性非常高。

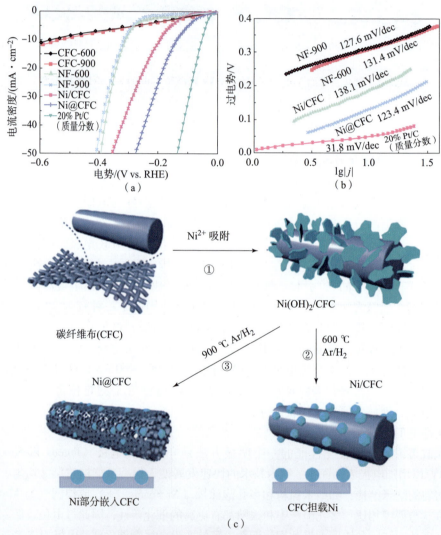

图 5.3　金属介导点蚀工艺制备的镍纳米部分颗粒嵌入 CFC 电极材料的性能和工艺示意

(a)电极材料的极化曲线;(b)对应材料的塔菲尔斜率;
(c)①Ni(OH)$_2$/CFC、②Ni/CFC 和③Ni@CFC 的合成过程

镍碳基复合材料也是目前开发的催化剂材料，以获得更为杰出的催化性能。典型工艺是用超重力电沉积，在泡沫镍上设计共电沉积镍纳米颗粒和还原氧化石墨烯（reduced Graphene Oxide，rGO）片材。3.3%（质量分数）碳含量的电催化剂表现了出色的 HER 性能，183 mV 过电位时，电流密度达 100 mA/cm^2，以及 77 mV/dec 的低塔菲尔斜率。在稳定性和耐久性测试中，Ni-rGO 催化剂依次在电流密度为 250 mA/cm^2 下试验 10 h、在 100 mA/cm^2 下试验 20 h 和在 250 mA/cm^2 下试验 10 h。在上述 40 h 测试期间，Ni-rGO 催化剂的活性几乎保持不变，过电位为 220 mV。这证实了 Ni-rGO 催化剂的高稳定性和工业制氢的适用性。

为进一步验证 Ni-rGO 的催化性能，在不同电流密度下，对 Ni-rGO、Ni-ONC（Oxidized Nenriched Carbon，ONC，氧化富氮碳）和 Ni-OCNT（Oxidized Carbon Nano Tube，OCNT，氧化碳纳米管）的催化性能进行了比较。结果表明，Ni-rGO 的塔菲尔斜率和过电位最小。在测试的最高电流密度 80 mA/cm^2 下，催化剂的过电位为 245 mV。Ni-rGO 催化行为的增强可能是均匀分布的 rGO 层的晶粒细化效应的结果，原因是增加了活性表面积。

此外，通过将其他过渡金属加入金属镍形成镍基合金，也可以增强镍的性能，如二元或三元镍基合金。在钢基片上，二元电催化剂的活性顺序为：Ni-Mo > Ni-Zn > Ni-Co > Ni-W > Ni-Fe > Ni-Cr > Ni。在开路电位稳定性、耐腐蚀性和规定条件（6mol/L KOH，-300 mA/cm^2，80℃）下的稳定时长方面，Ni-Mo 合金是所有试验合金中最好的电催化剂。对于三元镍基合金，在与之前测试相同的条件下，它们在 HER 的活性顺序为：Ni-Mo-Fe > Ni-Mo-Cu > Ni-Mo-Zn > Ni-Mo-Co ~ Ni-Mo-W > Ni-Mo-Cr > Ni。Ni-Mo-Fe 合金在 187 mV 过电势和 80℃下能够得到 -300 mA/cm^2 的电流密度。因此，Ni 与 Mo 的化合物是提高 HER 电催化剂性能的有效方法。Ni 和 Mo 独特的电子结构使得 Ni 具有水解离活性，Mo 对氢有良好的吸附特性。

作为一种有效的 HER 电催化剂，雷尼镍（Raney Ni，Ra-Ni）自 1926 年申请专利，至今已经使用了 90 多年。它是通过从 Ni-Al 或 Ni-Zn 合金中浸出 Al 或 Zn 来制备的。与典型的镍电极相比，这种制备方法将使电极形成多孔结构，具有更大的比表面积。制备雷尼镍电极的方法有多种，如 Kim 等人提出的大气等离子喷涂方法制备雷尼镍电极。喷涂后的电极在氢气氛中 610℃ 退火 1 h，以增加涂层与基体之间的附着力，并减少镍铝相。该种方法制备的阴极，在电流密度为 -300 mA/cm^2、1 mol/L KOH 和室温下，过电位为 108 mV，塔菲尔斜率为 54 mV/dec。为了测试电极的耐久性，在热处理和未热处理的电极上分别作用 -400 mA/cm^2 的恒电流密度。热处理后的雷尼镍电极（电势稳定 144 h）比未经热处理的雷尼镍（电势稳定 48 h）失活更慢。Coli 等人展示了一种电镀方法制备雷尼镍电极的工艺。雷尼镍电极在碱性电解典型运行条件下（-300 mA/cm²），过电位为 150 mV，比镍电极的过电位低 230 mV。与其他现有电催化剂的性能相比，雷尼镍电极表现出优异的性能，过电位要低得多。图 5.4 为 7 种电催化剂材料的过电位与电流密度的关系图。

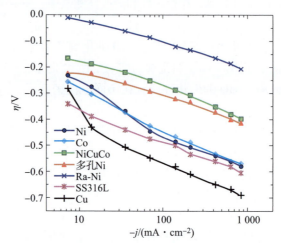

图 5.4　7 种电催化剂材料的过电位与电流密度
（30℃，6 mol/L KOH）的关系图

镍锡合金是一种有价值的 HER 电催化剂。在镍网基底上电沉积 NiSn，在 30%（质量分数）KOH 电解液和 80℃下，比较了镍锡合金与纯镍电极的性能。当电流密度为 250 mA/cm² 时，镍锡显示出优越的 HER 活性，过电位比镍网电沉积镍和纯镍网分别低 350 mV 和 377 mV。镍锡、电沉积镍和镍网 3 种电极的塔菲尔斜率测量值分别为 44 mV/dec、129 mV/dec 和 132 mV/dec，表明在镍化合物中添加锡，HER 机理发生了变化。在工业运行条件下［KOH 浓度为 30%（质量分数），电流密度为300 mA/cm²，温度为80℃］，镍锡电极在更长时间（5 h）内过电位保持相对稳定，而纯镍网的过电位仅在 5 h 快结束时才能稳定。5 h 后，镍锡样品的过电位仅为 169 mV，显著低于镍网电极 787 mV 的过电位。

过渡金属硫化物（Transition Metal Sulfides，TMSs）、过渡金属磷化物（Transition Metal Phosphides，TMPs）、过渡金属硒化物（Transition Metal Selenides，TMSes）、过渡金属氮化物（Transition Metal Nitrides，TMNs）和过渡金属碳化物（Transition Metal Carbides，TMCs）是最近发现的电解水催化剂家族。这些电催化剂家族的性能仍在实验室规模上进行研究，主要是由于电流密度低，电解质浓度和温度都不在典型工业应用范围内。然而，它们对于析氢反应和析氧反应都是有前途的电催化剂，并且可能在不久的将来实现工业应用。从上述趋势可以看出，镍基化合物仍是目前最好的催化化合物。一些铁基、钼基和钴基化合物的催化活性接近镍基化合物。

TMSs 显示出良好的电催化活性，因为 S 原子的高电负性可以从过渡金属中提取电子，并且 S 可以作为活性位点来稳定反应中间体。另外，S 原子也可能产生 S 空位，以调整 TMSs 的电子密度或改善电解水反应。

TMPs 也被报道是有前途的两种半反应电催化剂之一，尤其适合 HER。优异的催化性能与磷化物的电子特性有关。磷化物中的磷和金属位分别充当质子受体位和氢化物受体位。在所有 TMPs 中，NiCoP 是研究最多的催化剂。例如，一种在泡沫镍上生长的 NiCoP 纳米线阵列，其作为一种经济、高效、稳定的双功能电催化剂，用于水的总分解。当电流密度为 100 mA/cm^2 时，电催化剂的过电位为 197 mV，塔菲尔斜率为 54 mV/dec。这两个数值都表明，这种电催化剂具有良好的活性，可以在工业环境中使用。NiCoP 在泡沫镍上的直接生长加速了电子从电催化剂到担体的传输，这对于增强 OER 活性至关重要。此外，NiCoP 在 10 mA/cm^2 条件下进行了 28 h 的稳定性试验，表现出稳定的 HER 和 OER 催化性能。

另外，由于 TMSes 具有固有的低电阻金属性质，科研人员对其催化活性的兴趣正在增加。与 TMSs 相比，TMSes 表现出更快的电子转移能力。Ni_xSe_y 型催化剂得到了最广泛的研究，但其催化活性仍需改进，尤其从商业阶段的角度，以达到与前面提到的其他电催化剂相当的性能。其他金属掺杂 Ni_xSe_y 硒化物用于增强其催化活性是通常的方法。

TMNs 具有独特的物理性质和化学性质，如优异的热稳定性和化学稳定性、高电子导电性和对 HER 的高电催化活性。此外，与 N 原子的键合改变了主体金属的 d 带结构，从而收缩金属的 d 带。金属的活性位点可以有效地提高催化活性，因为它们的电子结构类似于贵金属 Pt。如在 NH_3 气氛下，350℃热处理 2 h，在 NF 上采用一步法合成的 Ni_3N 薄膜。此种工艺开发的电极显示出显著的催化性能，在 −10 mA/cm^2 获得极低过电势 34 mV。因此，使用 NF 作为导电基体会导致催化剂高担载和大量催化位点。此外，Ni_3N 纳米片与 NF 之间的无缝接触确保了电极的高导电性和快速的电荷转移，并且致密集成，防止催化剂脱落。阴极制备工艺简单，具有高稳定性和耐用性（即使在 100 mA/cm^2 下也没有发现明显的退化），表明这种电催化剂可用于大规模制氢。

最后，但并非不重要的是：关于碳化合物基的物种，它们的特点是具有与贵金属相似的电子结构和结构坚固性，地球储量丰富。TMCs 需要高导电性基底来增强电催化剂的导电性。与 Ni 是主要金属的其他催化剂组不同，Mo_xC_y 是碱性 HER 最常用的 TMCs。

5.3.3 OER 机理

与析氢反应所建议的机理相比,析氧反应的机理更为复杂。在已经提出的几种途径中,最广泛接受的 AWE OER 机理由式(5.15)~式(5.17)给出:

$$OH^- \rightarrow OH_{ads} + e^- \tag{5.15}$$

$$OH^- + OH_{ads} \rightarrow O_{ads} + H_2O + e^- \tag{5.16}$$

$$O_{ads} + O_{ads} \rightarrow O_2 \tag{5.17}$$

在低温下,式(5.15)和式(5.16)中的一个电荷转移步骤是反应决速步。另一方面,式(5.17)所示的是缓慢重组步,控制高温下的反应。

析氧反应过电位一般用塔菲尔方程式(5.18)计算:

$$\eta_{O_2} = \frac{2.3RT}{\alpha_a F} \lg \frac{j}{j_0} = \frac{2.3RT}{(1-\alpha_c)F} \lg \frac{j}{j_0} \tag{5.18}$$

式中:α_a 和 α_c 分别为阳极和阴极电荷转移系数。由于其复杂的机制,与 OER 相关的过电势比 HER 更难降低,因为 OER 涉及 4 个电子转移。与 HER 机理一样,OER 的速率以及效率与电催化剂的催化活性有关。

5.3.4 OER 电催化剂

如前所述,OER 机理比 HER 机理更复杂,与阴极过电势相比,这意味着阳极过电势会更高。到目前为止,为这种半反应开发的电催化剂还没有被认为是完全令人满意的。因此,科研人员仍在努力为析氧反应开发过电位更低和更稳定的电催化剂。与 HER 一样,地球上丰富的过渡金属(TM)被用作传统贵金属,如 Ru 和 Ir 的替代品。Co、Fe、Mo、Mn,尤其是 Ni 引起了科研人员极大的关注并得到了广泛的研究。这些过渡金属在 OER 中主要以氧化物和氢氧化物的形式使用,这可以通过元素普贝图解释。

普贝图是在特定温度、压力和离子浓度下电化学电势与 pH 值的二维图,并映射了元素的不同相。以碱性电解中使用的典型电解质浓度下的 Ni 为例,在 OER(施加的电位为正)中,从图 5.5 可以看出,Ni 在氧化物和氢氧化物中是稳定的(因此不会腐蚀)。从图 5.5 还可以得出结论,氧化物和氢氧化物形式的 Ni 对 HER 不太稳定,这就是为什么通常以金属形式使用镍的原因。

Ni 的催化行为与 Ir、Pt、Rh 和 Pd 等贵金属的催化行为相似,仅次于 Ru。Ni 与其他过渡金属相比具有更高的电催化活性,金属活性顺序为 Ni > Co > Fe > Mn。合金表面通常比单一金属更为粗糙,可以提供更多的活性位点,这也是为什么合

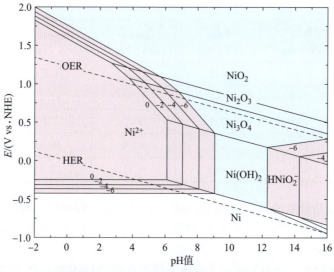

图 5.5　Ni 在 25℃和大气压力下的普贝图

金化是催化剂研究的重要原因，如一元合金（Ni、Co、Mo）、二元合金（Co$_{30}$Ni$_{70}$、Ni$_{30}$Mo$_{70}$、Co$_{30}$Mo$_{70}$）和三元合金（Co$_{10}$Ni$_{20}$Mo$_{70}$、Fe$_{10}$Co$_{30}$Ni$_{60}$、Co$_{10}$Fe$_{30}$Ni$_{60}$）等得到了极大关注。对于二元合金和三元合金，它们的催化活性直接受到 Hi、Co、Mo 或 Fe 在每种物种中比例的影响：合金的活性随着 Ni 和（或）Mo 含量的增加而增加，因此具有最佳电化学性能的电催化剂是 Co$_{10}$Ni$_{20}$Mo$_{70}$ 和 Ni$_{30}$Mo$_{70}$。这些结果与 5.3.2 节提到的与 HER 电催化剂相关的事实，即 Ni 与其他过渡金属的合金提高了电催化剂的催化性能是一致的。与单一过渡金属一样，对于二元和三元物种，也可以在 1 和 50 个循环时观察到极化曲线的变化。表 5.1 给出了上述合金在 70℃、30%（质量分数）KOH 下，50 次电位循环后，不同过电位下 OER 的塔菲尔斜率和电流密度。其他催化剂，如 NiMo、CoNi、CoNiMo 和 FeCoNi 也具有良好的性能。

表 5.1　50 次电位循环后，高过电位和低过电位下 OER 的塔菲尔斜率以及不同过电位下的电流密度

合金	$b_{\text{low}\eta}$/(mV·dec^{-1})	$b_{\text{high}\eta}$/(mV·dec^{-1})	$j_{\eta=200\text{ mV}}$/(mA·cm^{-2})	$j_{\eta=400\text{ mV}}$/(mA·cm^{-2})	$j_{\eta=600\text{ mV}}$/(mA·cm^{-2})
Ni	125	120	0.03	21.3	38.9
Co	190	198	1.23	3.46	30.9
Mo	178	273	6.30	4.36	36.2
Co$_{30}$Ni$_{70}$	130	206	1.58	5.24	58.9

续表

合金	$b_{\text{low}\eta}$ /(mV·dec^{-1})	$b_{\text{high}\eta}$ /(mV·dec^{-1})	$j_{\eta=200\text{ mV}}$ /(mA·cm^{-2})	$j_{\eta=400\text{ mV}}$ /(mA·cm^{-2})	$j_{\eta=600\text{ mV}}$ /(mA·cm^{-2})
$Ni_{30}Mo_{70}$	75	112	7.24	138	708
$Co_{30}Mo_{70}$	150	165	12.0	32.4	195
$Co_{10}Ni_{20}Mo_{70}$	130	221	60.2	234	577
$Fe_{10}Co_{30}Ni_{60}$	119	180	10.4	40.7	70.8
$Co_{10}Fe_{30}Ni_{60}$	102	180	9.77	32.4	77.6

尽管镍铁基合金的 OER 电催化性能不是最好的,但也是一种降低 OER 过电位的成功方法,在这方面也有深入研究。此外,Ni 和 Fe 的亲和力有助于在地核中形成镍铁合金。

镍铁氧化物和(含氧)氢氧化物也表现了良好的 OER 电催化剂性能。在 OER 过程中,Ni 和 Fe 在空气中被氧化,形成 Ni(OH) 和 Fe(OH)$_3$。电催化剂表现出更高的 OER 效率及低过电位,191 mV 时电流密度达到 10 mA/cm^2 和 44 mV/dec 的低塔菲尔斜率。它还显示出显著的长时间稳定性,在 100 mA/cm^2 下超过 8 h 后,过电位增加不到 10 mV,证明了在工业界上应用这种电催化剂的潜力。

过去 10 年,层状双氢氧化物(Layered Double Hydroxide,LDH)作为一种二维材料,在 OER 中引起了越来越多的关注,其原因是较大的表面体积比。与零维和一维材料相比,LDH 有效暴露了催化活性位点,易于调整层的结构,分层孔隙率改善了水分子的扩散和气体的释放,层与层阴离子之间的强静电相互作用。它们由带正电的层和电荷平衡的层间阴离子组成,提供了更高的结构稳定性。正电荷层由部分一价阳离子(Li^+)、二价阳离子(Ni^{2+}、Mg^{2+}、Ca^{2+}、Mn^{2+}、Co^{2+}、Cu^{2+}、Zn^{2+})或三价阳离子(Al^{3+}、Fe^{3+}、Cr^{3+})替换后构成。阴离子插层(Intercalated Anions,IA)通常为碳酸盐(CO_3^{2-}),很容易被其他阴离子(SO_4^{2-}、NO_3^-、Cl^-、Br^-)替代。

NiFe-LDH 是目前研究最多的层状双氢氧化物。NiFe-LDH 的一个主要优点是,金属原子可以规则地位于 LDH 薄片上,以提供丰富的暴露活性位点。然而,LDH 的低导电性阻碍了其作为 OER 催化剂的实际应用,克服这个问题的方法之一是用 LDH 与导电材料杂交。例如,Youn 等先通过溶剂热法(Solvothermal Method),再在玻璃碳中进行电沉积(Electrodeposit),开发了一种 NiFe-LDH/rGO 复合材料。与裸 NiFe-LDH 相比,该电催化剂表现出优越的 OER 性能。NiFe-LDH/rGO 在活性 NiFe 纳米板和 rGO 层之间表现出协同效应,具有高导电性和大比表面面积。rGO 层通过提供良好的电通路和高比表面面积,在提高催化剂活性方面发挥了重要作用。

TMSs、TMPs、TMSes 和 TMNs 在 OER 上也表现出令人感兴趣的催化活性。与其他过渡金属基团类似，镍化合物在 OER 最为活跃，加入 Fe 后，还可以进一步提高 OER 性能。

尽管在这一领域取得了重大进展，不锈钢（Stainless Steel，SS）仍然是商业碱性电解室中 OER 最常用的电极材料。除了不锈钢是一种廉价且耐腐蚀的材料外，它还具有优异的机械强度，并含有不同种类的元素，如 Fe、Ni 和 Mo，这些元素已在电化学反应中作为活性中心出现。

商用 316 L 不锈钢作为阳极材料。电极在 1 mol/L KOH 溶液中，电流密度为 10 mA/cm^2 时，塔菲尔斜率为 30 mV/dec，过电位为 370 mV。在相同的条件下，这种性能具有可比性，甚至超过现有的一些电催化剂的性能。AISI 316L 不锈钢电极也具有很高的耐用性，过电位恒定保持 20 h（在相同的电流密度下）。10 mA/cm^2 电解 50 h 后，再次测试耐久性和稳定性，性能与第一次测试一致。

不锈钢电极的性能通常可以通过表面改性进一步改善，如抛光、阴极活化、阳极活化和脉冲激光生锈。如阴极活化处理，激活了不锈钢网状材料。阴极活化处理包括在材料的电位区域施加重复的电位循环，在 0.1 mol/L KOH 电解液中，以扫描速度 10 mV/s 在 -1.5~0.4 V 的电势范围内循环 10 次。在 1 mol/L KOH 电解液中，当电流密度分别为 10 mA/cm^2 和 100 mA/cm^2 时，得到的过电位分别为 275 mV 和 319 mV。这种优越的 OER 活性是由于 Ni(OH)/(含 O$_2$) 氢氧化物物种的表面富集，以及易于去除 OER 过程中的氧气气泡。此外，尽管在长期电解水试验后观察到轻微下降，但通过重复阴极活化处理，很容易恢复到初始性能。图 5.6 为几种常用 OER 电催化剂材料在 1 mol/L KOH 电解质中测量的 OER

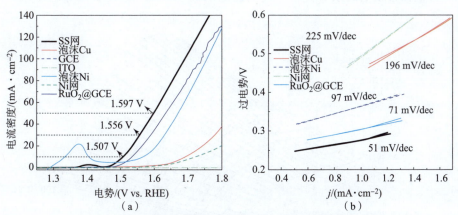

图 5.6 几种电催化剂材料的 OER 极化曲线和塔菲尔曲线

(a) OER 极化曲线；(b) 塔菲尔曲线

极化曲线和对应的塔菲尔斜率。图 5.6 中的催化剂材料：不锈钢网（SS 网）、泡沫 Cu、玻璃碳电极（Glass Carbon Electrode，GCE）、氧化铟锡（Indium Tin Oxide，ITO）、泡沫 Ni（Ni foam）、Ni 网（Ni mesh）、RuO_2@GCE。其中，SS 网显示出了优良的催化活性，甚至超过了基准催化剂 RuO_2。

5.4 影响效率的其他因素

5.4.1 电解质浓度

碱性电解系统中的电解质通常是 NaOH 或 KOH 的水溶液。碱性介质避免了酸性电解液引起的腐蚀问题，使得非贵金属（Non Precious Metal，NPM）材料作为电极或电催化剂成为可能，从而降低了电解室组件的成本。KOH 优于 NaOH，因为在相同浓度下，其溶液具有更高的电导率。为了将电解液电阻降至最低，从而提高碱性电解的效率，必须提高电解液的离子导电性。电解质溶液的浓度和温度是影响离子导电性的关键变量。

工业碱性电解槽常采用 60~90℃ 的工作温度。确定合适的电解液浓度，实现最高的离子电导率是非常必要的。Gilliam 等利用现有的 KOH 电导率数据建立了计算 0~12 mol/L 和 0~100℃ 范围内 KOH 的电导率的方程（见附录 B）。Allebrod 等利用这些结果，绘制了如图 5.7 所示的 KOH 水溶液电导率随温度和浓度的变化而变化的三维图。由图 5.7 可知，在碱性电解槽的推荐温度范围内，电解液浓度为 30%~34%（质量分数）（7~8.2 mol/L），电导率最大。

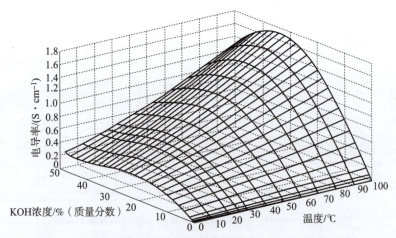

图 5.7 KOH 水溶液电导率随温度和浓度的变化而变化的三维图

Amores 等提出了一个描述碱性电解室行为的数学模型。关于离子电导率参数,该模型表明,在碱性电解槽的正常工作温度范围内,KOH 浓度最大值为 34%~38%(质量分数)(8.2~9.4 mol/L)。该模型还表明,随着温度的升高,给定电流下所需的电势逐渐降低。这是因为当工作温度升高时,降低了可逆电压,减少了所需能量,从而改善反应动力学。该模型还显示了电压和电流密度相对于 3 个不同变量——温度、KOH 浓度以及电极-隔膜距离之间关系的三维变化示意,如图 5.8 所示。

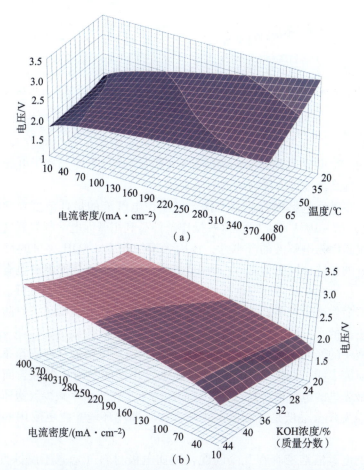

图 5.8 电解室电压和电流密度对 3 个不同变量之间关系的三维变化示意
(a) 温度;(b) KOH 浓度

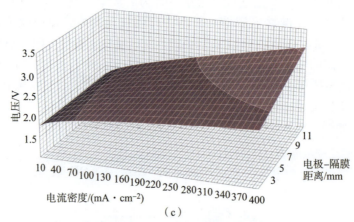

图 5.8 电解室电压和电流密度对 3 个不同变量之间关系的三维变化示意（续）
(c) 电极 - 隔膜距离

Zouhri 和 Lee 模型表明，无论温度如何，离子电导率都会随着 KOH 浓度的增加而增加。KOH 浓度高达 8 mol/L[33%（质量分数）]时，离子电导率开始下降。此外，提高温度可以提高离子电导率。

综上，在碱性电解槽普遍的工作温度下，电解液的最佳浓度在 30% ~ 40%（质量分数）（7 ~ 10.1 mol/L）。这些操作条件是利用碱性电解制取氢气的最佳条件，这不仅是因为电解液的导电性，还因为腐蚀速率。KOH 含量的增加会导致电解液成分的碱性环境更为恶劣，从而导致腐蚀加剧，更高的温度也有同样的效果。因此，尽管存在轻微的腐蚀作用，但在腐蚀性较小的条件下运行，会延长电解组件的寿命，进而对制氢的总成本产生积极影响，这些温度还可以防止由于蒸发而造成更大的水分损失。

电解液中的气泡导致电解过程的效率损失是决定电解液某些操作条件的另一个问题。研究表明，调节电解液流量有助于工作期间气泡从电极表面分离。另外，目前最先进的电解槽在高达 3 MPa 的压力下工作，对于减少气泡体积，将系统的欧姆损失降至最低是有利的。然而，加压操作环境需要更耐用的隔膜，见 5.5 节讨论。

典型的电解液溶液存在几个问题，例如电极材料（暴露于腐蚀性电解液）的稳定性低，以及在电解室运行条件下，当气泡形成明显时，电导率低。

近年来，在电解液中加入离子活化剂（Ionic Activators，IA）引起了人们的广泛关注。这是一种简单、低成本和高效的方法，可以显著降低电解水过程能耗。离子活化剂的工作原理是利用反应过程，在阴极表面电沉积金属化合物，提高 HER 的催化活性和电极稳定性。离子活化剂还可以增强电解质离子的电导率，提高电极耐腐蚀性。HER 的大多数离子活化剂由 $C_2H_8N_2$ 或三甲基二胺基金属氯化物络合物（$(M(en)_3)Cl_x$ 或 $M(tn)_3Cl_x$，M = Co、Ni 其他金属）Na_2MoO_4 或 Na_2WO_4 组成。

Stoji'c 等将离子活化剂（$Co(en)_3)Cl_3$、$Co(tn)_3Cl_3$ 单独或与 Na_2MoO_4 一起在反应过程中添加到标准电解液中，以降低电解水制氢的能耗。与非活化电解质相比，节能超过 10%。Nikolic 等使用（$Co(en)_3)Cl_3$ 和 Na_2WO_4 作为离子活化剂，与标准电解液相比，制取单位质量氢气的能量需求降低了 15%。Amini Horri 等提出了一种不同的方法，即在传统的碱性电解水系统中使用 ZnO 作为离子活化剂前驱体。与传统碱性电解槽相比，电解液为 NaOH 和 KOH 时，析氢率分别高出 1.5 倍和 2.7 倍。

使用离子液体（Ionic Liquid，IL）作为电解质或与传统碱性溶液的混合物也是提高电解室效率的可行替代方案，因为它们有可能对电解质和电极之间的亲和力产生积极影响。室温下，离子液体是半有机化合物，由有机阳离子和有机或无机阴离子组成。离子液体具有高离子导电性、稳定性和热容量，对金属电极具有化学惰性。其中，与四氟硼酸盐（$(Bmim)(BF_4)$）和六氟磷酸盐（$(Bmim)(PF_6)$）等弱配位阴离子相关的 3-丁基、甲基咪唑阳离子一直得到了大量研究。Souza 等的报告称，体积分数 10% 的 $BMI.BF_4$ 溶液中使用不同的电活性材料，如 Pt、Ni、AISI 304 SS 和低碳钢（Lower Carbon Steel，LCS）时，制氢效率为 82%~98%。

最近，Amaral 等测试了 3 种不同的 1-乙基-3-甲基咪唑（Emim）基室温离子液体，即（Emim）(Ac)（醋酸盐）、（Emim）($EtSO_4$)（硫酸乙酯）和（Emim）($MeSO_3$)（甲烷磺酸盐）作为 8 mol/L KOH 碱性溶液的添加剂。当加入这些离子液体时，交换电流密度的测量值显著增加。

5.4.2 隔膜材料

隔膜的主要用途是保持阴极与阳极分离。它可以防止：①电极上产生的气体混合，以保持化学稳定性和安全性；②可能的氧化—还原副反应（在阴极上还原一种物种，紧接着在阳极上再氧化）；③阳极和阴极之间可能的物理接触（如果两电极距离很近）。隔膜不仅增加了电解室的成本和复杂性，而且增大了电解室电阻，在一定电流密度下提高了电解室电压。

为了提高碱性电解室的效率，隔膜材料必须做到以下几点：①对于电解介质而言，化学和机械稳定；②对于单一类型的离子具有高选择性、高离子电导率（低电导率）和低气体渗透性；③在高电流密度下，具有高效的工作能力；④能抵抗气泡形成所产生的压力；⑤应该易于安装，成本相对较低，使用寿命较长。

商业碱性电解槽中使用的第一批隔膜由石棉制成。在高温下，这种隔膜对碱性介质的耐腐蚀性很低，且由于其毒性可能会对人体健康造成严重的不良影响，因此需要用其他材料替代。石棉作为隔膜材料被禁止使用后，发现基于微孔聚合物或陶瓷的复合材料，如聚苯硫醚（polyphenylene sulfide，PSF）和聚砜（polysulfone，PSF）是一种很好的替代材料。目前，用作隔膜的最先进材料是 PSF 基质，氧化锆用作过滤器，也被称为 Zirfon®。

阴离子交换膜被视为高性能碱性水电解的下一个重大进步。这些膜由非多孔氢氧化物导电聚合物组成，这些聚合物的主链或侧链上含有固定的带正电的官能团。阴离子交换膜有 4 个优点：①由于没有金属阳离子，它们不会出现碳酸盐沉淀；②比目前使用的隔膜更薄，从而降低了欧姆损耗；③比质子交换膜便宜，并改进了气体分离和压差的适应能力；④不需要使用浓碱性溶液，对安装不挑剔，系统更易于操作。

尽管如此，阴离子交换膜电解槽仍处于试验阶段，该技术需要进一步改进，以促进未来的氢能经济。据报道，阴离子交换膜需要解决的最关键问题是耐久性和退化问题。商用碱性电解槽寿命为 $(55 \sim 120) \times 10^3$ h，而阴离子交换膜电解系统的耐久性小于 3×10^3 h。此外，阴离子交换膜在电解水中应用的研究仍然很少，目前的重点还是在燃料电池中的应用。

5.4.3 电极间距

一般来说，欧姆电阻随着电极和隔膜之间距离的减小而减小。然而，当使用平面电极时，电极之间存在一个最佳距离。当电极之间的间隙大于最佳值时，距离的减小会导致电压的降低。一旦达到最佳距离，距离的减小反而会导致电压升高，原因是电极和隔膜之间的距离太小。在这种情况下，气泡率非常高，以至于显著增加了电解质电阻，从而增加电解所需的电压。

此外，最佳距离和气泡的速度成反比。气体离开电解室的速度越快，内部积聚的气泡越少，因此可以减小最佳距离，以降低电解质电阻（提高电解水的效率）。

为了减小电极和隔膜之间的距离，以提高电解效率，提出了"零间隙"电解室布局，如图 5.9 所示。在碱性电解室中，"零间隙"电解室的设计原理是两个多孔电极压紧气体隔膜两侧，形成所谓的膜电极（Membrane Electrode Assembly，MEA）。这使电极间隙等于隔膜的厚度，从而显著降低两个电极之间电解液的欧姆电阻。传统电解室布局和"零间隙"电解室布局之间的主要区别在于使用多孔电极，而不是实心金属板，这迫使气泡从电极背面释放，而不是向电解室顶部迁移，从而降低气泡对电解室电压的贡献量。总的来说，"零间隙"电解室设计允许电极间的间隙非常小，设计紧凑、效率高、安全性更高。目前，大多数碱性电解室都采用了"零间隙"设计。

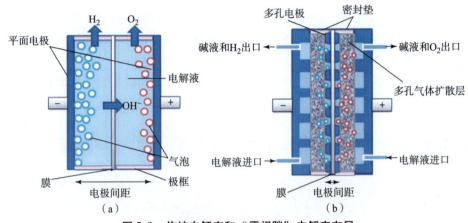

图5.9 传统电解室和"零间隙"电解室布局
(a) 传统电解室布局；(b)"零间隙"电解室布局

5.5 高温高压电解

虽然工业碱性电解水系统的运行条件已经非常明确，但目前的行业趋势是开发高温高压电解槽。如前所述，电解液温度的升高有利于提高系统的效率。离子导电率和表面反应速率增加，而电解室的热力学电压降低。另外，电解液损害了电解室组件的耐久性，并降低了溶液中水的活度。为了克服这一缺点，随着温度的升高，压力也要随之升高，迫使高温水进入溶液，确保溶液中高的水活性。在 $35 \sim 400$ ℃、$0.1 \sim 8.7$ MPa、电流密度为 200 mA/cm^2 的条件下，不同电极材料的碱性电解试验表明，在 400 ℃、8.7 MPa 条件下，共镀镍阳极的电解室性能最好。

此外，当操作压力增加时，由于氢气已经满足合理的储存条件，因此在氢气制取后无须进行气体压缩。一般来说，压缩液态水所需的功率比压缩气态氢所需的功率小，因此可以合理地得出结论：在大气温度下通过电解水制取氢气后，高压电解系统所需的功率比使用压缩机所需的功率小。对于这个结论，目前尚没有统一的意见：有人认为对碱性电解水系统的效率有积极影响，也有人认为这是效率的损失。

Kuleshov 等开发并测试了一种高压碱性电解槽，该电解槽可以在 95 ℃下工作，压力为 10 MPa，电流密度高达 1 000 mA/cm²，不需要使用额外的压缩机。数据显示，当压力达到 3 MPa 时，电解槽电压会随着压力的增加而降低。然而，高于该值时，压力的增加会导致电压的增加。

勃兰登堡理工大学 Cottbus 参与开发了两个高压碱性电解槽原型：一个在 6 MPa 下工作；另一个在 10 MPa 下工作。他们预测，在短期和中期内，电解槽的电压效率将分别提高到 70%~82%（对于 6 MPa 的原型）和 74%~87%（对于 10 MPa 的原型）。

Roy 等得出了相反的结论，他们提出了一项分析，其中考虑了辅助设备的能耗以及在 70 MPa 下工作的电解槽运行期间的气体损失。与常压电解槽相比，它们的效率较低：70 MPa 电解槽的能耗比常压电解槽和压缩机的总能耗高 16%。他们还考虑了腐蚀、操作复杂性和成本等其他问题。从理论上讲，通过提高温度和压力来提高系统效率是可能的，但仍有许多技术问题有待解决。

5.6 小 结

可再生能源通过电解水制氢，即绿氢，是化石能源的最好替代能源。它不排放 CO_2，使用时几乎无污染。然而，电解水制氢效率一直较低，能耗比较高。

本章简要回顾了电解水制氢效率，分析了影响因素。从电极极化特性出发，针对碱性电解水系统，重点分析了 HER 和 OER 电催化剂特性的影响。电解液浓度和可能的电解液添加剂作为改善电解室效率的因素也被提出，并分析了隔膜材料、电极间距的影响。最后，本章简要提及了高温高压碱性电解室在提高效率方面的作用，分析了优缺点以及未来应用的可能性。

本章通过提出一些改善电解室效率的因素，为后续电解室优化设计提供了重要的参考，同时也为工业制氢部门提供了一些减少输入能量的可行方法。虽然如此，要时刻谨记，尽管有这些最新发展，要建设一个美好的氢经济和再生能源系统，仍需付出极大的科研努力。

第6章

电解水的催化特性

6.1 引 言

一般来说，电解水的总反应可分为两个半室反应：析氢反应（HER）和析氧反应（OER）。HER 是水在阴极还原生成 H_2 的反应，OER 是水在阳极氧化生成 O_2 的反应。由于 HER 和 OER 过高的过电位，反应动力学缓慢，成为水分解实际应用的关键障碍之一。HER 和 OER 过电位是动能势垒的一种度量。因此，催化剂在 OER 和 HER 中起着非常重要的作用。高效催化剂是最小化 OER 和 HER 的过电位，实现高效 H_2 和 O_2 制取的关键。

催化剂或电催化剂的设计取决于电解室的工作条件。在前述章节中，我们知道目前的电解水技术主要有3种：①质子交换膜电解水；②碱性电解水；③高温固体氧化物电解水。固体氧化物电解水由于温度高，需要消耗更多的能源。基于质子交换膜的电解室，是在酸性条件下进行的水分解。与其他条件相比，质子交换膜具有气体渗透率较低，质子电导率较高，以及能源效率高、制氢速度快等优点。然而，酸性介质将 OER 电催化剂局限在贵金属和贵金属氧化物催化剂，导致电解室的成本很高。碱性电解室在碱性条件下进行水分解。与使用酸性介质的电解室相比，碱性水分解将电催化剂的选择范围扩大到非贵金属或金属氧化物。然而，与 HER 在酸性介质中的活性相比，在碱性介质中，HER 的活性通常低

2~3个数量级。因此,设计适合于不同介质的低成本、高催化活性和良好耐久性的水分解电催化剂具有非常大的挑战。

由于最近对电解水制氢的兴趣激增,HER和OER研究进展迅速,主要集中于碱性介质中半室反应机理,以及HER和OER催化活性与耐用性的无贵金属电催化剂的制备。通过电催化分解水来高效生产氢气,使人们对活性、稳定性和低成本电催化剂的需求越来越大。在低成本、稳定的电催化剂的开发方面有以下三个挑战性领域。

(1) 虽然大多数高效OER催化剂,如Ir和Ru基电催化剂在酸性条件下表现出很高的抗溶解性,但大多数非贵金属基电催化剂在这种条件下无法存活。目前的挑战是开发在酸性介质中具有高活性和长期稳定性的非贵金属OER电催化剂。

(2) 虽然非贵金属基电催化剂,如碳化物、磷化物和硫化物,因其在碱性介质中的OER性能而备受关注,但催化剂在OER条件下会发生组成和结构转变。然而,实际活性位点的识别仍然是难以捉摸的,开发检测实际活性位点技术,以指导最佳催化剂的设计和制备具有挑战性。

(3) 与酸性条件下的HER相比,许多电催化剂,尤其是过渡金属基催化剂在碱性条件下的催化机理基本空白。因此,一个重要的挑战是确定在碱性介质中控制HER催化机制的因素。

本章首先介绍了几个重要的催化剂电化学参数和评估电催化剂活性、稳定性、效率的一些性能指标,以及催化剂设计原则;然后讨论了HER和OER的反应途径和机理,分别介绍了HER和OER电催化剂,并结合最近几年发表的文献,重点介绍了提高纳米结构贵金属基和非贵金属基OER催化剂活性位点的内在活性的一些最新进展。

6.2 催化剂电化学参数

许多重要的参数用于评价催化剂性能,如过电位、比活性、质量活性、转换频率、塔菲尔斜率、法拉第效率和稳定性等。这些参数可帮助我们深刻了解反应热力学和反应动力学。

6.2.1 过电位

典型的极化曲线是通过测量几何电流密度和外加电势进行绘制的。过电位是达到特定电流密度的电势与 OER/HER 热力学电势之间的电势差。过电位越大，消耗的电能越多，能量转换效率越低。高性能电催化剂，过电位越低，电流密度越大。

评价催化剂性能的过电位有多种。起始过电位，定义为发生催化反应，且有明显电流密度时的过电位。该定义的起始过电位不能很好地作为指标，因此起始过电位建议在一定的电流密度下（0.5 mA/cm² 或 1 mA/cm²）测量，即在极化曲线相应电流密度对应的过电位即为起始过电位。此外，可以在塔菲尔曲线上取两条线：一条是非法拉第区间的切线；另一条是刚转折时的切线。两条线的交点即是起始过电位。

除了起始过电位，另一个常用的过电位是电流密度为 10 mA/cm² 时的过电位，记为 η_{10}。η_{10} 已被广泛接受，作为 OER/HER 最简单、最重要的催化剂活性参数，可用于对不同催化剂进行排序。值得注意的是，由于一些影响因素，如担载量和暴露的活性面积，在实际应用中，η_{10} 并不能反映给定催化剂的内在活性。另外，工业碱性电解槽的电流密度需要高达 288～400 mA/cm²，以实现持续制氢。在高电流密度下，过电位不仅受内在催化活性影响，而且受电极和催化剂表面特性的影响。

6.2.2　交换电流密度

在电化学中，Bulter - Volmer 关系的主要出发点是将金属—电解质界面的过电位 η 与该界面的电流密度 $j(\text{mA/cm}^2)$ 联系起来，即

$$j = j_0 \left[e^{\alpha n F \eta/(RT)} - e^{(1-\alpha)nF\eta/(RT)} \right] \tag{6.1}$$

式中：η 为过电位，即穿过界面的实际电压与平衡电压的差值；j_0 为交换电流密度（mA/cm²）；α 为电荷转移系数；n 为电化学反应中转移的电子数；F 为法拉第常数；R 为理想气体常数；T 为热力学温度(K)。

Bulter - Volmer 方程揭示了电化学反应产生的电流随激活过电位和交换电流密度呈指数增加。事实上，提高反应能量效率的关键是增加 j_0。j_0 反映了平衡时反应物和产物的"交换速率"。为简单起见，采用正向反应，并包括浓度效应，j_0 定义为

$$j_0 = nFcfe^{-\Delta G_{\text{act}}/(RT)} \tag{6.2}$$

式中：c 为反应物表面浓度；f 为产物的衰减率；ΔG_{act} 为前向反应的激活能垒。

式（6.2）表明，在给定环境下，减小激活能垒 ΔG_{act} 将增加电流密度。在实际反应中，仅在激活状态的物种才能经历从反应物到产物的转变。事实上，反应物的激活能受电极材料的强烈影响，电极催化是物种激活和转换的位点。使用高

催化电极可以显著降低反应物的激活垒,因此提供了大幅增加 j_0 的途径。为了减小电极反应的激活能,研究工作一直集中在激活能、电极材料和表面结构之间关系的理解,以设计高效催化电极材料。

6.2.3 比活性和质量活性

比活性和质量活性是用于评估催化剂活性的另外两个量化活性参数。

6.2.3.1 比活性

比活性是单位催化剂表面面积上通过的电流密度,因此催化剂比活性的精确评估高度依赖于催化剂表面面积的可靠测量。催化剂表面面积可通过归一化为 Brunauer–Emmett–Teller(BET)表面面积或电化学表面面积(Electrochemical Surface Area,ECSA)来计算。比活性消除了活性位点数量的影响,可以反映每个活性位点的内在活性。

6.2.3.2 质量活性

质量活性在很大程度上取决于电催化剂颗粒的大小(活性位点的数量),通过将电流密度归一化为电催化剂的担载量来计算质量活性。电解水反应仅在表面发生,且电极材料通常具有更好的大体积结构稳定性,所以质量活性不代表固有活性,质量活性在很大程度上取决于反映表面原子分数的粒度(或等效的催化剂表面面积)。通常,较小尺寸的催化剂表现出较高的质量活性,因为较小尺寸的颗粒具有较大的表面原子与单位质量的总原子之比,并具有大量的电催化活性位点。对于无贵金属催化剂,由于价格低廉,质量活性不如上述参数重要。

6.2.4 转换频率

转换频率(Turnover Frequency,TOF)定义为催化剂在规定的工作电势,每一催化位点每秒催化剂可转换为氢/氧分子的反应物数量,即

$$\text{TOF} = \frac{j_0}{2qN} \tag{6.3}$$

式中:q 为元电荷,$q = 1.6 \times 10^{-19}$ C;"2"表示析出一个氢分子需要转移两个电子;j_0 为交换电流密度;N 为活性位点数量。

TOF 是评估电催化剂内在活性的另一个重要参数。由于活性位点的实际数量不清楚,通常很难获得准确的 TOF。到目前为止,还没有一种合适的方法来准确测量多相催化活性位点的数量。一些研究假设所有催化物种都具有电催化活性,

然后简单地根据催化剂的总担载量计算 TOF。在其他情况下，研究人员假设仅表面原子参与催化过程，而内部催化物种是非活性的，这样得到的 TOF 仅和催化剂的表面催化位点有关。然而，如何准确计算 TOF 仍是一个巨大的挑战。

6.2.5 塔菲尔斜率

塔菲尔图描述了过电位和电流密度的关系，其中电流密度是通过测量的极化曲线得到的。塔菲尔斜率可以通过拟合塔菲尔曲线的线性区域确定，这是获得塔菲尔斜率最常用的方法。线性区通常位于低过电位区。在高电位区，由于产生大量气泡，电流密度通常偏离线性关系。塔菲尔斜率越低，意味着增加同样的电流密度，需要的过电位越小，也意味着反应动力学越快。理想的电催化剂应具有较大的电流密度和较小的塔菲尔斜率。此外，塔菲尔斜率可用于识别可能的反应机理。例如，根据 Butler – Volmer 方程，塔菲尔斜率 20 mV/dec、38 mV/dec 或 118 mV/dec 建议 HER 限速步分别是 Tafer 步、Heyrovsky 步或 Volmer 步。塔菲尔斜率是催化剂的固有特性，由析氢速率限制步决定。

6.2.6 法拉第效率

法拉第效率描述了外部电路的电子转换为水分解为氧气/氢气分子的效率。换言之，法拉第效率是实际气体量与理论气体量的比值。实际气体量通过水 – 气置换法或气相色谱法测量。理论气体量可根据法拉第定律由总电量计算。反应过程中产生的副产物可能导致法拉第损耗。理想的催化剂的法拉第效率应为 100%。

6.2.7 电化学阻抗谱

电化学阻抗谱（Electrochemical Impedance Spectroscopy，EIS）具有在工作条件下测量 OER/HER 动力学过程的优势，已成为一种流行的电化学表征技术。通常，EIS 的测量条件是：频率范围为 100 kHz ~ 1 MHz，电压扰动幅度 5 ~ 10 mV。超过起始过电位的一个恒定电位作为测量电位，在该电位下，所有催化剂都有可观的催化活性。EIS 测量中获得的信息很大程度上取决于分析的频率范围。例如，高频区的非法拉第过程，电阻与施加的电势无关。高频电阻可以反映基底和催化剂材料的电阻以及它们之间的接触电阻。中频区用于研究催化剂材料的电荷传输。低频区表示反应电荷转移电阻 R_{ct}，它可以提供有关从催化剂表面转移到反应物的电子界面电荷转移过程信息。较小的 R_{ct} 表明电荷转移动力学更快，意味着催化活性更好。

6.2.8　稳定性

除了催化活性以外，长期稳定性是实际应用的另一个重要参数。稳定性试验有两种方法：循环伏安法（Cyclic Voltammetry，CV）和计时电位法或计时电流法。在 CV 测试中，通过电流响应扫描电势，重复数千个 CV 循环。通过比较连续 CV 前后的极化曲线来评估稳定性。在相同电流密度下，过电位增量越小，表明稳定性越好。计时电流法或计时电位法是在一定的电流密度或电位下，在一定时间内（通常以小时为单位）测试催化剂的稳定性。评估稳定性的电流密度一般为 10 mA/cm²。同时，也鼓励用更高的电流密度（如 100 mA/cm² 或 200 mA/cm²）做催化剂的稳定性试验。

6.3　电催化剂性能指标

电解分解水不仅是一个上坡反应，反映了 ΔG（吉布斯自由能变）为正值，而且还必须克服一个明显的动能势垒。电催化剂的性能指标如图 6.1 所示。

电催化水裂解催化剂性能的评估是基于活性、稳定性和效率三个关键参数（图 6.1）。催化剂在降低动能势垒方面起着至关重要的作用，如图 6.1（a）所示。活性以过电位、塔菲尔斜率和交换电流密度为特征，可从电极极化曲线中提取，如图 6.1（b）所示。稳定性的特征是在一段时间内过电位或电流随时间的变化而变化，如图 6.1（c）所示。效率是以法拉第效率和转换频率为特征，根据试验结果和理论预测值计算，如图 6.1（d）所示。

6.3.1　活性指标——过电位、塔菲尔斜率和交换电流密度

对于电化学水分解反应，在 25 ℃和 1 atm 下的热力学电势为 1.23 V。然而，由于反应的动能势垒，电解水需要比热力学电势（1.23 V）更高的电势来克服动能势垒。超出热力学电势的电位也称为过电位，主要来自阳极和阴极上的固有活化势垒。过电位是评价电催化剂活性的重要指标。通常，为比较不同催化剂的活性，过电位值对应的电流密度是 10 mA/cm²，这个电流密度相当于太阳能转换为氢气效率的 12.3%。

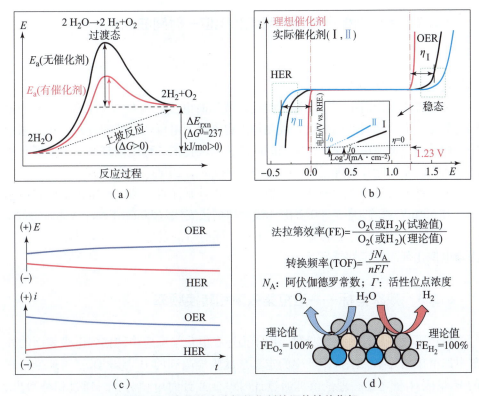

图 6.1　电催化水分解催化剂的评估性能指标
（a）催化剂降低激活能垒示意图；（b）过电位、塔菲尔斜率和交换电流密度的活性指标；
（c）电流 – 时间和电位 – 时间曲线的稳定性指标；
（d）法拉第效率和转换频率方面的效率指标

塔菲尔斜率和交换电流是根据过电位与动力学电流关系来评估催化剂活性的另外两个参数，用式 $\eta = a + b\lg j$ 表示。其中，η 为过电位，j 为电流密度。在塔菲尔图中，通过线性相关分析得到两个重要的动力学参数：一个是塔菲尔斜率 b；另一个是交换电流密度 j_0。交换电流密度是零过电位下的电流。塔菲尔斜率 b 与电子转移动力学的催化反应机理有关。例如，较小的塔菲尔斜率意味着电流密度显著增加，这是过电位变化的函数；换言之，是更快的电催化反应动能。交换电流密度描述了平衡条件下固有的电荷转移，较高的交换电流密度意味着较高的电荷转移速率和较低的反应垒，好的电催化剂应具有较低的塔菲尔斜率和较高的交换电流密度。

6.3.2 催化剂稳定性——电流和电位—时间曲线

稳定性是评价催化剂是否可实际应用于水电解的一个重要参数,表征电催化剂稳定性有两种典型方法。

一种方法是计时电流法($I-t$ 曲线)或计时电位法($E-t$ 曲线),分别测量固定电位下电流随时间的变化,或测量固定电流下电位随时间的变化。在该测量中,测试的电流或电势保持恒定的时间越长,催化剂的稳定性越好。为了便于比较,人们通常将电流密度设置为大于 10 mA/cm^2,测试时间至少 10 h。

另一种方法是循环伏安法,它通过电势循环来测量电流,通常需要以扫描速率(如 50 mV/s)循环 5 000 多次。线性扫描伏安法(Linear Sweep Voltammetry,LSV)通常用于检测特定电流密度下 CV 循环前后的过电位漂移。过电位变化越小,电催化剂的稳定性越好。

6.3.3 效率指标——法拉第效率和转换频率

法拉第效率是一个定量参数,用于描述在电化学反应中转移到电极表面的外部电路电子的效率。法拉第效率的定义是试验检测到的 H$_2$ 量或 O$_2$ 量与理论计算的 H$_2$ 量或 O$_2$ 量之比。理论值可通过计时电流或计时电位分析,通过积分得出。试验值是使用水-气置换法或气相色谱法分析得到产气量。

转换频率 TOF 是一个有用的参数,可以根据催化剂的固有催化活性——催化位点来描述反应速率。总体来说,TOF 描述了单位时间内每个催化位点能够转化成所需产物的反应物数量。然而,通常很难计算大多数非均相电催化剂的精确 TOF 值,因为单位电极面积上活性位点的精确数通常是一个估计值。尽管相对不精确,TOF 仍然是比较不同催化剂之间催化活性的有用方法,尤其在相似系统或相似条件下。

催化剂活性、稳定性和效率分析技术的选择取决于研究和开发的具体重点。除了电催化剂的合成和制备外,目前对其活性、稳定性和效率的研究可以根据具体重点分为 3 个领域,即性能评估、结构表征和机械测定。虽然电流或电位-时间曲线的分析为评估催化剂的耐久性提供了信息,这对实际应用非常重要,但过电位、塔菲尔斜率、交换电流密度、法拉第效率、转换频率为评估电催化机理提供了基本参数。重要的是,将这些电化学技术与光谱和微观技术(反应过程中或反应后)相结合,可以实现结构表征,这对于深入了解活性和稳定的催化剂设计至关重要。

6.4 催化剂设计指南

根据反应机理，激活能垒 ΔG_{act} 可用在平衡电位的速度决定步（RDS）的吉布斯自由能变 ΔG_{max} 来量化，其在不同催化剂材料的理论值可用密度泛函理论（Density Functional Theory，DFT）计算。通过交换电流密度 j_0 和 ΔG_{max} 的火山图，建立了激活能和电极材料之间的关系。最常见的火山图是基于朗缪尔（Langmuir）吸附类型的 HER 速率描述，最大值紧靠氢吸附自由能 ΔG_{H^*} 为 0 的位置（图 6.2）。在 HER 中，反应物首先吸附在催化剂表面，形成反应中间体 M—H_{ads}。在上述 Volmer 步后，可通过 Heyrovsky 步将电解液中的质子和电子耦合，或通过 Tafel 步直接结合，形成氢分子，因此 ΔG_{H^*} 是 HER 总的决定速率。

近年来，应用 DFT 计算的 ΔG_{H^*} 广泛用于传统金属、金属复合材料/金属合金和非金属材料的活性描述符。如图 6.2（a）所示，不同金属的交换电流密度存在显著差异，位于火山顶部的高活性金属（如 Pt）具有最佳 ΔG_{H^*} 值。如果催化剂材料对氢的吸附力较弱，氢原子几乎无法在材料表面被吸附，则氢的吸附步（Volmer 步）决定了总反应速率。另外，氢原子在催化剂材料的吸附力太强，M—H_{ads} 键很难断裂，以形成氢分子。此时，RDS 是脱附步（Heyrovsky/Tafel 步）。与 HER 相反，HOR 的 RDS 是氢在催化剂表面离解吸附，这涉及电子从表面转移氢分子的 σ^* 反键轨道。因此，M—H_{ads} 的相互作用在 HOR 动力学中也起着主导作用。由于这两个反应的强可逆性，HOR 的活性在贵金属表面上和 HER 有相同的趋势，如图 6.2（b）所示。

除了氢参与的反应外，j_0 和 ΔG_{max} 的关系也可应用于氢 - 水转换中的氧参与的反应。如图 6.2（c）和图 6.2（d）所示。除了决定反应速率的反应中间体不同外，这些反应的火山图形状非常相似。通常，ORR 包括 4 电子路径将氧还原为水，这对燃料电池非常有力；或两电子路径，这是制取过氧化氢所需要的。事实上，一个直接的 4 电子 ORR 反应机制可以是解离或结合过程，这取决于催化剂表面氧解离垒。氧的吸附强度 ΔG_O. 与 ORR 活性相关，因此用 ΔG_O. 构建火山图。对于与氧结合过强的金属，反应速率受 O^* 和 OH^* 物种脱附的限制。对于氧结合太弱的金属，反应速率受氧中 O—O 键分裂（解离机制），或更可能受电子和质子转移到吸附的氧（结合机制）的限制，具体取决于作用电势。如图 6.2（c）所示，似乎有改进空间，即使铂也不在绝对的峰值，氧结合能略低于铂的金属应具有较高的 ORR 活性。基于上述热力学火山图，假设 OH 结合能是变化的，ORR 的微观动力学模型可用于得到一个和热力学活性火山图一致的动力学活性火山图，可用于确定活性最优值。

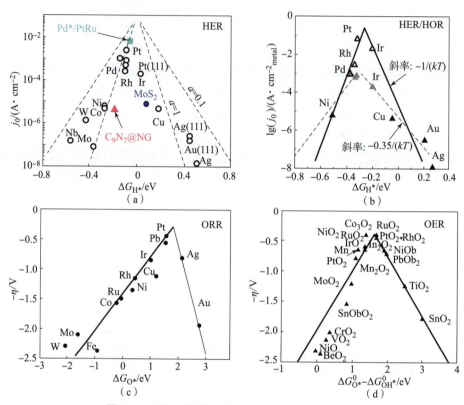

图6.2 HER、HER/HOR、ORR 和 OER 火山图

（a）HER 不同材料表面的交换电流密度 j_0 与 ΔG_{H*} 函数关系；（b）火山图计算的 ΔG_{H*} 为在酸性电解液测量的表面归一化交换电流密度 j_0 的函数；（c）不同材料 ORR 活性与 ΔG_{O*}；（d）氧化物的 OER 活性（电流密度一定时的过电位）与 $\Delta G_{O*}^0 - \Delta G_{OH*}^0$

NG—氮掺杂石墨烯

OER 火山图始于 1984 年。当时，Trasatti 将金属氧化物中金属从低氧化态到高氧化态的过渡焓作为氧化物电极 OER 电催化剂活性的描述符，这项开创性工作将 OER 过程视为表面配位化合物的两种不同构型之间的过渡。因此，所有难氧化或易氧化的金属氧化物对 OER 都不是很活跃。难氧化意味着中间体是弱吸附，因此水离解是 RDS。易氧化表明中间体被强烈吸附，O^* 和 OH^* 物种的脱附是 RDS。在这种情况下，OER 反应性与氧吸附自由能 ΔG_{O*} 相关，这和 ORR 一致。然而，单一描述符 ΔG_{O*} 用于表征 OER 活性是不完整的，因为 4 电子 OER 包含多种中间体（OOH^*、OH^* 和 O^*），它们的结合能强相关，很难解耦，不同表面中间体的结合能之间存在线性比例关系。这意味着，如果一个反应步的能量

发生变化，其他反应步的能量也将发生变化。将后续中间体的能量状态之间的差值 $\Delta G_{O^*} - \Delta G_{OH^*}$ 作为几种化合物，如金红石、钙钛矿、尖晶石、岩盐和铋铁矿氧化物催化剂活性的描述符，这些化合物的活性非常符合火山图。事实上，在大量的金属氧化物中，OH^* 和 OOH^*（无论是 OER 还是 ORR）的结合能均以 3.2 eV 的恒定能量值相互关联，与吸附位点无关。由于 OH^* 和 OOH^* 之间的非理想比例关系，实际催化剂通常显示的最小理论过电位为 $0.3\sim0.4$ V，对于 OER 和 ORR 火山图顶部金属也是如此，也包括最优的 RuO_2 析氧催化剂和 Pt 基 ORR 催化剂。

值得注意的是，火山图恰当地展示了 Sabatier 原理，即理想催化剂与反应中间体结合既不能太弱也不能太强。换言之，使用反应中间体合适结合能的催化剂表面可以实现最佳催化活性。具体而言，最接近理想 HER/HOR 催化剂是具有最小 ΔG_{H^*} 绝对值的材料。理想的 ORR 和 OER 催化剂则具有优异的 ΔG_{O^*} 和 $\Delta G_{O^*} - \Delta G_{OH^*}$。事实上，除了降低活化垒，还有一种增加 j_0 的重要方法，这在式（6.2）中并不明显，即提高单位面积可能反应位点数量。j_0 代表电流密度，或单位面积的反应电流。电流密度的面积通常取电极的几何投影面积。表面非常粗糙电极的真实电极表面面积可能比电极几何面积大几个数量级，所以可以提供更多的反应位点。因此，粗糙电极表面的实际 j_0 远大于光滑电极表面的电流密度。另一个增加活性位点的方法是增加电极的催化剂担载量。然而，过多的催化剂将阻止电极表面电子和质子的转移。因此，电极活性不会随催化剂担载量线性增加。

总之，提高电催化剂活性（反应速率）的常用方法有两种：①改善每个活性位点的本征活性；②增加电极活性位点密度。这两种方法都有利有弊。不同催化剂之间的本征活性差异可能达 10 个数量级，而催化剂担载导致的活性差异仅有 $1\sim3$ 个数量级。改善每个活性位点的本征活性是取得高活性最基本和最有效的方法，其实现必须基于对反应机理和材料特性的深入理解。增加活性位点的数量是一个更简单的策略，但是活性增长是有限的；同时，通过增加催化剂担载量而提高催化剂活性，是以牺牲电极成本与阻滞电荷和质子的转移为代价。在实践中，这两种方法并不互相排斥，理想情况是同时实施，从而大大提高催化剂的活性。

6.5 析氢反应电催化剂

6.5.1 HER 反应步骤

在电解水过程中，HER 是在阴极制取氢气的关键半反应，该过程涉及两电子转移，HER 机理在很大程度上取决于环境条件。对于在酸性介质中的 HER 反应，有 3 个可能的反应步骤：

$$H^+ + e^- \rightleftharpoons H_{ads} \quad (6.4)$$

$$H^+ + e^- + H_{ads} \rightleftharpoons H_2 \quad (6.5)$$

$$2H_{ads} \rightleftharpoons H_2 \quad (6.6)$$

第一步是 Volmer 步 [式 (6.4)]，以产生吸附氢；然后，HER 可以通过 Heyrovsky 步 [式 (6.5)] 或 Tafel 步 [式 (6.6)] 进行，或同时进行式 (6.5) 和式 (6.6) 这两个反应步来产生氢气。

对于 HER 在碱性介质中的反应，有两个可能的反应步，即 Volmer 步 [式 (6.7)] 和 Heyrovsky 步 [式 (6.8)]，分别为

$$H_2O + e^- \rightleftharpoons OH^- + H_{ads} \quad (6.7)$$

$$H_2O + e^- + H_{ads} \rightleftharpoons OH^- + H_2 \quad (6.8)$$

在碱性介质中，H_{ads} 和羟基吸附（OH_{ads}）的平衡和水离解对 HER 活性至关重要，理论仿真揭示了 HER 活性与氢吸附（H_{ads}）有关。氢吸附自由能 ΔG_H 被广泛认为是析氢材料的描述符，适度的氢结合能将有利于 HER 过程。如图 6.3 (a) 和图 6.3 (b) 所示，火山图分别提供了在酸性介质和碱性介质中不同金属活性的比较。在这两种介质中，铂都是 HER 最好的催化剂，具有最优的氢吸附能，交换电流密度最高。HER 在碱性介质中的活性通常低于在酸性介质中的活性，这在很大程度上是因为反应受到缓慢的水分解步的阻碍，导致反应速率降低了 2~3 个数量级。虽然如此，在工业制氢中，碱性电解仍是首选，高碱性 HER 电催化剂设计的合理性体现在要求催化剂具有结合氢物种和分解水的特性。

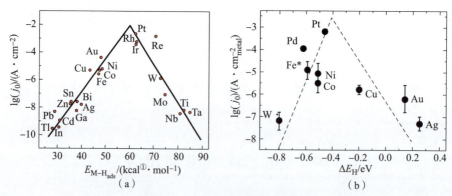

图 6.3　不同活性金属的火山图

(a) 每种金属表面的交换电流密度与 M—H 键能（酸性介质）；(b) 单金属表面上的交换电流密度与氢结合能（Hydrogen Binding Energy，HBE）计算值（碱性介质）

---

① 1 kcal = 4.186 kJ。

6.5.2 HER 电催化剂

表 6.1 列出了一些近期开发的效果较好的 HER 电催化剂性能。在不同反应条件下，比较了这些催化剂的电催化性能和动力学参数。HER 电催化剂有两种主要类型：贵金属基电催化剂和非贵金属基电催化剂。对于贵金属基电催化剂，尤其是铂基催化剂，目前以提高电催化剂性能、降低电催化剂的价格为目标进行研究。例如，铂与其他低成本的过渡金属合金化可以提高铂的利用率，合金的协同效应可以修饰电子环境以提高活性。此外，铂与其他水解离促进剂耦合是提高碱性 HER 活性的重要方法，对工业实际应用具有重要意义。在很大程度上，非贵金属基 HER 电催化剂的出发点是低成本和地球储量丰富的特性。在下面的内容中，从几种贵金属催化剂开始讨论，重点介绍几类非贵金属基电催化剂，如过渡金属碳化物、过渡金属磷化物和过渡金属硫族化合物。这几类非贵金属基电催化剂已经在 HER 电催化领域取得了巨大的发展。

表 6.1 HER 电催化剂性能汇总

催化剂	电解液	η/mV	j/($mA \cdot cm^{-2}$)	塔菲尔斜率/($mV \cdot dec^{-1}$)	稳定性
PtNi-Ni NA/CC	0.1 mol/L KOH	38	10	42	90 h
PtNi-O/C	1 mol/L KOH	39.8	10	78.8	10 h
PtNi(N)NW	1 mol/L KOH	13	10	29	10 h
Mo_2C-R	1 mol/L KOH	200	30	45	—
	0.5 mol/L H_2SO_4	200	32	58	2 000 h 循环
Mo_2C-GNR	0.5 mol/L H_2SO_4	167	10	63	3 000 h 循环
	1 mol/L NaOH	217	10	64	3 000 h 循环
	1 mol/L PBS①	266	10	74	3 000 h 循环
Ni_2P/Ti	0.5 mol/L H_2SO_4	130	20	46	500 h 循环
$NiCo_2P_x$	1 mol/L KOH	58	10	34.3	5 000 h 循环
	1 mol/L PBS	63	10	63.3	5 000 h 循环
	0.5 mol/L H_2SO_4	104	10	59.6	5 000 h 循环
富缺陷 MoS_2	0.5 mol/L H_2SO_4	200	13	50	10 000 s
CoS_2 NW	0.5 mol/L H_2SO_4	145	10	51.6	3 h
CoS_2 MW	0.5 mol/L H_2SO_4	158	10	58	41 h
含氧 MoS_2	0.5 mol/L H_2SO_4	120	10	55	3 000 h 循环

①PBS：Phosphate buffer saline，磷酸盐缓冲液，是中性电解液。

6.5.2.1 贵金属基电催化剂

贵金属如 Pt 族金属（包括 Pt、Pd、Ru、Ir 和 Rh）具有优异的 HER 催化性能。Pt 位于图 6.3 火山图的顶部。然而，这些贵金属基催化剂的储量少、成本高，阻碍了其商业应用。为了克服这一挑战，合理设计催化剂，使得贵金属担载量小，提高贵金属利用率，是非常必要的。

过渡金属与 Pt 的合金可以显著提高 Pt 的利用率，合金的协同效应可以改善电子环境，从而显著提高 HER 电活性。如 PtNi – NiNA/CC 催化剂。该催化剂是在碳布原位生长超细 PtNi 纳米颗粒修饰的 Ni 纳米片阵列，Pt 担载量超低 (7.7%)，在 10 mA/cm^2 电流密度和 0.1 mol/L KOH 中表现出更好的 HER 活性，和 Pt/C 基准催化剂（20%（质量分数）Pt）相比，过电位低 38 mV。令人意想不到的是，90 h 催化活性测试后，这种催化剂还显示出长期耐用性。PtNi – Ni NA/CC 的优越性能可以合理地归因于 Pt 的 d 带中心下移，削弱了含氧物种（OH*）在 Pt 原子表面的吸附能。

Pt 基准电催化剂在碱性介质中的 HER 活性通常低于在酸性介质中的活性。原因是 Pt 表面的水离解效率低，导致 HER 活性差。因此，Pt 与水解离促进剂耦合是提高碱性环境下 HER 活性的常用策略。

6.5.2.2 非贵金属催化剂

非贵金属催化剂如今主要集中在过渡金属类化合物，在 5.3.2 节进行了介绍。本节主要介绍过渡金属碳化物（TMC）中目前最具竞争力的电催化剂——Mo$_2$C 纳米棒。

TMC 在非贵金属基电催化剂的开发中受到广泛关注，如 Mo$_2$C 和 WC 表现了 HER 的高催化活性。除了高导电性外，它们的氢吸附和 d 带电子密度态（类似于 Pt）的性质表现出最佳组合，被认为是观察到的高 HER 活性的主要因素。早在 1973 年，Levy 和 Boudart 首次发现 WC 具有类似于 Pt 物种的 d 带电子密度态，因此表现出类似 Pt 的催化行为。

此外，Chen 等利用密度泛函理论 DFT 计算，研究了一系列过渡金属碳化物的物理、化学和电子结构特性。他们的研究结果表明，C 原子并入晶格间隙可具有类似于 Pt 基准催化剂的 d 带电子密度态。2012 年，该理论结果首次得到了试验数据的支持。商用碳化钼（Mo$_2$C）微粒在酸性和碱性介质中都具有良好的 HER 催化活性。然而，若达到 10 mA/cm^2 的阴极电流，过电位相对较大（190 ~ 230 mV）。受这些开创性研究的启发，研究人员采用不同的方法，通过纳米工程材料暴露更多的活性位点来优化 Mo_2C 催化剂。如在氢气中渗碳钼酸铵,合成多孔结构的 Mo_2C 纳米棒(Mo_2C-R),如图 6.4(a)所示。场发射扫描电子显微镜(Field Emission - Scanning Electron Microscope, FE - SEM)和透射电子显微镜(Transmission Electron Microscopy, TEM)图像可以看见光滑表面和多孔结构的纳米棒形态,如图 6.4(a)(b)所示。Mo_2C 纳米棒催化剂增强了 HER 电催化剂性能。图 6.4(c)为在 0.5 mol/L H_2SO_4 中线性扫描伏安法的结果,比市售 Mo_2C 纳米棒活性更好。图 6.4(d)显示了 Mo_2C 的稳定性测试结果,表明在 2 000 次循环后,Mo_2C 活性稳定,显示了良好的循环寿命。在碱性介质中对 Mo_2C 纳米棒的研究表明,在 1 mol/L KOH 中,Mo_2C 纳米棒的性能优于商用 Mo_2C 纳米棒。Mo_2C 纳米棒在酸性和碱性介质中都显示出胜任 HER 性能的竞争力,这源于高导电性和良好的多孔形态,担载镍纳米颗粒可以进一步提高催化活性。在碳基材料上沉积碳化钼,作为有效杂化纳米电催化剂,是进一步提高 HER 性能的另一种方法。Liu 等通过水热合成和随后的高温煅烧,在石墨烯纳米带(Graphene Nanoribbons, GNR Mo_2C-GNR)模板上原位生长碳化物,制备了锚定在石墨烯纳米带(GNR)上的碳化钼(Mo_2C)纳米颗粒(Mo_2C-GNR),如图 6.4(e)所示。Mo_2C-GNR 杂化物在所有酸性、碱性和中性介质中都表现出出色的电催化活性和耐用性,如图 6.4(f)~(h)所示。将 GNR 用作原位生长碳化物的模板是一种有趣的方法,因为互连的 GNR 网络结构可以为快速电子传输提供多种导电路径,且随着暴露活性位点的增加,可接触表面面积增大,从而在所有酸性、碱性和中性介质中提高催化活性。

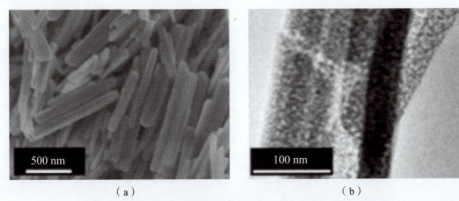

图 6.4 Mo_2C-R 电镜图、性能以及 Mo_2C-GNR 的特性图
(a) Mo_2C-R 的 FE - SEM 图;(b) Mo_2C-R 的 TEM 图

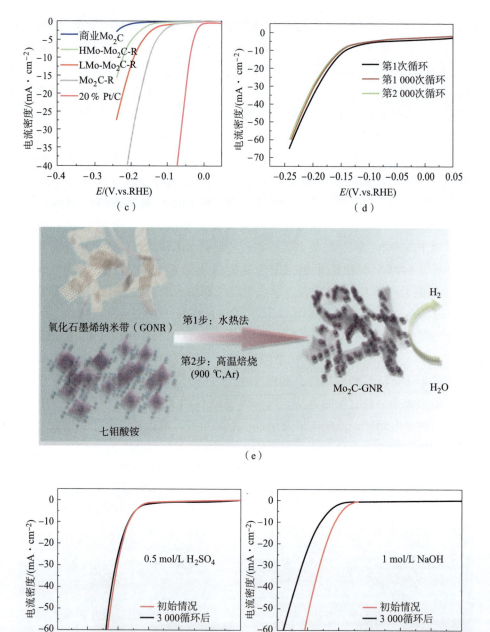

图 6.4 Mo₂C – R 电镜图、性能以及 Mo₂C – GNR 的特性图（续）

（c）0.5 mol/L H_2SO_4 溶液中测量的极化曲线；（d）0.5 mol/L H_2SO_4 溶液中的稳定性；（e）Mo_2C 纳米颗粒在 GNR 上的制备过程；（f）（g）MoC – GNR 分别在酸性、碱性介质中的活性和耐用性

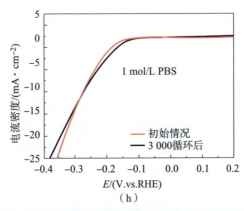

图 6.4 Mo₂C‑R 电镜图、性能以及 Mo₂C‑GNR 的特性图（续）

(h) MoC‑GNR 分别在中性介质中的活性和稳定性

6.6 析氧反应电催化剂

如前所述，OER 是水裂解反应中的另一个关键半反应，该反应发生在阳极上，涉及一个 4 电子的转移过程，与 HER 相比，电极过电位更高，OER 是提高电化学水分解整体效率的主要"瓶颈"。因此，寻找能够有效降低动力学极限的高效 OER 催化剂势在必行。为了合理设计 OER 电催化剂，科研人员对 OER 机理的理解已经取得了重大进展。科研人员普遍认为，OER 可以通过两种不同的机理进行，即吸附质演化机理（Adsorbate Evolution Mechanism，AEM）和晶格氧介导机理（Lattice Oxygen mediated Mechanism，LOM）。LOM 机理将在 6.7 节讨论。

6.6.1 OER 反应步——吸附质演化机理

对于 OER，吸附质演化机理（AEM）通常用于描述各种反应步骤。在 AEM 中，该反应通常涉及 4 个协同的质子和电子转移步骤，其中金属中心（M）作为活性位点，在酸性和碱性介质中从水中生成氧分子，如图 6.5（a）所示。碱性 OER 的反应路径（虚线）包括 4 个步骤，如式（6.9）~式（6.12）所示：

$$OH^- + M \longrightarrow M\text{—}OH + e^- \quad (6.9)$$

$$M\text{—}OH + OH^- \longrightarrow M\text{—}O + H_2O + e^- \quad (6.10)$$

$$M\text{—}O + OH^- \longrightarrow M\text{—}OOH + e^-/2M\text{—}O \longrightarrow 2M + O_2 + 2e^- \quad (6.11)$$

$$M-OOH + OH^- \longrightarrow O_2 + H_2O + e^- + M \tag{6.12}$$

首先,氢氧根离子吸附在金属活性位点,形成 M—OH。M—OH 脱质子形成 M—O。然后,有两种不同的路径形成 O_2 分子:一种方法是 M—O 与 OH^- 反应,形成 M—OOH 中间体,通过 M—OOH 的脱质子和活性位点的再生,产生 O_2;另一种方法,如图 6.5(a)中灰色路径所示,涉及两个 M—O 物种结合,伴随 M 活性位点再生,转化为 O_2。这条路径被认为具有较大的激活垒。对于酸性介质的 OER 机制,普遍的共识是都包含相同的中间体,如 M—OH、M—O 和 M—OOH。对于 OER 电催化剂,详细理解电极表面反应中间体的结合强度,对于提高整体 OER 性能至关重要,因为结合强度是控制反应过电位的关键参数。

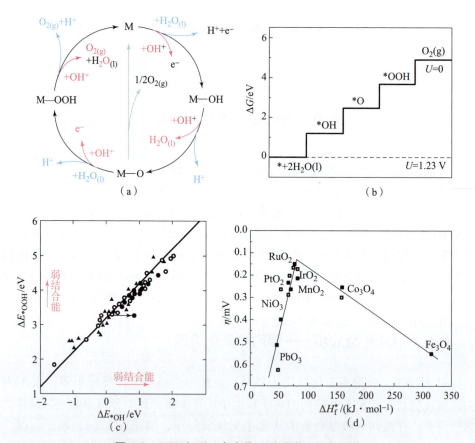

图 6.5 OER 机理、自由能、吸附能以及火山图

(a)酸性(蓝线)和碱性(实线)电解质中的 OER 机理;(b)理想催化剂在 $U=0$ 和 $U=1.23$ V 时的 OER 自由能图;(c)系列氧化物 OER 催化剂 *OOH 和 *OH 吸附能之间的关系;(d)金属氧化物表面 OER 活性与过渡金属氧化物在酸性溶液(黑色方块)和碱性溶液(白色方块)中熵之间的火山状关系

图 6.5（b）为 OER 中不同反应步的理想自由能图。如果每个基本步的自由能隙保持在 1.23 eV，OER 就不会出现过电位。然而，这种理想情况几乎不可能实现。OER 过电位是由反应决速步（Rate Determining Step，RDS）确定的，RDS 是反应自由能 ΔG 最大正值的反应步。基于不同氧化物催化剂模型的数据库，根据这些中间体（M—OH、M—OOH 和 M—O）的结合能，在 AEM 中建立了比例关系（线性相关），如图 6.5（c）所示。吸附的 M—OH 和 M—OOH 的结合能恒差 3.2 eV（$\Delta G_{OOH^*} - \Delta G_{OH^*}$），这是因为 OOH^* 和 OH^* 都通过与氧原子类似的吸附结构，通过单键与催化剂表面结合。根据比例关系，最小理论过电位为 0.37 eV，表示结合能恒差（3.2 eV）与理想结合能 2.46 eV 之间的差值。

此外，由于第二步（形成 M—O）和第三步（形成 M—OOH）是大多数 OER 催化剂的 RDS，因此 ΔG_{O^*} 和 ΔG_{OH^*} 之差作为通用描述符，用于预测 OER 活性，它由萨巴捷火山形状关系图表示，用于解释酸性和碱性介质中金属氧化物 OER 的活动趋势。就 OER 的最低理论过电位而言，最好的催化剂是 IrO_2 和 RuO_2，它们在催化剂表面上表现出最佳结合强度，既不太强也不太弱，如图 6.5（d）所示。

6.6.2 OER 电催化剂

表 6.2 选取了一些 OER 电催化剂的性能指标，这些指标将在后面的章节中在不同的反应条件下进一步讨论。OER 电催化剂主要有两种类型：贵金属基电催化剂和非贵金属基电催化剂。在贵金属基电催化剂中，最好的 OER 电催化剂是 Ru 和 Ir 基催化剂，尤其在酸性电解质中，与其他金属相比具有更大的抗溶性。为了降低高昂的成本，提高电催化剂的活性、稳定性，甚至增强其在酸性介质中的抗溶性，有几种策略来设计和优化催化剂的组成、结构和形貌。除铱（Ir）和钌（Ru）外，其他贵金属，如铑（Rh）、金（Au）、铂（Pt）和钯（Pd）基催化剂，也成功开发了双功能或三功能电催化剂，在 OER、HER 和氧还原反应（Oxygen Reduction Reaction，ORR）中表现出良好的性能。对于非贵金属基催化剂，富含稀土的氧化物和（含氧）氢氧化物电催化剂引起了 OER 的极大兴趣，尤其是镍-铁基氧化物和（含氧）氢氧化物，其中一些是工业规模开发中最常用的 OER 催化剂。

表 6.2 部分 OER 电催化剂性能指标

催化剂	电解液	η/mV	j/(mA·cm^{-2})	塔菲尔斜率/(mV·dec^{-1})	稳定性
Cu 掺杂 RuO$_2$	0.5 mol/L H$_2$SO$_4$	188	10	43.96	10 000 h 循环
IrNi NPNW	0.1 mol/L HClO$_4$	283	10	56.7	200 min
IrCo NPNW	0.1 mol/L HClO$_4$	295	10	60.3	—
IrFe NPNW	0.1 mol/L HClO$_4$	302	10	68.5	
IrNiCu DNF	0.1 mol/L HClO$_4$	300	10	48	2 500 h 循环
IrO$_2$ NN	1 mol/L H$_2$SO$_4$	313	10	57	200 h
Au$_{40}$Co$_{60}$ NPs	1 mol/L KOH	175	10	65	1 h
G-FeCoW	0.1 mol/L KOH	191	10		500 h
等离子刻蚀 Co$_3$O$_4$	0.1 mol/L KOH	153	10	68	2 000 h 循环
NiFe-LDH NPs	0.1 mol/L KOH	151	30	50	10 h
Ni$_{0.83}$Fw$_{0.17}$(OH)$_2$	1 mol/L KOH	245	10	61	10 h
Ni$_x$Fe$_{1-x}$-DO	1 mol/L KOH	195	10	28	24 h

6.6.2.1 贵金属基电催化剂

长期以来，贵金属和贵金属氧化物电催化剂被认为是 OER 中最强大的电极材料。例如，RuO$_2$（二氧化钌）和 IrO$_2$（二氧化铱），它们通常被认为是 OER 当下最好的电催化剂。然而，RuO$_2$ 和 IrO$_2$ 的高价格和严重溶解是主要问题，这引起了人们对催化剂改性的高度关注，优化组成和结构/形态。为了提高电催化剂的活性和稳定性，降低高昂的成本，人们提出了几种策略。

用于调节 IrO$_2$ 基 OER 电催化剂组成的杂原子掺杂引起了人们极大的兴趣。然而，不同的客体原子为主体系统产生了不同的能域。中国科学院宁波材料技术与工程研究所陈亮等对 Ru 交换金属有机骨架（Metal Organic Framework, MOF）衍生物进行热分解，制备了超小型纳米晶组成的 Cu 掺杂 RuO$_2$ 中空多孔多面体。该催化剂在酸性电解液中，电流密度为 10 mA/cm^2 时表现出显著的 OER 性能，具有 188 mV 的低过电位，在 10 000 次循环的耐久性试验中具有优异的稳定性。高分辨率 TEM（High Resoution TEM, HRTEM）和 X 射线衍射（X-Ray Diffraction, XRD）数据显示，Cu 被并入 RuO$_2$ 晶格中，形成掺杂 Cu 的 RuO$_2$ 金红石相，如图 6.6（a）中的高指数晶面所示。高 OER 活性归因于高指数晶面，包含高度协调的 Ru(CN=3) 位点，可有效降低 OER 过电位，如图 6.6（b）中的 DFT 计算所示。在 RuO$_2$(110) 上形成 *OOH 反应步是 RDS，能量势垒为

0.78 eV，如图 6.6（b）所示。对于 RuO_2（111）表面的其他高折射率面，仅需 0.66 eV 即可克服能量势垒，这有助于降低 120 mV 的过电位。Cu 掺杂 RuO_2 不仅能诱导表面 O 空位形成不饱和 Ru 位，还能调节电子结构，更接近 p 带中心费米能级的宽结合区，从而提高 OER 活性。

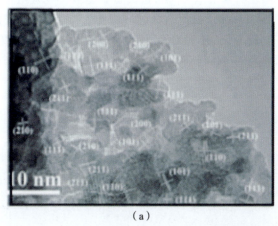

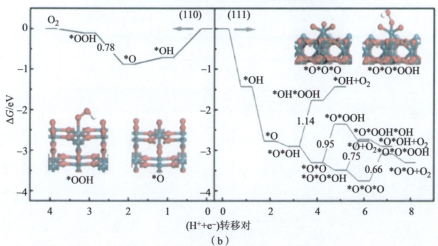

图 6.6 高指数晶面以及 OER 自由能分布

(a) Cu 掺杂 RuO_2 高指数晶面 HRTEM 图；(b)（110）和（111）表面上 OER 的自由能分布

在 OER 催化剂工程化中，Ru 或 Ir 与其他过渡金属的合金化是令人振奋的策略，可以有效地改变反应衍生物的电子结构，优化吸附能。Zhang 等设计了 IrM（M = Ni，Co，Fe）类催化剂，通过定向共晶自组织策略，无孔纳米线（Nanowires，NWs）缠绕，组成独特的网络结构。结果显示了过渡金属依赖性特征。与 IrFe–NWs 和 IrCo–NWs 相比，IrNi–NWs 表现出最好的 OER 活性，电流密度为 10 mA/cm² 时，最低过电位为 283 mV。DFT 计算解释了 IrNi-NWs 高活性原因（图 6.7）。在 OER 过程中，Ir 和 M 在高电位下氧化形成 $IrMO_x$。IrO_2、$IrFeO_x$、$IrCoO_x$ 和 $IrNiO_x$ 的 d 带中心分别是 -3.61 eV、-3.72 eV、-4.09 eV 和 -4.34 eV，如图 6.7（a）所示。态密度（Density of State, DOS）出现负偏移。Ir 的 d 带中心的下移表明 d 带电子分布远离费米能级，这是由合金化后配体效应（Ligand Effect, LE）引起的。催化剂活性（以 1.55 V vs. RHE 测量的电流密度对数）与不同中间物种 O、OH 和 OOH 的结合能关系图分别如图 6.7（b）~（d）所示。OER 活性强烈依赖中间物种的结合能。因此，3d 过渡金属的引入会使 Ir 的 d 带中心下移，削弱反应衍生物的吸附强度，带来 OER 活性对 3d 过渡金属的依赖。

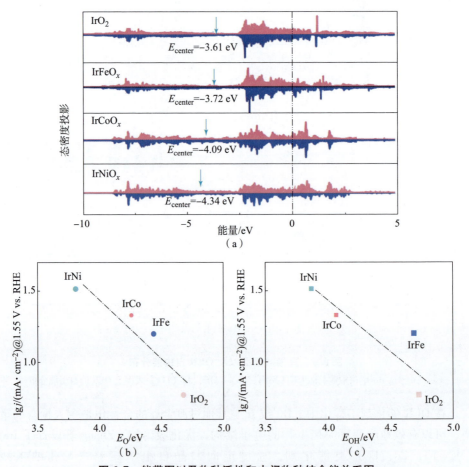

图 6.7 能带图以及物种活性和中间物种结合能关系图

(a) IrO_2 和 $IrMO_x$ 的 d 带投影密度图；(b) 物种 O；(c) 物种 OH

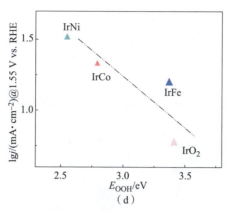

图 6.7 能带图以及物种活性和中间物种结合能关系图(续)

(d) 物种 OOH

表面结构修饰在暴露催化活性位点和界面效应利用方面起着极其重要的作用。作为表面结构修饰的一个方面,形貌调控受到了越来越多的关注。例如,空心纳米颗粒(Nanoparticles,NPs),如纳米笼(nanocages)、纳米壳(nanoshells)和纳米框架(nanoframes),已证明可有效增强催化活性,因为增加了催化活性位点的数量和比表面积,结构更为开放。Lee 等通过一步法合成 Ir 基多金属双层纳米框架(Double – layered Nanoframe,DNF)电催化剂。球差校正的高角环形暗场扫描透射电镜(Aberration – corrected high – Angle Annular Dark – Field Scanning Transmission Electron Microscopy,HAADF STEM)、TEM、HRTEM 和元素映射数据显示,在强酸蚀刻后,IrNiCu DNF 结构保持菱形十二面体形态,在整个 DNF 结构(IrN_2Cu 三元合金)中成分分布均匀,如图 6.8 所示。

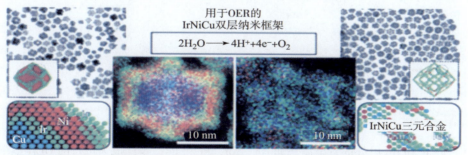

图 6.8 IrNiCu DNF 结构的 HAADF STEM、TEM、HRTEM 图和元素映射图

归功于框架结构,IrNiCu 催化剂具有优异的 OER 电催化活性和耐用性,该结构可防止颗粒粗化和团聚,在 OER 过程中形成坚固的金红石 IrO_2 相。形貌控制也会影响催化剂的导电性,从而提高 OER 电催化活性。Lee 等通过分级熔盐法合成了超薄 IrO_2 纳米针(Nanoneedle,NN)[图 6.9(b)~(d)],与 IrO_2 纳米颗

粒 NP [图 6.9 (a)] 相比，显示出更好的 OER 活性和稳定性。如图 6.10 (a) 和图 6.10 (b) 所示，IrO_2 纳米颗粒和 IrO_2 纳米针的电化学性能表明，IrO_2 纳米针比 IrO_2 纳米颗粒有更好的活性和稳定性。在电导率方面，IrO_2 不定型纳米颗粒的电导率为 25.9 S/cm，超薄 IrO_2 纳米针的电导率为 318.3 S/cm，表明催化剂的形状在电子转移中起着重要作用，导致了 OER 的高活性。

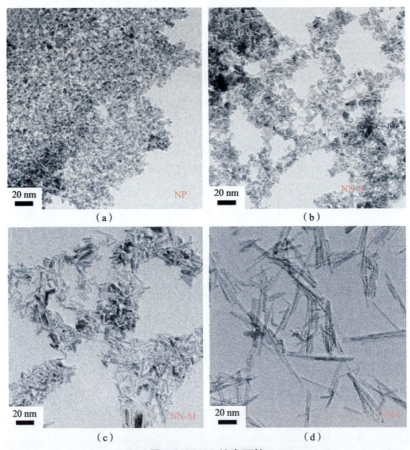

图 6.9　IrO_2 纳米颗粒

(a) 纳米颗料 (NP)；(b) 短纳米针 (NN‑S)；(c) 中纳米针 (NN‑M)；(d) 长纳米针 (NN‑L)

除 Ir 和 Ru 以外的贵金属，如 Rh、Au、Pt 和 Pd，也已成为可行的 OER 电催化剂。Pt、Pd、Ru 和 Au 催化剂的设计包含构建 OER、ORR 和 HER 的双功能或三功能电催化剂。在酸性电解液中，Rh、Pt、Au 和 Pd 的过电位比 Ir 和 Ru 大，因此通常在碱性溶液中评估它们的 OER 行为。催化剂形态和组成的控制对实现需要的电催化性能至关重要。Lu 等用 AuCo 纳米颗粒设计了碱性介质 OER 催化剂。AuCo 纳米颗粒呈现出具有核‑壳结构的均匀大小分布，如图 6.11 (a) 所示。

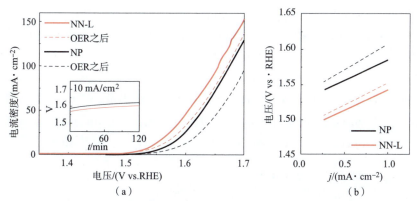

图 6.10 IrO$_2$ 纳米颗粒（NP）和长纳米针（NN-L）性能图

(a) LSV 曲线；(b) 塔菲尔斜率

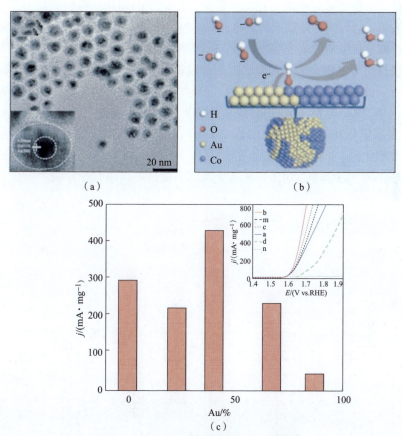

图 6.11 AuCo 电镜图像以及活性表现

(a) AuCo 核壳纳米颗粒的 TEM 图像（高倍 TEM，显示 fcc Au 和 fcc Co 对应的晶格条纹）；
(b) AuCo 纳米颗粒部分相分离 OER 的示意图；(c) 在 0.1 mol/L KOH 中 1.67 V 下催化活性的比较

催化剂表现出活性对组成依赖性，Au 与 Co 之比为 2∶3 时，OER 活性最大，如图 6.11（c）所示。通过 XRD 检测，AuCo 纳米粒子与 fcc Au、hcp Co 和 fcc Co 的部分分离相已合金化。AuCo 纳米颗粒表面部分相分离的位置显示出 Co 和 Au 的双功能协同作用。其中，Co 在高价状态下充当活性中心，而 Au 表面的强量子阱，促进了 OER 反应中的各个步骤，如图 6.11（b）所示。图 6.11（c）右上角的曲线为 0.1 mol/L KOH 中各种催化剂的极化曲线：a 为 $Au_{23}Co_{77}/C$；b 为 $Au_{40}Co_{60}/C$；c 为 $Au_{71}Co_{29}/C$；d 为 $Au_{95}Co_5/C$；m 为 CoO_x/C；n 为 Au/C。

6.6.2.2 非贵金属基电催化剂

非贵金属 OER 电催化剂因其成本低且储量丰富，引起了科研人员相当大的研究兴趣，越来越多的科研人员致力于寻找高效的非贵金属 OER 电催化剂。过去的几十年里，与贵金属催化剂相比，非贵金属催化剂的催化活性研究取得了重大进展。本节将重点介绍一些最近的策略，策略包括控制形态、操纵成分、元素掺杂和缺陷工程调整衍生物的电子结构、结合能增加活性位点，以及在复合材料中加入杂化结构来提高导电性和电子传输，达到合理设计高效 OER 电催化剂的目的。

最近，Zhang 等通过溶胶—凝胶法制备了均匀金属分布的凝胶化 FeCoW 羟基氧化物（W，Fe 掺杂 CoOOH，G-FeCoW）。在电流密度为 10 mA/cm^2 时，FeCoW 羟基氧化物的最低过电位为 191 mV，稳定性为 500 h 循环，性能优于镍铁基基准催化剂。图 6.12 在电流密度为 10 mA/cm^2 时对 Au(111)、玻璃碳电极（Glass Carbon Electrode，GCE）和镀金泡沫镍的过电位进行了比较。

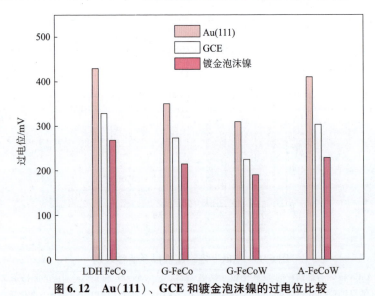

图 6.12　Au(111)、GCE 和镀金泡沫镍的过电位比较

结果表明，在不同基底上，G-FeCoW 的催化活性远高于退火的 A-FeCoW、不含 W 的胶凝 FeCo(G-FeCo) 和 LDH-FeCo。Fe 和 W 共掺杂的氢氧化钴的协同效应使中间体 OH 的吸附能最好，这得到了 Hubbard U 校正的密度泛函理论（DFT），即 DFT+U 计算的验证。DFT+U 计算广泛用于一些强关联系统的第一性原理研究，如图 6.13 所示。

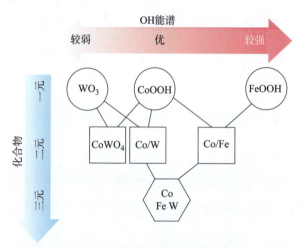

图 6.13　不同合金催化剂的能量谱

根据理论计算的 OER 过电位绘制了二维火山图（图 6.14），显示出对 OER 的催化活性显著增强。通过调节局部电子和几何环境，理论过电位仅为 0.4V。

缺陷工程是调节电催化剂结构和电子性质的另一个有效途径。OER 活性的增强可以通过调节衍生物吸附能来实现，这有时会带来意外的活性位点。如在 Co_3O_4 纳米片上通过等离子刻蚀策略生成丰富氧空位的方法。催化剂的 SEM 和 TEM 分析表明，等离子刻蚀的 Co_3O_4 纳米片具有粗糙、不连续和松散的表面，增强了表面积的暴露。此外，X 射线光电子能谱（X-ray Photoelectron Spectroscopy，XPS）证实，通过氩等离子体处理，部分 Co^{3+} 还原为 Co^{2+}，产生氧空位。该方法不仅可以产生高比表面面积，而且可以通过控制 Co^{2+}/Co^{3+} 比例改变其电子结构，在电流密度为 10 mA/cm^2 时，过电位为 153 eV，获得了优良的 OER 催化活性。

除了衍生物种的最佳吸收能的内在变化外，调节电子传输的能力对于提高 OER 活性至关重要。图 6.15（a）为在泡沫镍上，利用反应过程，生长了垂直排列的 NiFe-LDH（层状双氢氧化物）纳米片（NiFe-LDH NPs）的三维多孔膜。电流密度为 30 mA/cm^2 时，催化剂表现出 151 mV 小过电位，优于 20%（质量分数）的 Ir/C 催化剂，具有显著的耐用性。观察到的高电催化活性归因于三维多孔结构的协同效应，该结构提供了具有高密度活性位点的大表面面积。如图 6.15（b）

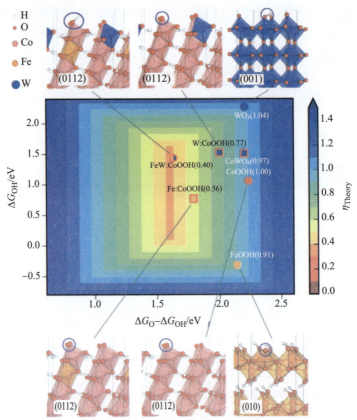

图 6.14 纯 Fe、Co 羟基氧化物和 W、Fe 掺杂 Co 羟基氧化物、Co 氧化物和 W 氧化物的 OER 活性图

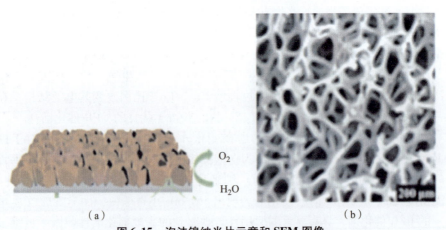

图 6.15 泡沫镍纳米片示意和 SEM 图像

(a) 泡沫镍上生长 NiFe–LDH 纳米片示意；(b) 泡沫镍基板的 SEM 图像

所示，泡沫镍基板是一种理想的基板，其多孔结构和金属电子导电性加速 OER 的电子传输。原位拉曼技术用于探测活性相，如图 6.16 所示。在析氧电位下，检测到了新谱带，表明 LDH 转化为 NiOOH，证明了 NiOOH 是 OER 的活性相。在氢氧化镍活性位点，掺入 Fe 可以产生一个更活跃的位点，增强 OER 活性。

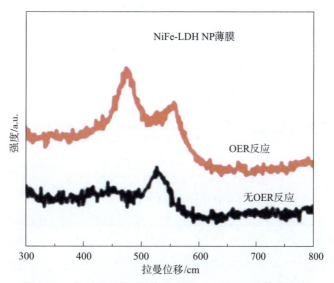

图 6.16　有、无 OER 反应的 NiFe – LDH 原位拉曼光谱

此外，针对大量缺陷的纳米多孔表面结构，Dou 等通过一种简易且通用的阳离子交换过程，合成了 Fe 掺杂 Ni(OH)$_2$ 纳米片，显示出 OER 活性增强。与典型的 NiFe 层状双氢氧化物（LDH）纳米片相比，在电流密度为 10 mA/cm^2 时，富缺陷 Ni$_{0.83}$Fe$_{0.17}$(OH)$_2$ 纳米片的最低过电位为 245 mV（图 6.17）。

优异的 OER 活性归因于丰富的表面活性位点、大量的缺陷和增强的表面润湿性。利用阳离子交换法，Fe 掺杂 Co(OH)$_2$ 活性纳米片的制备成功，为制备高效 OER 催化剂开辟了新途径。

大多数非贵金属催化剂包括金属氧化物和（含氧）氢氧化物。最近，许多其他有价值的电催化剂表现出优异的 OER 催化活性，这些催化剂由过渡金属磷化物、硫化物和硒化物组成。然而，在碱性溶液中，这些化合物在高氧化电位下的稳定性不令人满意。因此，在 OER 相关催化剂的开发中，真实活性位点的化学性质引起了极大的关注。Hu 等合成了纳米结构的镍铁二硒化物（Ni$_x$Fe$_{1-x}$Se$_2$），并作为原位生成高活性镍铁氧化物催化剂的模板前驱体。这种催化剂表现出优异的 OER 活性，在电流密度为 10 mV/cm^2 的条件下，过电位仅为 195 mV。OER 测试后，分析 Ni$_x$Fe$_{1-x}$Se$_2$ 和 Ni$_x$Fe$_{1-x}$Se$_2$ 的衍生氧化物（Derived Oxide, Do）Ni$_x$Fe$_{1-x}$

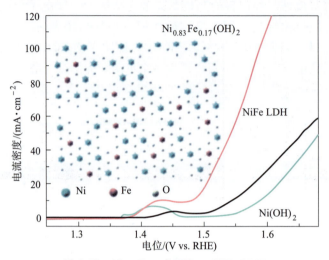

图 6.17 $Ni_{0.83}Fe_{0.17}(OH)_2$、NiFe LDH 和 $Ni(OH)_2$ 的 IR 校正 LSV 极化曲线

Se_2-Do 的 SEM 图像,如图 6.18 所示,表明 $Ni_xFe_{1-x}Se_2$-Do 的整体形态与在纳米片上生长的 $Ni_xFe_{1-x}Se_2$ 纳米颗粒相似。

图 6.18 $NiFe_{1-x}Se_2$ 和 $Ni_xFe_{1-x}Se_2$-Do 的 SEM 图像
(a) $Ni_xFe_{1-x}Se_2$ 图像;(b) $Ni_xFe_{1-x}Se_2$-Do 图像

图 6.19 为从 $Ni_xFe_{1-x}Se_2$ 到 $Ni_xFe_{1-x}Se_2$-Do 原位转化后成分变化的元素映射比较图,表明了硒含量得到去除,氧被并入结构中,Ni 和 Fe 在结构中保持均匀分布。$Ni_xFe_{1-x}Se_2$ 和 $Ni_xFe_{1-x}Se_2$-Do 的结构和成分,经粉末 XRD 和 XPS 分析,证实了一个假设,即在 OER 条件下,$Ni_xFe_{1-x}Se_2$ 在催化剂表面原位转化为相应的金属氢氧化物,这与实际的 OER 活性位点相对应。

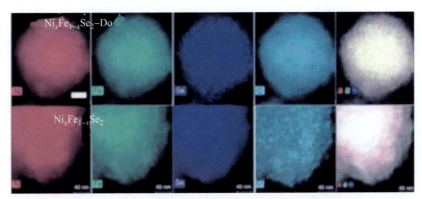

图 6.19 $Ni_xFe_{1-x}Se_2$ 和 $Ni_xFe_{1-x}Se_2-Do$ 的元素映射比较图

6.7 晶格氧物种的 OER 机制

常规的 AEM 中,整个反应在单金属位点上进行,OER 中间体之间的尺度关系存在限制,最小理论过电位为 0.37 eV。最近,一种涉及晶格氧物种的 OER 新机制被提出,即晶格氧介导机制(Lattice Oxygen medidated Mechanism,LOM)。在 LOM 中,催化剂上的晶格氧直接参与析氧反应。在气相催化氧化反应中,晶格氧参与的这种现象,最近在合金催化剂得到证实。有趣的是,在 OER 电催化中,这种现象被认为是一种替代反应途径,有时是最有利的反应途径。

事实上,几项涉及晶格氧物种机理的关键研究已经取得了进展。基于 DFT 的研究,Stevenson 等提出了一种主要的反应途径,通过表面氧空位的可逆形成,晶格氧参与 OER 反应。他们展示了一系列钴酸盐钙钛矿结构,证明了氧空位、金属—氧共价性和 OER 活性之间的关系。图 6.20 显示了氧空位浓度和 Co—O 键共价性之间的关系。DFT 研究表明,通过用 Sr^{2+} 取代 Co^{3+},费米能级(E_F)更接近 O 2p 带,同时 M 3d 带和 O 2p 带之间的重叠增加,表明金属—氧键之间的共价性增强;同时,它会产生配体空穴,通过形成和释放氧气来降低能量,使其达到稳定状态,从而产生氧空位,进行结构重组。因此,金属—氧键之间增强的共价性在催化剂中表现出更高的空位浓度,这可以通过将低价 Sr^{2+} 掺杂 $La_{1-x}Sr_xCoO_{3-\delta}$(LSCO)结构进行控制。

DFT 建模和试验数据表明,氧空位、氧扩散速率和 OER 活性之间存在直接关系(图 6.21)。数据表明,空位的增加和表面交换动力学与 OER 活性的增强相关。基于这种相关性,提出了 LOM 机制作为 AEM 的平行反应机制,如图 6.22 所示。晶格氧与金属位点的吸附氧反应,形成吸附的—OO 中间体,并在晶格中

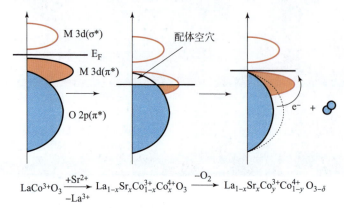

图 6.20 氧空位浓度和 Co—O 键共价示意图

留下氧空位。这与 AEM 机制不同,AEM 机制涉及的是普遍提出的吸附—O 物种。对于给定的 LSCO 成分,确定 OER 是否通过 AEM 或 LOM 进行反应的关键是这两种中间体的相对稳定性。据预测,随着 $La_{1-x}Sr_xCoO_{3-\delta}$ 中 x 的增加,会出现从 AEM 到 LOM 的转变,这将降低 O 空位形成能,降低体积稳定性。

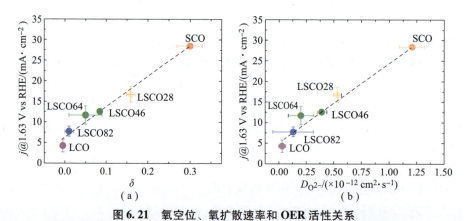

图 6.21 氧空位、氧扩散速率和 OER 活性关系
(a) 氧空位浓度与 OER 活性关系;(b) 氧扩散速率与 OER 活性关系

邵霍恩等利用原位 ^{18}O 同位素标记质谱提供了直接的试验证据,证明晶格氧参与了 OER 过程中氧分子的产生。他们证明,在 $La_{0.5}Sr_{0.5}CoO_{3-\delta}$ 和 $SrCoO_{3-\delta}$(δ 代表空位参数)等高共价金属氧化物中,晶格氧能够在 OER 过程中形成氧化物,该过程涉及非协同质子—电子转移步骤,并表现出与 pH 值无关的 OER 活性。因此,当金属—氧共价性增加时,OER 机制被触发。在线电化学质谱(On – Line Electrochemical Mass Spectrometry,OLEMS)通过 ^{18}O 标记的具有不同的金属—氧

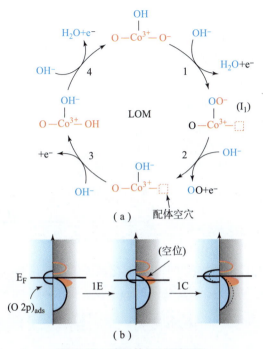

图 6.22 建议的 LOM 机理

共价性的钴基钙钛矿晶族 $La_{0.5}Sr_{0.5}CoO_{3-\delta}$、$SrCoO_{3-\delta}$ 和 $Pr_{0.5}Ba_{0.5}CoO_{3-\delta}$，检测晶格氧参与氧化反应。用质谱法原位测量不同分子量的氧气，如 $^{32}O_2$（$^{16}O^{16}O$）、$^{34}O_2$（$^{16}O^{18}O$）和 $^{36}O_2$（$^{18}O^{18}O$）。氧化机制中可能涉及两种不同的晶格氧物种，如图 6.23 所示。图 6.23 的（a）和（b）分别被用来解释 $^{34}O_2$（$^{16}O^{18}O$）和 $^{36}O_2$（$^{18}O^{18}O$）的形成过程。这些步骤都涉及一个产生 O_2 分子和表面含氧位位点上发生的氧空位活性的化学步骤。

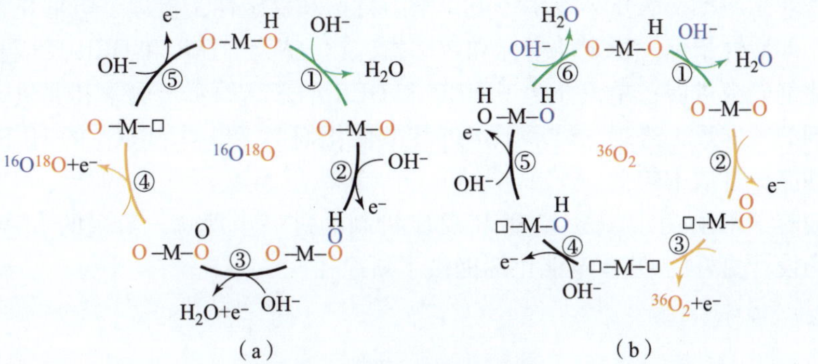

图 6.23 可能的 OER 机理
(a) $^{34}O_2$($^{16}O^{18}O$) 形成过程；(b) $^{36}O_2$($^{18}O^{18}O$) 形成过程

此外，Kolpak 等绘制了 AEM 和 LOM 钙钛矿的 OER 活性火山图（图 6.24）。LOM 通过最小化热力学要求的过电位，表现出比 AEM 更高的 OER 活性。根据比例关系，AEM 的最小理论过电位为 0.37 eV。然而，对于 LOM，$V_O + OO^* \longrightarrow V_O + OH^*$ 相对恒定，ΔG 为 1.4~1.6 eV，比基于 AEM 的 ΔG 小得多，AEM 的 ΔG 为 3.2 eV。因此，LOM 的最低 OER 过电位仅为 0.17 eV，这为设计更好的 OER 电催化剂提供了新途径。

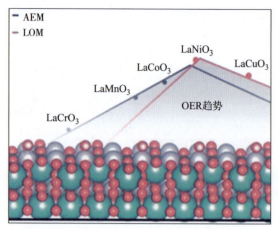

图 6.24　AEM 和 LOM 钙钛矿的 OER 火山图

6.8　小　　结

电解水系统的电解室作为一种高效的能量转换和储存系统，电催化剂的活性和稳定性在制氢中发挥着重要作用。然而，电解水的能量效率受到 OER 和 HER 反应动力学缓慢的阻碍，导致制氢成本高，使得全球只有 4% 的氢是由水分解制取。为了促进水分解在工业中的实际应用，高效催化剂的设计在 OER 和 HER 中起着重要作用，以最小化过电位并提高能源效率。其中，OER 电催化剂是目前的难点。

本章介绍了催化剂电化学重要参数——过电位、比活性和质量活性、转换频率、塔菲尔斜率、法拉第效率、电化学阻抗谱和稳定性；梳理了电催化剂的性能指标，即活性指标、稳定性指标和效率指标；分析了 HER 和 OER 反应步及相关电催化剂研究进展；重点介绍了 HER 和 OER 纳米结构贵金属基和非贵金属基电催化剂的一些重大进展，显示了接近基准催化剂 Pt 和 IrO_2/RuO_2 的 HER 和 OER 催化性能，且成本较低。

随着学术领域对 HER 和 OER 反应机制的进一步理解，新兴的 LOM 析氧催化剂为设计更好的 OER 电催化剂提供了新途径。

第7章

电解水系统建模与仿真

7.1 引　言

近年来，我国可再生能源发电装机容量增速迅猛。与此同时，用电高峰时由于气象因素导致的发电不足，或用电低谷期大量可再生能源难以有效利用，使得供需不匹配的矛盾日益凸显。另外，由于巨大的环境压力，减排 CO_2 刻不容缓。Power-to-Gas（PtG）是将电能转换为高能量密度的可燃气体，如电解水制氢化学储能，从而用于再发电或战略储能等，具有重要的意义。

关于碱性电解水系统的建模和仿真，已经发表了大量文献。其中，电解槽作为制氢系统关键部分，还包括制氢系统所需的外围组件，并结合了高度波动的可再生能源。Hug 等第一个将当时先进碱性电解槽进行间歇和稳定运行仿真。Hug 的试验装置包括一个由 25 个电解室组成的 25 kW 电解槽。Hug 的论文是公认的对此类过程的复杂动态行为建模的最早尝试。10 年后，Ulleberg 参考了 Hug 等的工作，开发了一个数据量大、灵活且易于使用的碱性电解槽电化学和热行为模型。到目前为止，该领域的研究人员广泛使用 Ulleberg 模型，一致认为是计算电解室电压和制氢量的可靠方法。

总结之前关于碱性水电解槽过程建模的工作可以看出，研究领域主要集中在电解槽本身，且主要是瓦和千瓦量级的试验装置。重要的是，大多数模拟、数学模型和实验系统都考虑了关键的外围部件，如气液分离器、泵和保持电解液温度在所需水平的热交换器。这些外围设备是构建电解水槽制氢过程的重要基础。然而，针对工业 MW 级规模的碱性水电解槽，建立从电解槽到氢气净化过程中所有单元操作提供全面的数学模型或过程模拟非常重要。

正如 Fragiacomo 等所观察到的，大多数关于可用的电解水槽学术模型都很复杂，很难扩展，当整体能量流是研究的主要焦点时尤其如此。由于模型参数的数值都是基于特定的试验装置，若考虑仿真比试验装置更多的电解室，结果并不准确。此外，不同的电解槽几何形状也会影响总热容量和电解槽中的电流分流，从而影响法拉第效率。

本章基于文献，梳理了一种新的、经过试验验证的模拟方法，用于准确预测和模拟工业 MW 级碱性水电解槽系统的能量和质量流量。本章模型既可求解已知的电化学和热模型、质量和能量平衡，还可对新的模型参数值进行估计；也可作为一种工具，用于未来单个电解槽效率的大规模优化研究以及电能质量研究。

7.2 碱性电解关键设备及工艺流程

图 7.1 为电解水系统的工艺流程，主要由电源模块（AC、变压器、6 脉冲整流器，DC）、电解槽、碱液循环系统、冷却水循环系统、管壳换热器、离心泵、卧式重力气液分离器、缓冲罐、除雾器等组成。

如图 7.1 所示，交流电流从变压器输送到 6 脉冲晶闸管整流器，整流器将交流电转换为直流电。直流电流，包括交流纹波，被送入电解槽。在电解槽内，利用水分解反应，通过阳极电极、阴极电极和 20%~30% 氢氧化钾（KOH）溶剂的电解液，将水转化为氢气和氧气；然后，H_2 和 O_2 气体分子和电解质的混合物分别进入 3∶1 长径比的卧式重力气液分离器，形成两个回路。此外，两个分离罐通过一个均衡管连接，以保持它们之间的质量和能量平衡。

离心泵用于将电解液循环回电解槽。离心泵通常具有两种功能：①控制电解液质量流量，实现再循环，维持闭环系统的效率。该系统通常是一个具有高度差的结构。②确保维持所需的质量流量，将电解槽电极上形成的所有残余气泡清除，并进入碱液回路。因为气泡倾向于黏附在电极表面。如果气泡没有被过量的电解液流向上拖曳，它们会在电极的外部区域形成一层膜，阻碍水分解反应，最终减少产氢量。Dukic 和 Fitak 研究并分析了自然对流和强制对流之间的差异，发现采用强制对流时，电解槽具有良好的电压-电流特性，即极化特性。离心泵的最后一项任务是确保电解液流速，足以在换热器中排出热量。

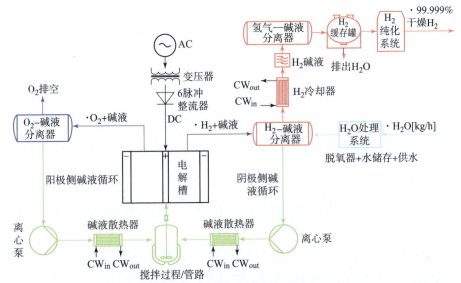

图 7.1 电解水系统的工艺流程

管壳式热交换器和控制冷却水入口的质量流量阀的 PI(D) 控制器共同实现电解液的温度控制，以保持碱液温度恒定（通常约 70 ℃）。温度控制是必要的，当电压高于非自发水分解反应热中性电位时，电流会在电解槽内产生损耗，导致热量的产生。部分产热可用于满足吸热反应过程中的热量需求。在较高温度下，电极反应动力学良好，物理上有利于制氢。然而，温度的升高会降低电解槽的耐腐蚀性，缩短电解槽材料的使用寿命。腐蚀的后果是气体分子通过隔膜的扩散增加，对气体纯度产生负面影响。

在电解液进入电解槽完成循环之前，该方案中提出了一个搅拌槽，便于系统仿真建模。在实际工业中，该槽代表一个管路系统，通过阀门调节阴极和阳极电解液的混合液流。由于在两个半电解室的耗水量和产气量是不对称的，因此碱液混合是必需的。然而，电解液的混合会增加气体杂质，因为从气液分离器中流入循环电解液混有气泡，并在电解槽中进入相反的半电解室。

离开第 1 个气液分离器的氢气流进入塔式装置，由管壳式热交换器、除雾器和第 2 个小型水平重力气液分离器组成。首先，管壳式热交换器将气流冷却至氢气露点，以便冷凝大部分水分；然后，除雾器吸收大部分剩余湿度；最后，第 2 个气液分离器除去所有残余的液滴，以产生高质量的氢气流。对于氧气路，气液分离后的氧气流通常排空。

制氢系统完成以上过程后，脱湿后的氢气被储存在缓冲罐中，每隔一段时间释放到氢气纯化系统。在氢气纯化系统，氢气首先在钯脱氧剂（DeO_xO）催化剂中净化氧杂质,然后吸附器柱干燥,产生99.999%纯度的干燥氢气流,以备交付压缩和储存。

7.3 建模和仿真

图7.2显示了Simulink仿真的简化框架。简而言之,电源装置将交流电转换为直流电,将数字信号传输至电解槽的MATLAB函数,MATLAB函数根据电化学模型和热模型的数学方程,分别计算制氢、制氧和电解槽的温度变化。此外,电解槽的功能输出分为5组信号流,即质量流量、温度、密度、压力和每个非均匀流的空隙率。这些信号被分配到外围组件,基于零维质量和能量平衡的白盒模型,每个组件按一个单独的MATLAB函数建模,并根据5个主要变量建立输出信号。最后,以这些生成信号进行动态连接,如图7.2所示。

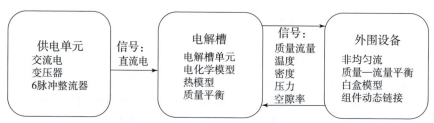

图7.2 Simulink仿真的简化框架

7.3.1 电解槽

图7.3是由326个电解室组成的电解槽,属于双极结构,两端是两个阴极,中间共享阳极。3个压板电极是唯一与电源系统物理连接的部件,组成两组电解室串联的等体积半电解槽,和两个半电解槽的并联。电流流过25% KOH浓度的高导电碱液溶液,使每个双极板极化,使一半电解室氧化制氧,另一半还原制氢。两个负极端子都安装在地电位上。每个电解室的Zirfon™隔膜有效面积为2.66 m²,钢双极板作为电极。每个电解室的更多信息如表7.1所示。

电解槽制氢速度 η_{H_2} 为

$$\eta_{H_2} = \left(\eta_F \frac{i_{cell} A_{ef}}{zF} \right) E_c \quad (mol/s) \tag{7.1}$$

式中:η_F 为法拉第效率;i_{cell} 为电流密度;A_{ef} 为电解室有效面积;z 为反应转移电子摩尔数;F 为法拉第常数;E_c 为电解室数量。

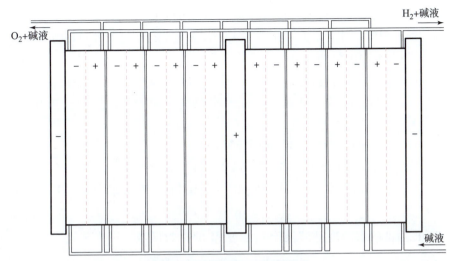

图 7.3 电解槽设计，双极配置

表 7.1 电解室信息参数

组件	材料	密度/(kg·m^{-3})	比热容/(kJ·kg^{-1}·℃$^{-1}$)	长度/mm
电解液	H$_2$O + KOH	1 280	4.07	4.75
隔膜	Zirfon™	1	3.00	0.50
双极板	不锈钢	8 000	0.42	6.50
镀层	Ni-Co	8 900	0.45~0.42	—

7.3.2 电化学模型

电化学模型表示如下：

$$U_{cell} = U_{rev} + U_{ohm} + U_{act} + U_{con} \tag{7.2}$$

多数情况下，受质量传输的限制，电解液浓度过电压 U_{con} 在大电流密度时出现，如供水不足，不能支持电极表面制氢和制氧的反应动力学。电流密度小于 0.6 A/cm^2，U_{con} 可以不予考虑。

电解水是热力学现象，可逆电压 U_{rev} 是电解水反应的最小电压，受温度和压力影响。在非标准状态下，可逆电压用能斯特方程表示为

$$U_{rev} = U_{rev}^0 + \frac{RT(K)}{zF} \ln \frac{(p - p_{v,KOH})(p - p_{v,KOH})^{0.5}}{a_{H_2O,KOH}} \tag{7.3}$$

式中：U_{rev}^0 为考虑温度对可逆电压影响的标准平衡电压，等号右边第二项是非理

想工况下的对数值,是对压力影响的估计。U_{rev}^0 的经验公式为

$$U_{rev}^0 = 1.5184 - 1.5421 \times 10^{-3}(T(K)) + 9.526 \times 10^{-5}(T(K))\ln(T(K)) + 9.84 \times 10^{-8}(T(K))^2 \tag{7.4}$$

电解液蒸气压力由经验式(7.5)计算,式中 a 和 b 是试验修正系数,分别由式(7.6)和式(7.7)计算。p_{v,H_2O} 是水蒸气饱和压力,可由安托万方程式(7.8)计算:

$$p_{v,KOH} = \exp(2.302a + b\ln(p_{v,H_2O})) \tag{7.5}$$

$$a = -0.0151M - 1.6788 \times 10^{-3}M^2 + 2.2588 \times 10^{-5}M^3 \tag{7.6}$$

$$b = 1 - 1.2062 \times 10^{-3}M + 5.6024 \times 10^{-4}M^2 - 7.8228 \times 10^{-6}M^3 \tag{7.7}$$

$$p_{v,H_2O} = 10^{5.1962 - \frac{1730.63}{233.426 + T}} \tag{7.8}$$

KOH 溶液的水活度是溶液摩尔浓度 M 的指数函数,可由经验公式(7.9)估计:

$$a_{H_2O,KOH} = \exp\left(-0.05192M + 0.003302M^2 + \frac{3.177M - 2.131M^2}{T}\right) \tag{7.9}$$

为估计电解室的热行为,需要精确的温度相关电压-电流关系模型,用于计算欧姆过电压和活性过电压。本章用 Ulleberg 模型计算这两个参数,如式(7.10)和式(7.11)所示:

$$U_{ohm} = \alpha i_{cell} = (\alpha_1 + \alpha_2 T) i_{cell} \tag{7.10}$$

$$U_{act} = s\lg(\beta i_{cell} + 1) = s\lg\left[\left(\beta_1 + \frac{\beta_2}{T} + \frac{\beta_3}{T^2}\right)i_{cell} + 1\right] \tag{7.11}$$

式(7.10)包含两个参数:α_1 和 α_2,描述了欧姆过电压随电流密度 i_{cell} 增加呈线性增加,且与电解室温度有关。式(7.11)有3个参数:β_1、β_2 和 β_3,描述了活性过电压与电流密度 i_{cell} 的二次效应,受温度影响。塔菲尔斜率系数 s 表达了过电压动力学随电流密度的变化。

7.3.3 质量平衡

质量平衡由式(7.12)表示:

$$\frac{dm}{dt} = \sum mf_{ele,i} - \left(\sum mf_{ele,j} + \sum r_s\right) \tag{7.12}$$

式中:m 为质量;mf 为质量流量。

质量随时间 t 变化的变化率等于入口电解液流量 $mf_{ele,i}$ 减去出口碱液流量 $mf_{ele,j}$ 加上总反应速率 r_s,描述了在阴极室产生氢气的水消耗质量,以及阳极室产生水和氧气泡的质量。

单电解室的质量平衡式如式（7.13）所示：

$$\frac{dm}{dt} = mf_{\text{cat},i} + mf_{\text{an},i} - (mf_{\text{cat},j} + mf_{\text{an},j}) \tag{7.13}$$

其中，

$$mf_{\text{cat},i} = \frac{\sum mf_{\text{ele},i}}{2E_c} \tag{7.14}$$

$$mf_{\text{an},i} = \frac{\sum mf_{\text{ele},i}}{2E_c} \tag{7.15}$$

$$mf_{\text{cat},j} = mf_{\text{cat},i} + mf_{\text{H}_2} + mf_{\text{H}_2\text{O,con}} \tag{7.16}$$

$$mf_{\text{an},j} = mf_{\text{an},i} + mf_{\text{O}_2} + mf_{\text{H}_2\text{O,prod}} \tag{7.17}$$

式中：$mf_{\text{H}_2\text{O,con}}$ 为阴极侧消耗的水；$mf_{\text{H}_2\text{O,prod}}$ 为阳极侧产生的水；mf_{H_2} 为制氢量；mf_{O_2} 为制氧量，单位都为 kg/s。

7.3.4 热模型——能量平衡

为了简化复杂的微分热量方程，采用集总热容模型（Lumped Capacitance Model，LCM）。此时，假设电解槽浸没在外部大气中，并和外部大气没有热交换，并且假设模型内部温度梯度在空间均匀分布。

能量平衡方程为

$$C_t \frac{dT}{dt} = \dot{Q}_{\text{loss}} - \dot{Q}_{\text{liq}} - \dot{Q}_{\text{amb}} \tag{7.18}$$

式（7.18）左边表示电解槽温度随时间变化的变化率。假设电解槽材料厚度足以抵抗时间波动影响，总热容系数 C_t 为常数。$\dot{Q}_{\text{loss}}$ 表示热损失，即超过热中性电压后电流产生的热。因此，$\dot{Q}_{\text{loss}}$ 可表示为电解室电压和热中性电压之差的函数，即

$$\dot{Q}_{\text{loss}} = E_c(U_{\text{cell}} - U_{\text{tn}})I \tag{7.19}$$

经由阴极和阳极热交换器冷却后进入电解槽的液体，带走电解槽里面的热。这个热量由式（7.20）计算：

$$\dot{Q}_{\text{liq}} = mf_{\text{ele},i}C_{p,\text{ele}}(T_{\text{stack}} - T_{\text{ele},i}) \tag{7.20}$$

式中：$mf_{\text{ele},i}$ 为电解槽入口电解液质量流量；$C_{p,\text{ele}}$ 为电解液比热容；T_{stack} 为电解槽温度；$T_{\text{ele},i}$ 为电解槽入口电解液的温度。

$\dot{Q}_{\text{amb}}$ 为电解槽散发到环境的热量损失。与该领域的已知文献和既有方法相比，本案例中，由于大规模模拟方法和热交换器、气液分离器和电解槽有专门模型，从电解槽到环境的热泄漏与其他设备分开计算，估算为辐射热 $\dot{Q}_{\text{rad}}$ 和自由对

流热 $\dot{Q}_{con}$，即

$$\dot{Q}_{amb} = \dot{Q}_{rad} + \dot{Q}_{con} = \sigma A_{stack} e(T_{stack}^4 - T_{amb}^4) + hA_{stack}(T_{stack} - T_{amb}) \quad (7.21)$$

式中：σ 为斯蒂芬·玻尔兹曼常数；A_{stack} 为电解槽表面面积，按圆柱体估计；e 为暴露在环境中的周围/外部材料的散热率；h 为平均传热系数，可由 Nusselt 数（Nu）或式（7.22）计算：

$$h = Nu \frac{k}{D} \quad (7.22)$$

式中：k 为电解槽表面材料的热导率，D 为电解槽直径。

对于卧式圆柱体的自然对流，可用 Diequez 提出的式（7.23）得到近似 h：

$$h = 1.32 \left(\frac{T_{stack} - T_{amb}}{D} \right)^{0.25} \quad (7.23)$$

总热容系数 C_t 可由式（7.24）或式（7.25）表示（式中的参数如表 7.1 所示）：

$$C_t = \left(\sum \rho_i C_{pi} V_i \right) E_c \quad (7.24)$$

$$C_t = (\rho_{bi} C_{pbi} V_{bi} + \rho_{mem} C_{pmem} V_{mem} + 2\rho_{ele} C_{pele} V_{ele}) E_c \quad (7.25)$$

式中：下标 bi、mem 和 ele 分别为双板极、膜和电解液。

7.3.5 气液分离

由于生成的氢气泡和氧气泡以气体和电解液的混合物流出电解槽，因此，需要一个分离过程来从液态碱液中分离，得到最终产品气体。在仿真中，提出并模拟了一种集成了换热器和除雾器的卧式重力式气液分离器。各自的主要假设是：由于补给水在恒定时间间隔流入系统，因此假设分离器内的质量变化率在时间上恒定；液体颗粒被认为是球形的；气体与液体的高度一致；电解液密度不变。

7.3.6 氢气－液体分离器的质量平衡

氢气－液体分离器的质量平衡方程式为

$$\frac{dm}{dt} = \sum mf_i - \sum mf_j \quad (7.26)$$

总的入口质量流量如式（7.27）所示，为制氢量质量流量 $mf_{H_2,i}$、电解液质量流量 $mf_{ele,i}$ 和补偿水质量流量 $mf_{m,i}$ 之和，即

$$\sum mf_i = mf_{H_2,i} + mf_{ele,i} + mf_{m,i} \tag{7.27}$$

总的出口质量流量分为两部分，如式（7.28）所示：

$$\sum mf_j = (mf_{H_2,i}n_s + mf_{ele,i}(1-n_{s1})) + (mf_{ele,i}n_{s1} + mf_{H_2,i}(1-n_s) + mf_{m,i}) \tag{7.28}$$

式中：右边第一项为分离器上部出口流量，分别用气体和液体分离效率 n_s 与 n_{s1} 表示。这种流量是氢气气泡和部分不纯电解质以水气的形式向上流动的混合物。方程的第二部分也是基于分离效率从分离器下侧流出流量，该流量是循环回电解槽的电解液与电解液循环回路中向下拖曳的氢气杂质的曳混合流量。

式（7.29）是进水补偿流量方程，可根据电解槽中产生最终产物气体，消耗碱液量 $mf_{H_2,c}$，加上在氧气侧和氢气侧的气液分离器中被拖拽的 mf_{ele,j,O_2up} 和 $mf_{ele,j,H_2}up$ 碱液计算：

$$mf_{m,i} = (mf_{H_2,con}) + (mf_{ele,j,O_2up} + mf_{ele,j,H_2up}) \tag{7.29}$$

简单地说，补偿水量一般等于工艺封闭系统（电解槽、气液分离器、泵、热交换器和混合器）中损失或消耗的碱液总量。必须注意的是，精确估计所需的补给水量对于控制系统的总质量平衡非常重要。

7.3.7 氢气-液体分离器的能量平衡

采用集总热容法，模拟分离器的能量平衡和热行为，如式（7.30）所示：

$$C_{t,sep}\frac{dT}{dt} = -\dot{Q}_{amb} - \dot{Q}_{sen} - \dot{Q}_{cool} \tag{7.30}$$

根据分离器的电解液体积计算热容量。对周围环境的热损失估计为水平圆筒的自然对流换热。最后，计算补偿冷水引起的冷却热和显热，或根据热力学第一定律计算氢气泡从分离器上方排出时从系统带走的热量。

7.3.8 氧气-液体分离器的能量和质量平衡

和氢气类似，但平衡方程中不包含补偿水的影响。

7.3.9 电解液温度控制——PI 控制热交换器

能量平衡和换热率可表示为

$$q = m_h C_{ph}(T_{h,i} - T_{h,j}) = m_c C_{pc}(T_{c,j} - T_{c,i}) \tag{7.31}$$

式中：m_h 为循环系统中热碱液的质量流量；m_c 为进口冷却水质量流量；C_{ph} 和

C_{pc} 分别为各自的热容量，最后一项为对应流体的入口和出口温差。求解式（7.31）得到热交换器电解液出口温度 $T_{h,j}$。m_c 需要根据电解槽出口碱液温度 $T_{ele,j}$ 进行控制。

为了保证热平稳，电解槽工作过程没有任何温度波动，PI 控制器用于控制冷却水入口阀。如图 7.4 所示，在每一个仿真循环，热交换器前的过程温度信号 PV 为 PI 控制器的输入信号，计算当前温度和参考温度 SP 的误差。通过误差的比例信号和误差的积分信号 [式（7.32）] 得到 $u(t)$ 值，作为热交换器入口冷却水质量流量的控制参数：

$$u(t) = K_p \text{error}(t) + K_i \int_{t_{new}}^{t_{old}} \text{error}(t) \, dt \tag{7.32}$$

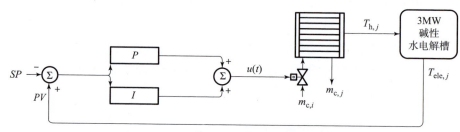

图 7.4　冷却水入口流量阀控制流程

7.3.10　氢气纯化系统

氢气纯化系统由脱氧剂、气液分离器和吸附系统组成。

含有氧气残留物的高质量氢气进入脱氧器。在脱氧器中，大多数氧气反应生成 H_2O，如式（7.33）所示：

$$2H_2(g) + O_2(g) \longrightarrow 2H_2O(g) + 244.9 \text{ kJ/mol} \tag{7.33}$$

然后将湿氢气输送至气液分离器，以尽可能减少液体杂质；最后对气体进行干燥处理，在干燥过程中，两个吸附器（一个用作气体干燥器，另一个用作吸附剂再生器）依次排出几乎所有的液体，形成纯氢气，用于压缩和储存。

7.3.11　除氧剂

氢气通常在 1~1.5 m 高的垂直金属（铂族）管组成的催化剂中进行净化，管的下部带有催化筒。容器环境内周围的氢和氧分子与催化剂表面接触，引发水复合放热反应。

除氧器的质量平衡可用式（7.34）表示，其中质量随时间的变化率等于入口气体的总质量流量减去出口气体的总质量流量与反应产生的蒸汽的和：

$$\frac{\mathrm{d}m}{\mathrm{d}t} = \sum \rho_i V_i - \left(\sum \rho_j V_j + \sum r_\mathrm{s} \right) \tag{7.34}$$

具体如式（7.35）所示，水复合反应按摩尔百分比消耗氢气，以消除气流中所有氧气，并产生水蒸气，水蒸气在出口纯氢流量的总浓度中被视为湿度：

$$\frac{\mathrm{d}m}{\mathrm{d}t} = (mf_{\mathrm{H}_2,i} + mf_{\mathrm{O}_2,i}) - (mf_{\mathrm{H}_2,\mathrm{pure}} + mf_{\mathrm{r},\mathrm{H}_2\mathrm{O}}) \tag{7.35}$$

式中：$mf_{\mathrm{r},\mathrm{H}_2\mathrm{O}}$ 为反应产生的水的流量；$mf_{\mathrm{H}_2,\mathrm{pure}}$ 为在脱氧器出口纯化的氢气流量。经过脱氧器后，在吸附器工作之前，气体流量进入氢气-液体分离器，以减少产生的水分，达到可接受的水平。

7.3.12 气体干燥器——吸附器

工业吸附系统通常由两个固定床催化剂组成，连接到气体冷却器（热交换器）和容器周围的电加热器。在 25~30 ℃的环境温度下进行冷凝干燥，可将含水量降至最低阈值（百万分之一）。该过程通过颗粒表面层（如沸石 13X）吸附气流中的液体含量而实现。

与前一个过程平行，第二个催化剂通过电加热，循环热氢气通过变温吸附干燥颗粒，这一过程称为再生，由三通阀或风扇控制再循环。此外，冷凝干燥和再生过程以高效和安全的时间间隔在催化剂之间切换。

7.4 模型验证

图 7.5 为 MATLAB 仿真流程。正如引言部分所讨论的，本章旨在为 MW 级碱性水电解槽开发一个经过验证的过程模型，并进行仿真模拟。为此，本章仿真和对比的数据来自一个功率 3 MW 和工作压力 16 bar 的碱性水电解槽工业装置。

图 7.5 中突出显示的每个单元操作都被建模为一个单独的 MATLAB 功能块，其中矢量流入口和出口主要由 5 个变量组成，即质量流量、温度、密度、压力和空隙率。表 7.2 给出了模拟的边界条件/初始值以及模型的可变参数，其中直流电流不包括在表中，因为直流电流是电解槽主要的输入能量，必须作为时间的函数引入模型中。

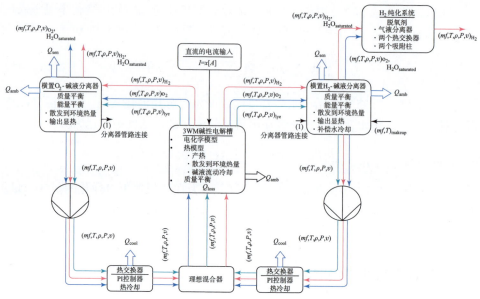

图7.5 MATLAB 仿真流程

表7.2 模型/仿真变量参数

模型参数	值	单位
入口水温度初始值	25	℃
入口水密度初始值	1 000	kg/m³
入口水压力初始值	16	bar
入口水气隙初始值	0	—
入口水体积流量初始值	71.7	m³/h
环境温度	29.9	℃
电解槽初始温度	30	℃
补偿水入口温度	25	℃
电解室数量	326	
电解室直径	1.84	m
电解室体积	0.027	m³
双极板间距	0.01	m
电解槽长度	5.85	m
KOH 浓度	25	%

续表

模型参数	值	单位
气-液分离器长度	3	m
氢气液体分离器的气体分离效率	1	—
氧气液体分离器的气体分离效率	1	—
氢气液体分离器的液体分离效率	1	—
氧气液体分离器的液体分离效率	1	—
$U-I$ 模型参数 α_1	0.8	$\Omega \cdot cm^2$
$U-I$ 模型参数 α_2	-0.00763	$\Omega \cdot cm^2 \cdot ℃^{-1}$
$U-I$ 模型参数 s	0.1795	V
$U-I$ 模型参数 β_1	20	$cm^2 \cdot A^{-1}$
$U-I$ 模型参数 β_2	0.1	$cm^2 \cdot ℃ \cdot A^{-1}$
$U-I$ 模型参数 β_3	3.5×10^5	$cm^2 \cdot ℃^2 \cdot A^{-1}$

7.4.1 极化曲线拟合及仿真

为了建立 $U-I$ 曲线，图 7.6 标出了 3 条极化曲线的测量数据。首先，利用工厂整流器直流侧的电压和电流波形测量值，获得恒定 70 ℃ 时的曲线。根据工

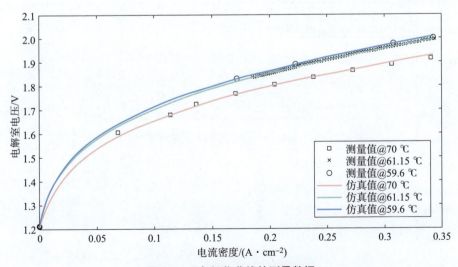

图 7.6 3 条极化曲线的测量数据

厂安全规程和规定，在40%~100%直流电流负载范围内进行测量。为了考虑初始未知数据，40%负载下电压和电流波形同步后，在较低负载区域进行均方根（RMS）计算。此外，61.15 ℃和59.6 ℃下的测量值是从电厂正常运行期间提取的数据中仔细选择的。对两周的数据进行了检查，并利用电解槽启动时最好的电压和电流测量值来绘制 $U-I$ 曲线。

为了继续曲线拟合任务，扩展式（7.2）作为自定义公式插入 MATLAB 曲线拟合工具，测量的 $U-I$ 曲线作为参考数据。选择了一种具有最小绝对残差（Least Absolute Residuals，LAR）稳健性和 Levenberg – Marquardt（L – M）算法的非线性最小二乘法进行曲线拟合。首先，每个单独的测量曲线在没有温度依赖性的情况下进行拟合，如式（7.3）、式（7.10）和式（7.11）第一部分所示，估计每种情况下的模型参数 α、β 和 s。其次，分别对 α 和 β 进行线性和二次曲线拟合，以获得 α_i 和 β_i 参数的初始估计。最后，验证初始估计值，以确保符合温度和压力的影响，并对式（7.2）进行整体曲线拟合，如图 7.6 所示。$U-I$ 模型参数的结果值如表 7.2 所示。所描述的步骤与 Ulleberg 的解释类似。图 7.6 拟合的极化曲线很好地反映了电化学现象。

7.4.2 电解槽运行仿真

如图 7.7 所示，经过净化后，3 MW 电解制氢系统出口测得的制氢量和供应至电解槽的电流强度遵循直接比例关系。基于这一结果，为了能够将仿真结果与

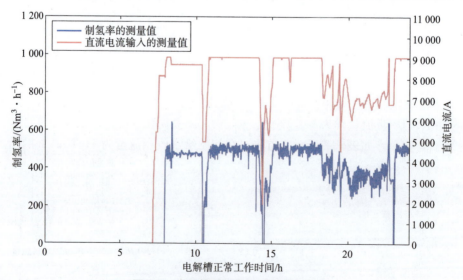

图 7.7　电解槽制氢率与时间变化关系

制氢系统性能进行比较，将制氢测量值表示为电解槽输入直流电流的线性函数。如图 7.8 所示，当以 100% 法拉第效率仿真时，制氢量高于实际值；当法拉第效率设置为 86% 时，模拟结果与测量结果相符。在正常运行期间，供应不同电流，效率不会保持恒定。然而，为了简化计算，并能够模拟整个制氢系统的总体概况，目前的电解槽模型需要假设法拉第效率保持不变。

还应注意的是，如图 7.7 所示，在瞬时零氢气流量测量之后，当制氢系统即将在备用模式下运行时，制氢系统自动达到了 650 Nm^3/h 氢气流量。这是因为分配管路末端的压力下降，影响了背压阀调节的动态性能。

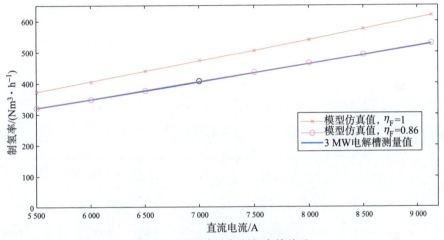

图 7.8 直流电流与制氢率的关系

7.4.3 循环质量平衡

在 3 MW 制氢系统 100% 泵功率和稳态制氢条件下，利用水平气-液分离器出口测量的质量流量作为参考数据，对阴极和阳极循环处的电解液质量流量与实际值进行比较。如表 7.2 所示，首先，在初始给水体积流量为 71.7 m^3/h 的情况下运行仿真，这非常接近实际情况。它是一个在稳态和 100% 泵功率下与 3 MW 匹配制氢系统的流量，且代表了充满辅助系统所需的初始给水体积。最后，仿真的给水体积流量主要取决于电解槽中产生氢气的水的消耗量，并根据式（7.29）进行估算。

图 7.9 所示的质量流量代表了阴极和阳极循环泵出口测量的流量和计算的流量。假设在流入电解槽前进行了充分混合，阴极和阳极流量相等，基于式（7.12）、式（7.28）和式（7.29）建立质量流量的仿真模型。数据表明，电解

装置在泵出口的质量流量与电解槽的直流电源无关，因为初步优化了泵出口的恒定质量流量，循环系统的质量平衡由补给水控制，而补给水是根据分离容器碱液的高度进行定期补充的。另外，仿真的循环质量流量设计为与直流电源相关，即受水分解反应的影响，主要是实现模型的灵活性，以便将来可对变质量流量泵运行情况进行分析。

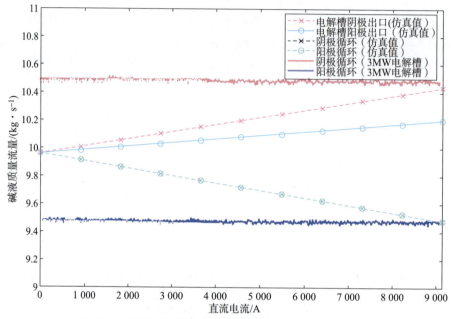

图7.9　3 MW 电解槽出口处的质量流量，以及泵后阴极和阳极循环质量流量的仿真和实测曲线

7.4.4　循环质量流量的灵敏度分析

除了上述验证外，对循环系统的两个不同位置的电解液质量流量进行了灵敏度分析，在各种恒定且理想直流电流下，确定碱液质量流量是否和文献一致。

模型设置后，为得到稳态条件下的估计值，假设电解液温度稳定，对7种不同的电流密度仿真了 10 h。如图7.9所示，由于水分解反应产生，在阴极消耗更多摩尔 H_2O，电解槽阴极出口的碱液流量随输入负载而线性减小。相反，在阳极室，产生更多摩尔 H_2O，直流电流更高，从而在电解槽出口处产生更高的电解质质量流量。还可以观察到，阴极出口碱液流量的下降斜率比阳极出口处碱液流量的上升斜率更陡。这种差异是因为阴极消耗的摩尔数是阳极消耗摩尔数的2倍，这种线性关系是由于制氢量与水消耗量成正比，使得水的摩尔消耗量与产生量呈线性关系。

7.4.5 能量平衡验证

为了检查和验证电解液循环期间的热模型（由建模和模拟描述部分给出的方程式描述），将电解槽出口处计算的电解室温升与 3 MW 装置的测量值进行了比较。仿真初始条件和参数如表 7.2 所示，每秒测量直流电流和电解装置的温升，以在仿真中作为动态参数引入。最后，模型的热容量 C_t 估计值为 65.44 MJ/℃。

最初，根据式（7.18）评估热模型，如图 7.10 所示，仿真温度低于电解室的实际温度。这种情况是由于没考虑分流电流或从主电流经低电阻路径的电流而导致的温度升高。由于气体的存在以及在电解液入口和出口，电解槽入口和歧管系统的低电阻，双极电解槽中的分流电流非常高。根据 Jupudi 等的研究，分流电流占比随着电解室数量的增加而增加，因此，对于本章 163 个串联电解室连接的两个电解槽，预期的分流电流影响是显著的，证明了为什么初始热模型低估了电解槽的温度。

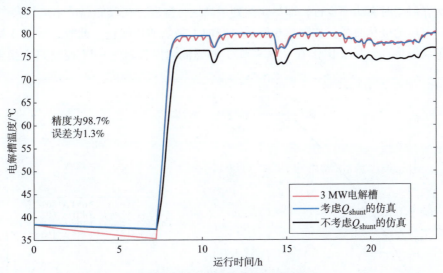

图 7.10　电解室温度变化曲线

此外，由于随着氢气和氧气产量的增加，气体体积增加，出口和出口歧管处的电阻增大，预计分流电流的占比将随着负载电流的降低而增加。此外，在最大负载电流下，分流电流的百分比最小，而在较低负载下，分流电流的百分比最大。因此，法拉第效率预计随着负载电流的降低而降低。

继续沿着相同的路径进行仿真，直到收敛，同时根据式（7.36）对热模型进行评估：

$$C_\text{t} \frac{\text{d}T}{\text{d}t} = (\dot{Q}_\text{loss} + \dot{Q}_\text{shunt}) - \dot{Q}_\text{liq} - \dot{Q}_\text{amb} \tag{7.36}$$

式中：$\dot{Q}_\text{shunt}$ 为分流电流造成的功率损失。当 $\dot{Q}_\text{shunt}$ = 308.84 kW 时，热模型收敛。

如图 7.10 所示，电解槽温度仿真值可以预测实际电解槽的热行为，精度为 98.7%。当达到稳定状态时，正常运行时的预测尤其准确。

7.4.6　电解液温度升高的敏感性分析

分析不同恒定直流电源下，电解液温度特性的灵敏度。目的是确保仿真按预期动态运行，进一步分析直流电源如何影响碱液入口温度。

如图 7.11 所示，在 3 654 A 恒定直流电流供电时，温度在 3.65 h 后升高到 70 ℃ 达到稳定状态，而 9 135 A 直流电流下，0.81 h 达到稳定状态。这一差异显示了功率等级对电解槽和碱液温度的重要影响。另外，还说明了为什么电解槽通常应在启动时满功率运行，即尽快达到最高运行温度。在较低温度下运行会产生较高电压的极化曲线，如图 7.6 所示，增加了制氢的比能耗。此外，对于 3 MW 电解装置仿真表明（由于在 7.3.9 节"电解液温度控制——PI 控制热交换器"

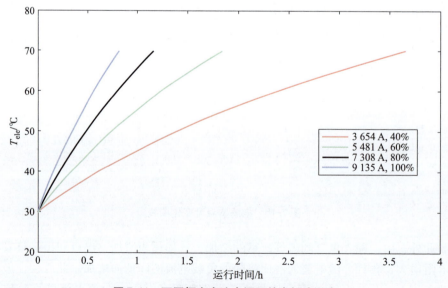

图 7.11　不同恒定直流电源下的电解液温度

中引入了控制机制），在正常运行期间，达到 70 ℃后，电解槽进口的电解液温度保持恒定。

7.4.7 稳态研究

通过上述灵敏度分析和质量与能量平衡方程的验证，可以得出结论，该模型可以令人满意地模拟电解装置动态过程行为，尽管由于模型的许多假设，它无法给出具体的数值，比如恒定的法拉第效率，以及忽略氢气从一个位置流向另一个位置所需的时间。然而，稳态运行下，电解装置和仿真之间证明是可靠的，因为全泵功率下的电解液质量流量部分符合装置的碱液流量，并且通过 PI 控制器将热模型完美地控制在恒定 70 ℃。因此，进行稳态研究的目的是，基于能量和质量流，建立循环层面上的重要装置操作，此时单个模型应进一步改进，并应进行进一步的优化研究。

7.4.8 稳态运行期间的功耗

86% 法拉第效率、能量平衡和稳态热模型仿真如图 7.12 所示。电能用黄色表示，热能用红色表示，化学能用紫色表示。如上所述，电解槽消耗了 20.3% 的电能，用于克服欧姆过电压和激活过电压，电流分流损失 11.2%，氢气储存了 68.5% 的能量。高于热中性电位的电流和分流电流产生热损失，导致电解槽温度升高。阳极侧热交换器和阴极侧热交换器分别带走 50.2% 和 47.2% 的热功率，2.6% 从电解槽散逸到周围环境，剩余的 0.3% 通过氧气和氢气分别从循环中流出到通气口和净化过程中进行热去除，只有很小部分热量从气 - 液分离器转移到周围环境。此外，97.1% 的化学能来自终端氢气，2.5% 因工艺混合和隔膜扩散而损失为气体杂质，0.4% 在脱氧器中燃烧，以净化氢中的氧气流。

图 7.12 所示的桑基图揭示了各部分功率组成，以及每个参数对法拉第损耗的贡献。法拉第损耗 14% 的大部分归因于 3 个主要参数，即分流电流的构成、气体杂质和脱氧器中氧气与氢气形成水。此外，气体杂质或气体交叉是两种主要现象的总和：①气体溶解在电解质中，通过循环被迁移到气 - 液分离器的下端出口，导致的气体混合；②制取的气体通过隔膜从阴极室扩散到阳极室，反之亦然。总法拉第损耗中，分流电流占 85.2%，气体杂质占 12.9%，除氧器中的复合水占 1.9%。上述 3 个参数解释了 13.1% 损失的原因。造成损失的第 4 个参数是电极材料的溶解率。

在稳态情况，每个法拉第损失的参数用间接分析方法进行评估。首先，假设

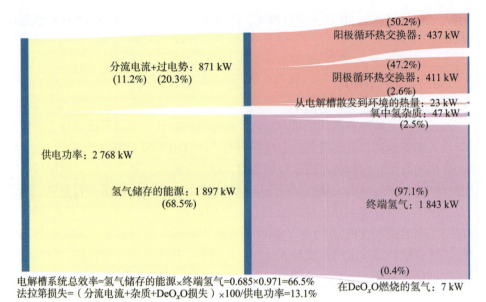

图7.12 电解槽和系统级的供电功耗/分布

在氢气—电解质分离器的上部出口，O_2中H_2的气体杂质为0.2%，假设在氧气—电解质分离容器的上部出口，H_2中O_2的气体杂质为2%，这些假设的合理性取决于电解槽工作期间测量数据的可靠性。所用的数据是在仔细检查实际3 MW电解系统大约7个月的测量数据后获得的，其中氢侧的值为0.2%~0.32%，氧侧的值为1.8%~3%。因此，脱氧剂中的氢损失可根据脱氧剂模型计算。式（7.37）可用于估算因分流电流导致的部分法拉第损失，式（7.38）用于估算因总气体交叉导致的损失部分：

$$\chi_{st} = \frac{\dot{Q}_{shunt}}{P_{tot}} \tag{7.37}$$

$$\chi_{gc} = 1 - \eta_F - \chi_{st} - \chi_{de} \tag{7.38}$$

式中：P_{tot}为提供给电解槽的总功率；η_F为法拉第效率；χ_{de}为脱氧剂燃烧气体杂质过程中损失的部分氢气。

7.4.9 在稳态下温度升高时的循环质量流量平衡

图7.13为高温下封闭循环中的质量流量平衡。图7.13中的颜色和图7.1中图例一致。为了进行稳态分析，仿真所用的电流9 135 A，为理想稳定的DC电流。系统压力在每条流路中都恒为16.1 bar。氢气和氧气的密度根据理想气体定律计算，分别为1.15 kg/m³和18.3 kg/m³。电解液的密度为1 280 kg/m³。

图 7.12 和图 7.13 所示的稳态分析表明，能量流的主要驱动力和载体是阳极和阴极之间的电解质循环，因为其加权流速显著高于氢气流和氧气流。这个发现揭示了热交换器在循环能量平衡中的重要性，因为碱液流负责排出大量的热。因此未来的优化和技术经济研究可以考虑泵功率的动态行为、热交换器和电解槽的信息，在循环系统层面提高电解厂的能量效率。

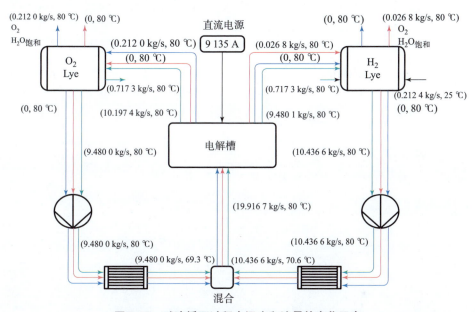

图 7.13 碱液循环过程中温度和流量的变化示意

7.5 小　　结

从上述章节可知，电解水制氢技术是一个系统工程。虽然碱性水电解技术商业化程度最高，但截至目前，仍有许多值得关注的研究领域，以降低电解水系统的能耗。

本章从系统层面，围绕电解水系统的建模，从电解槽模型、电化学模型、质量平衡、热平衡、能量平衡等角度，考虑了电解工艺的关键设备模型，以 Simulink 为仿真环境，建立系统级仿真模型。

基于本章建立的仿真模型，以某 3 MW 电解槽为对象，进行了极化曲线仿真、质量平衡、电解液温度影响、稳态仿真和功耗仿真。本章提供的电解水制氢系统的仿真为电解水系统设计提供了直接依据，也为未来电解水优化提出了方向。

第 8 章

电解水的现状和展望

8.1 电解水简史

电解水具有悠久的历史。Paets van Troostwijk 和 Deimann 用静电发生器演示了水分解。直到 1800 年，Volta 发明了第一个大功率电池——伏打电堆，才可能可控地电解水。1820 年，法拉第第一次谈到分解水的电解现象，直到 1834 年才发表他的科学工作成果。

1900 年，Schmidt 发明了第一个工业电解槽。仅过两年，便有 400 个电解槽在运营。1920—1930 年，对氨的旺盛需求使电解市场得到了爆发式增长。加拿大和挪威建造了装机容量为 100 MW 的水力发电厂，用水电作为电解水能源。Noeggenrath 在 1924 年申请了第一个压力电解槽专利，压力可达 100 bar。1925 年，Raney 的发现对电解槽的进一步发展具有重要意义。他测试了细粒镍电极催化剂的活性。他把金属镍和硅 1:1 的混合物，用 NaOH 溶解硅，制备了大表面面积的活性催化剂。两年后，在一个专利中，他采用铝替代硅，制备了活性更高的催化剂。镍基电极仍旧是碱性电解的基本催化剂。1939 年，单台电解槽制氢率首次达到 10 000 Nm^3/h。随着技术的发展，1948 年，Zdansky 研制了 Lonza 公司的首款高压工业电解槽。

鉴于电解水系统效率受工作温度的显著影响，1950 年开发的抗腐蚀材料在

120 ℃碱性电解槽中试验成功。仅 1 年后，Lurgi 使用 Lonza 公司技术，首次设计了压力为 30 bar 的电解槽 StatOilHydro。Winsel 和 Justi 在 1954 年提交了雷尼镍专利后，直到 1957 年才用于碱性电解槽。雷尼镍周围环绕金属基体，提高了导电性和机械稳定性。雷尼镍催化剂降低了电极过电压，并将工作温度降低到 80 ℃。1967 年，Costa 和 Grimes 在电极布局中采用了零间隙几何结构，目的是降低两个电极间距离，减小电解室电阻。

经过发展，碱性电解市场成熟已有几十年。在 $1 \sim 760 \ Nm^3/h$ 范围内，商业碱性电解槽都是模块化生产。每个模块对应的电能消耗为 5.0 kW $\sim$ 3.4 MW，多个电解模块并联得到更大的制氢能力。埃及阿斯旺大坝建造的最大碱性电解槽（非加压）制氢工厂，输出功率 156 MW（相当于 33 000 Nm^3/h）。秘鲁的库斯科建造了世界最大的高压电解槽，制氢功率 22 MW（相当于 4 700 Nm^3/h）。

"双子座太空"计划（1962—1966 年）和随后的"阿波罗"计划开启了电解的新篇章。质子交换膜电解作为聚合物膜燃料电池发展的副产品得到了发展。在质子交换膜电解槽中，最早使用磺化聚苯乙烯作为电解液，后来使用杜邦公司的全氟磺酸 Nafion。过去 10 年内，大量的开发工作被投入 PEMEL，建设了多个 MW 级电解槽的示范项目（美因茨能源园的西门子公司，每个电解槽 2.1 MW；汉堡雷特布鲁克 E.On 的 Hydrogenics 公司的电解槽 1 MW）。相比碱性电解槽和质子交换膜电解槽，高温蒸汽电解（High-Temperature Steam Electrolysis，HTEL）的发展落后一步。近年来，许多欧盟项目（如 RelHy、Hi2H2、GrInHy 等）以及近些年的清华大学（中国）、基尔大学（韩国）、九州大学（日本）和美国能源部核氢倡议（美国）都提高了 HTEL 的技术成熟度。首批 MW 级系统预计在未来几年投入使用。在欧洲，德国德累斯顿的 Sunfire GmbH、意大利和瑞士 SOLIDpower S. p. a 都处于 HTEL 商业化的前沿。

8.2 电解水的物理和化学原理

8.2.1 电解水的主要技术

截至目前，电解水方法主要有碱性电解、聚合物固体电解质酸性质子交换膜电解和固体氧化物高温蒸汽电解。阴极（析氢反应 HER）和阳极（析氧反应 OER）的反应随电解技术的不同而不同，如表 8.1 所示。在碱性电解槽中，水一般在阴极侧流入，产生氢气和 OH^-。OH^- 通过微孔或阴离子导电膜迁移到阳极侧，转化为氧气。相反，对酸性电解液（如质子交换膜电解），水通常被送入电解槽的阳极侧进行分解。对于每个水分子，产生半个氧分子，在阳极侧排出，两个质子（氢离子）通过质子导电膜传输到阴极侧，吸收两个电子，还原为氢分子。碱性电解和质子交换膜电解都是低温电解。高温蒸汽电解是高温电解，蒸汽供给阴极，还原为氢分子和氧离子。氧离子通过氧化物电解质扩散到阳极，失去电子形成氧气。

表 8.1　3 种主要电解水方式的半室反应、温度范围和电荷载体

技术	温度范围/℃	阴极反应 HER	电荷载体	阳极反应 OER
碱性电解	40~90	$2H_2O + 2e^- \longrightarrow H_2 + 2OH^-$	OH^-	$2OH^- \longrightarrow 1/2O_2 + H_2O + 2e^-$
质子交换膜电解	20~100	$2H^+ + 2e^- \longrightarrow H_2$	H^+	$H_2O \longrightarrow 1/2O_2 + 2H^+ + 2e^-$
高温蒸汽电解	700~1 000	$2H_2O + 2e^- \longrightarrow H_2 + O^{2-}$	O^{2-}	$O^{2-} \longrightarrow 1/2O_2 + 2e^-$

8.2.2　电解槽效率

效率是电解工艺核心的技术评价指标。通常而言，技术系统效率的定义是收益与付出的比值。在本章中，电解的收益仅为制取的氢气，不考虑制取氧气的使用和有关效率的提升方法。由 8.2.1 节可知，电解水制氢的起始反应物可以是液态水或蒸气水，因此必须区分低温电解和高温电解。本书关注的重点是低温电解，以下解释仅与低温电解有关。

电解槽供应的能源是电能，忽略多余的热量和环境温度耦合影响。电解系统中供应的是液态水。因此，效率的计算必须确定 H_2 能量是基于较高的热值（ΔH_R^0 = HHV = 3.54 kWh/Nm³），还是基于较低的热值（ΔH_R^0 = LHV = 3.00 kWh/Nm³）。如果电解槽制取的氢作为下游应用的能量（转换为热能、机械能或电能），则取氢的高热值。若计算能源转换链的总效率，则电解槽的效率计算取氢的低热值，如式（8.1）所示：

$$\varepsilon_{LHV} = \frac{\dot{V}_{H_2} \cdot LHV}{P_{el}} \quad (8.1)$$

式中：$\dot{V}_{H_2}$ 为氢气的体积流量（Nm³/h）；LHV 为氢的低热值（kWh/Nm³）；P_{el} 为电解室输入功率（kW）。

如果不考虑整个能量链，或者氢不是作为化学能使用，那么使用氢的高热值来计算低温电解槽的效率就更有意义。液态水转化为气态氢所需的反应焓对应于标准条件下反应的高热值，即

$$\varepsilon_{HHV} = \frac{\dot{V}_{H_2} \cdot HHV}{P_{el}} \quad (8.2)$$

式中：HHV 为氢的高热值（kWh/Nm^3）。

因此，基于氢热值的效率表明电解槽作为一种技术设备的工作效率，或它与理想可逆状态的接近程度。基于热值的效率适用于电解水全过程链的系统分析。

更一般地，电解槽效率的定义可按电解室进行简化计算。根据式（8.2），考虑了欧姆损耗和过电压，电解室电压效率定义为

$$\varepsilon_V = \frac{U_{tn}(T)}{U_{cell}(j,T)} \tag{8.3}$$

式中：U_{tn} 为热中性电压（V）；U_{cell} 为电解室电压（V）；j 为电流密度（mA/cm^2）；T 为热力学温度（K）。

热中性电压 U_{tn} 是参考电压，可由考虑温度影响的 ΔH_R 计算。法拉第效率是考虑可能发生并行反应的一个因素。根据法拉第定律，法拉第效率定义为实际制取 H_2 量与理论 H_2 量的比率，即

$$\varepsilon_I = \frac{\dot{n}_{real,H_2}}{\dot{n}_{ideal,H_2}} \tag{8.4}$$

式中：$\dot{n}_{real,H_2}$ 为实际制氢的摩尔流量；$\dot{n}_{ideal,H_2}$ 为理论制氢的摩尔流量。

则电解槽中电解室的效率可按式（8.5）计算：

$$\varepsilon_{cell} = \varepsilon_V \cdot \varepsilon_I \tag{8.5}$$

效率的另一种定义是费效比，通常以制取每标方氢气所消耗的能量，即比（电）能耗（kWh/Nm^3）来评估电解水系统，避免了热值选择的影响。

8.3 碱性电解室工作原理

碱性水电解室的基本结构和工作原理如图 8.1 所示。如果在两个电极上施加电压，水按式（8.6）进行电解：

$$\begin{cases} 阳极反应:4OH^-(aq) \longrightarrow O_2(g) + 2H_2O(l) + 4e^- \\ 阴极反应:2H_2O(l) + 2e^- \longrightarrow H_2(g) + 2OH^{-1}(aq) \\ 总反应:2H_2O(l) \longrightarrow 2H_2(g) + O_2(g) \end{cases} \tag{8.6}$$

电解过程的总反应是氧气和氢气分别在阳极和阴极析出。为了改善水的弱导电性，工业电解槽使用质量比 20%~40% 的 NaOH 或 KOH 溶液作为电解液。多孔或通孔金属电极通常紧靠阴离子导电膜固定，并通过电线连接到将电解槽的每个电解室隔开的接触极板。

通过吉布斯自由能变 $\Delta G = \Delta H - T\Delta S$，水分解反应的平衡电压 U_{rev} 定义为

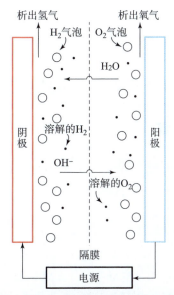

图 8.1 碱性电解室的基本结构和工作原理

$$U_{rev} = \frac{\Delta G}{nF} = \frac{\Delta G^0}{nF} + \frac{RT}{nF}\ln\left[p_{H_2}\frac{p_{O_2}^{0.5}}{p_0^{1.5}}\right] = U^0 + \frac{RT}{nF}\ln\left[\frac{p_{H_2}p_{O_2}^{0.5}}{p_0^{1.5}}\right] \quad (8.7)$$

式中：U^0 为在标准状况下（$T = 298$ K，$p = 101.325$ kPa）的平衡电压，$U^0 = 1.226$ V。实际上，由于损失，测量的电解室电压显著高于理论可选电压 U_{rev}。由于电解质和隔膜电阻的欧姆损失 U_{ohm}，以及在每个电极的不可逆的动力学和质量传递损失产生的过电压 U_{irrev}，使得实际测量电压为

$$U_{real} = U_{rev} + U_{ohm} + U_{irrev} \quad (8.8)$$

U_{rev} 通常受反应条件（压力、温度等）影响，而过电压和欧姆损失主要受材料和电解室结构设计的影响。U_{ohm} 和 U_{irrev} 都随着电流密度 i 的增大而增大。电解室电压增大，制氢时就需要更多的能量。

水的电解是一个吸热反应，消耗的电能等于吉布斯自由能变 ΔG 和 $T\Delta S$ 之和。电解室的工作电压通常比可逆电压 $E_{rev} = 1.23$ V 高。电解产生的废热被用于电化学反应，直到满足热中性电压 1.48 V 为止。在热中性电压，系统保持热平衡，没有吸热和放热。电能完全转换为制氢可逆热。热中性电压对于电解系统的设计非常重要，需要对超过这个电压产生的热进行散热。在实际电解水系统中，循环碱液的冷却是非常必要的。

碱性电解的工作温度为 50~80 ℃。工作温度超过 80 ℃ 会提高制氢效率。然而，高温加剧了碱液腐蚀性，因此必须考虑电解室和材料的退化率。

碱性电解的优点通常包括寿命长、成本低以及在高达 30 bar 的压力下工

作。缺点是负载范围小,易腐蚀,维护成本高,以及与质子交换膜电解相比,电流密度较低。

8.4 电解技术概念的现状与展望

8.4.1 关键性能参数

如果电解制氢是储存化学能,在动态发电中起核心作用,则以下关键参数或评价准则对于制氢技术和经济可行性的评估非常重要:①材料可用性;②投资成本;③运营成本;④寿命和效率。

1. 材料可用性

目前,市场上可以买到 MW 级碱性电解产品。在碱性电解方面,材料可用性的"瓶颈"不会出现。2016 年,全球生产了 1 960 900 t Ni(15 \$/kg),且由不锈钢回收了大量的 Ni。KOH 是采用氯碱电解法进行工业规模生产,每年至少生产 100 万吨。对于质子交换膜电解水,材料的可用性受到很大限制,因为它使用 Pt、Ru 和 Ir 等贵金属作为催化剂。根据 Platinum 2013 Internal Review(Johnson Matthey),2012 年生产了 162.5 t Pt(库存约 65 t),价格约为 53 000 \$/kg。由于 Ir 和 Ru 是与 Pt 一起提取的,因此与 Pt 的生产直接相关。每年只生产 5~7 t Ir 或 Ru。假设制氢功率为 1 GW,功率密度为 50 kW/m^2(2A/cm^2,2.5V),贵金属担载量为 1 mg/cm^2,则需要约 200 kg Pt 或 Ir/Ru。虽然这仅占 2012 年 0.1% Pt 总产量(Ir 为 3%),但市场的波动可能会导致成本显著变化。

2. 投资成本

目前,电解厂的投资成本为 1 000~2 000 €/kW,价格的下、上限分别对应碱性电解和质子交换膜电解。根据对未来价格的预测,到 2030 年,碱性电解和质子交换膜电解的价格应降至 600 €/kW。然而,只有越来越多的大型电解槽采用自动化生产工艺,这种价格才能实现。其原因是,迄今为止提供的电解槽功率相对较小,主要用于细分市场。这一点在质子交换膜电解中尤为明显,仅依靠技术创新降低成本。另外,碱性电解已经是一项成熟的技术,其价格与其说取决于技术创新,不如说取决于产量。

3. 运营成本(不包括电力成本)

运营成本包括计划内和计划外维护工作以及基本维修,但不包括电力成本。这些成本通常以投资成本的百分比表示。无论采用何种技术(碱性电解或质子交换膜电解),不考虑电力成本,运营成本通常占 2%~5% 的资本支出。具体而言,成本随工厂规模而变化,因为工厂维护所需的人力不会随工厂规模线性增加。此外，劳动力成本也因工厂所在地而异。因此，工厂的运营成本分为人工成本和材料成本。材料成本通常与采购成本相关，劳动力成本随工厂规模或每个工厂的员工能力而变化。虽然每年的材料成本估计为采购成本的 1.5%，但对于非常大的制氢工厂，劳动力成本通常较低。例如，1 MW 电解槽系统的年度维护成本占资本支出的 5%，而 10 MW 系统的年度维护费仅占资本支出的 2%。若考虑电力成本，则运营成本主要为电力成本。

4. 寿命和效率

电解槽的寿命取决于电压下降率，意味着需增加电解电压，以确保稳定制氢。电压下降可在许多不同的过程中发生，影响催化剂、电解质和隔膜，并增加电极的过电位和电解槽的欧姆电阻。

根据当前技术水平，碱性水电解系统连续运行，电压下降率为 $0.4 \sim 5$ μV/h；质子交换膜电解槽性能更差，电压下降率达 15 μV/h。电压下降也意味着电解槽的整体效率降低。在规划设计新的电解制氢系统时，必须考虑这一点。

然而，在正常条件下，电解槽系统不会完全失效，因此系统的寿命与效率损失有关。基于此，电解槽主要制造商估计碱性电解槽的使用寿命可达 90 000 h。

8.4.2 碱性电解技术的过去和现在

在后续章节，将根据目前的技术水平讨论碱性电解的设计、材料和工作条件。本章还探讨了如何改进或进一步开发这些技术，以降低制氢成本。

碱性电解最可靠也是最简单的设计是单极设计（图 8.2）。每个电解室包含 2 个电极、1 个隔膜和碱性溶液。通过外部连接，将电解室组装成电解槽。

然而，这种设计原则存在线损、系统重和尺寸大等缺点。这就是为什么如今双极电解室（图 8.3）占主导地位的原因。双极电解室由金属板隔开，一边是阳极，一边是阴极。双极电解室的电解槽更轻、更紧凑，布线更少。此外，与单极电解室不同，双极电解室可以高压工作。

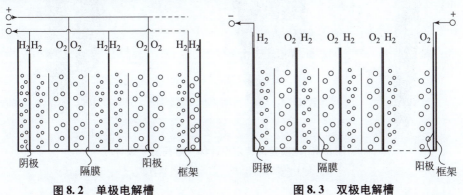

图 8.2 单极电解槽　　　　　图 8.3 双极电解槽

电解槽的设计也会对价格产生影响，因为生产较小的电解槽会产生较大的"废料"。与大型电解槽相比，在相同的电流密度下，小型电解槽平均多消耗30%~50%的材料。因此，碱性电解功率应进一步扩大，以降低未来的成本（如MW级电解槽）。

除了制氢系统设计，电解室设计在降低成本方面也起着同样重要的作用。电解室的设计影响电解室的电阻，从而影响电解室的电流密度。碱性电解的电流密度通常小于 0.5 A/cm^2，但已经有了明显的发展，目前已提高到 1 A/cm^2 以上。然而，只有提高电解室设计水平，进一步降低内阻时才能提高电流密度。

目前的先进电解槽都是基于零间隙电解室设计。在这种设计中，多孔电极压在隔膜上，既可降低电极之间的电阻，又可避免电极之间产生气体，以致进一步增加电阻。电极中孔的数量或孔的大小必须允许气泡的形成和气泡的快速分离。孔过小会抑制大气泡的形成，气泡无法到达分离阶段。气泡会堵塞电极表面，导致电解效率降低。氧气的平均气泡尺寸为 500 μm，氢气的平均气泡尺寸为 20~30 μm，因此建议阳极（氧气侧）的孔径为 1.2 mm，阴极（氢气侧）的孔径为 0.3 mm。图 8.4 显示了传统设计和"零间隙"设计之间的差异。图 8.5 显示了"零间隙"设计对碱性电解的性能改善情况。

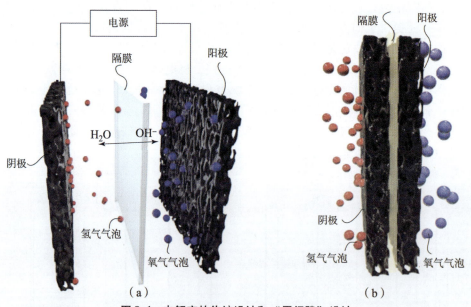

图 8.4 电解室的传统设计和"零间隙"设计
（a）传统设计；（b）"零间隙"设计

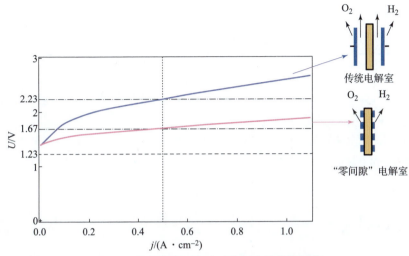

图 8.5 "零间隙"设计对电解室性能的提高

8.5 关键元件材料及工作条件

质量比为 30% 的 KOH 溶液已成为碱性电解标配溶液，工作温度通常在 80 ℃ 左右。碱性电解中使用的材料必须承受这些严酷的电解基本条件。在电解槽中，隔膜和电极直接受到这些条件的影响，因为它们与高温 KOH 溶液直接接触。电极使用镍或镀镍钢，电极表面覆盖催化剂，用于各自的半室反应（析氢或析氧）。

8.5.1 隔膜

长期以来，石棉被用作隔膜材料，因为它满足碱性电解中对隔膜的所有要求：良好的气体分离性能，力学、电化学和化学稳定性以及低廉的成本。然而，《鹿特丹协定》限制了石棉的贸易和使用。因此，近些年，一般采用带金属支撑织物的陶瓷氧化物制作隔膜。表 8.2 总结了市场上使用的一些隔膜。

如表 8.2 所示，隔膜材料种类很多。然而，分离性、离子导电性以及机械电化学和化学稳定性必须同时满足的隔膜材料很少。其中一个例子是烧结氧化镍隔膜，其中离子导电性以及化学和机械稳定性非常适合碱性电解，但隔膜的气体分离性较差。在另一种情况下，氧化镍可作为潜在的隔膜材料。研究表明，在电解过程中，氧化镍被析出的氢还原，这反过来可能导致零间隙电解室电流短路。这些案例研究表明，尽管隔膜的替代材料很多，但为了进一步降低碱性电解水的成本，同时提高耐用性和效率，亟待开发新的隔膜材料。

表8.2 碱性电解可用的隔膜材料

材料	类型	温度/℃	厚度/μm	比电阻/($\Omega \cdot cm^2$)
石棉/聚合物复合石棉	无机/复合材料	<100	2 000~5 000/200~500	0.74/0.15~0.2
聚四氟乙烯复合钛酸钾	复合材料	120~150	300	0.1~0.15
聚合物键合氧化锆	复合材料	<160	200~500	0.25
聚砜键合聚锑酸/用Sb_2O_5多元氧化物浸渍的聚砜	复合材料	<200	200~500	0.15~0.25
烧结氧化镍	无机材料	<200	200~400	0.05~0.07
陶瓷/氧化物涂层镍材料	复合材料	<170	25~50	0.07~0.1

作为碱性电解传统隔膜的替代品，开发性能优异的隔膜最近重新引起了人们的关注。这是为了降低欧姆损耗和气体交叉以及提高制氢效率，最值得注意的方法是开发离子溶解膜。离子溶解膜由电负性杂原子、氢氧化物和官能增塑剂的聚合物基质制成。当浸入KOH溶液中时，官能膜吸收溶液、膨胀，建立聚合物 - 水 - KOH三元均匀电解质相。离子溶解膜具有聚合物基质的力学性能，并提供氢氧化物的电化学性能。

离子溶解膜的一个值得注意的例子是聚2,2′-间亚苯基-5,5′-双苯并咪唑（m - PBI），它显示出优异的离子导电性，离子溶解膜的替代大部分是基于聚乙烯醇和聚氧化乙烯制备。基于PBI的离子溶解膜不一定是氢氧化物导体，但与隔膜不同的是，它们在吸收碱性电解质后会变成氢氧化物导体。它们的离子导电性随着KOH浓度的增加而增加，在20%~25%（质量分数）KOH溶液中达到最大值。进一步增加KOH浓度会导致聚合物主链脱水和结晶，从而增加欧姆损失。此外，由于离子溶解膜通常比传统隔膜薄一个数量级，较低的厚度也有助于降低欧姆电阻并改善整体电解槽性能。尽管有这些优点，这些膜仍然不能满足碱性电解在工业系统中对使用的耐久性要求。

8.5.2 电 极

在催化剂方面，碱性电解比质子交换膜电解有巨大的优势，因为廉价金属可以用作催化剂。图8.6和图8.7概述了一些催化剂（OER和HER）及其在连续和间歇工作中的潜力。一项最近的研究在碱性和酸性介质中更全面地测试了潜在的 OER 和 HER 催化剂，图 8.8 为测试结果汇总。

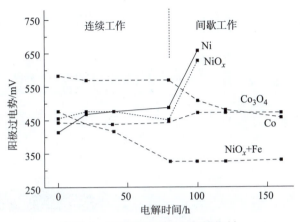

图 8.6　碱性电解阳极析氧催化剂

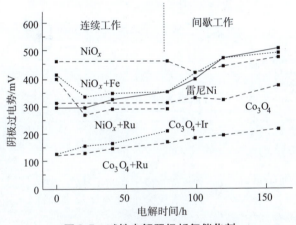

图 8.7　碱性电解阴极析氢催化剂

这些研究和大量其他工作表明，贵金属及其氧化物仍然是 OER 最有吸引力的催化剂，按活性升序排列：Pt < Pd < Ir < Ru。Ir 和 Ru 及其氧化物被认为是最好的 OER 电催化剂，具有较低的过电位、较小的塔菲尔斜率以及良好的稳定性。然而，在它们的氧化物中，尽管 RuO_{2-x} 活性较高，但在阳极电位较高时相对不稳定，贵金属合金可以产生协同效应。例如，虽然 $Ru_{0.9}Ir_{0.1}O_2$ 的活性接近 RuO_2，但稳定性显著提高。然而，贵金属及其氧化物属于稀有原材料，储量低，成本高。作为 OER 的成本效益高的替代品，元素周期表中的第一排过渡金属已被广泛研究，主要包括钴基、铁基和镍基催化剂。不仅纯金属或合金，而且其氧化物、(含氧)氢氧化物、磷酸盐、磷化物、硫化物、硒化物和氮化物也表现出优

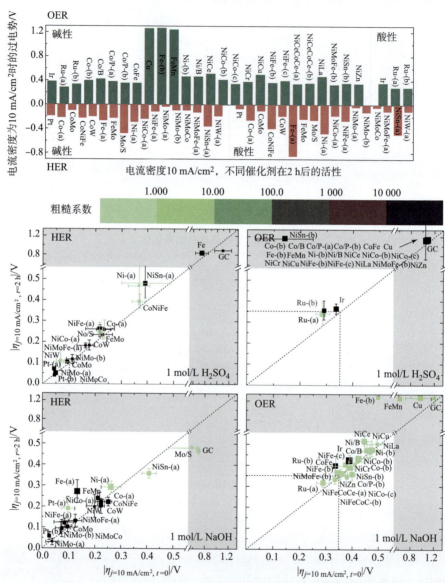

图 8.8 在碱性和酸性介质中 OER 和 HER 电极催化剂测试结果汇总

异的 OER 性能。最近的研究表明，无论母体材料是金属还是过渡金属化合物，电化学氧化工艺在表面形成的氧化物和（含氧）氢氧化物的本质是提供活性位。母体化合物和能够调节这些表面物种结构特性的处理方法，决定了 OER 电催化剂的活性和稳定性。

对于 HER，Pt 被认为是最好的催化剂。然而，与酸性介质相比，Pt 在碱性介质中的水离解反应较慢。这是因为在碱性溶液中，Pt 表面 Volmer 反应步的水裂解动力学较低。许多金属催化剂试图加速 Volmer 反应步，但在已知的催化剂中，Pt 仍然表现出最高的活性。由于催化剂必须考虑成本效益，因此 Ni 被认为是一种合理的替代品。几十年来，高比表面面积 Ni 已被证明是碱性电解阴极的首选催化剂。Ni 电极的挑战之一仍然是电极使用后的活性比新电极低得多。Ni 电极活性降低与一段时间后电极表面形成的氢化物有关。Hall 等提出了 Ni 电极活性降低的详细机理，并提供了详细的试验证据。图 8.9 的测量条件是电流密度 -0.5 A/cm^2，H$_2$ 吹扫 30%（质量分数）KOH 溶液，扫描速度 1 mV/s（未做 IR 校正）。图 8.10 为 XRD 图谱，其中图 8.10（a）为化学抛光的 Ni 箔和 Ni 电极，-0.5 A/cm^2 的恒定电流密度；图 8.10（b）、图 8.10（c）是在图 8.10（a）条件下，分别在 1 mol/L NaOH 中浸泡 141 h（5.9 天）和在 30%（质量分数）KOH 中浸泡 66.5 h（2.8 天）的图谱。如图 8.10 所示，Ni 作为阴极，X 射线衍射检测发现，电极表面形成 α-NiH$_x$，并且向电极中添加 H 离子会改变电极-溶液界面的电子结构，这对 HER 活性产生了不利影响。此外，正过电位范围内水合氧化物的形成对活性起着重要作用。有人试图通过添加合金元素来提高 Ni 的活性和耐久性。Ni 与 Mo 合金是最有前途的 HER 催化剂之一。大部分研究集中在 Ni 添加 Mo，以增强 HER 活性的机理研究。一些研究认为是因为协同效应，而另一些研究则排除了这一点，并指出活性增强的机理是 Mo 析出后，增加了 Ni 的表面积，增强了电极活性。

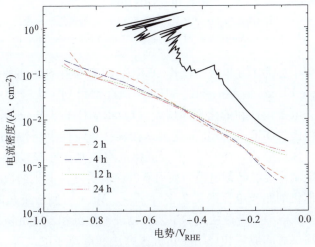

图 8.9　不同测量时间段内，抛光后的 Ni 电极和 Ni 电极的 HER 失活情况

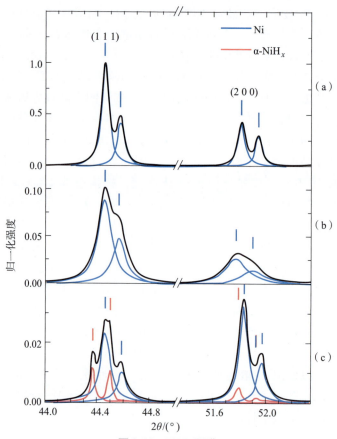

图 8.10　XRD 图谱

(a) 化学抛光 Ni 箔和恒电流（-0.5 A/cm²）处理的 Ni 电极；
(b) 1 mol/L NaOH 溶液（141 h）；(c) 30% KOH 溶液（66.5 h）

在碱性电解中，为了在电极上制作 OER 和 HER 催化剂，两种截然不同的膜电极（Membrane Electrode Assembly，MEA）概念都得到了大量的应用。膜电极的设计包括独立电极设计和催化剂涂层膜（Catalyst Coated Membrane，CCM）设计。对于独立电极，OER 和 HER 催化剂是在多孔集流器上制作，膜或隔膜夹在两个电极之间，像三明治。在 CCM 中，催化剂直接制作在膜或隔膜的两侧。前者易于制造，能制作无黏结剂电极，而后者的性能更好，催化剂担载量更低。在碱性电解中，催化剂制作电极的工艺多种多样。MEA 对制造工艺的选择有很大影响。对于独立式电极，普遍使用的工艺有物理气相沉积、电沉积、化学镀、洗涤涂层或浸渍涂层后的煅烧和烧结、热机械方法和等离子喷涂等。在 CCM 设计中，电极制作仅限于丝网印刷或悬浮喷墨两种工艺。

在独立式电极的制造工艺中,电沉积是使用最广泛的方法,而等离子喷涂(图 8.11)据报道可提供非贵金属电极的最佳性能。图 8.12(a)为抛光和活化的等离子喷涂电极的横截面微观结构。图 8.12(b)为在 30%(质量分数)KOH 溶液中,平面 Ni 和雷尼 Ni 分别与 Zirfon 膜和离子溶解膜电极的 $U-I$ 关系。等离子喷涂工艺可与全自动装配线集成,并易于扩展,以生产数平方米大小的电极。

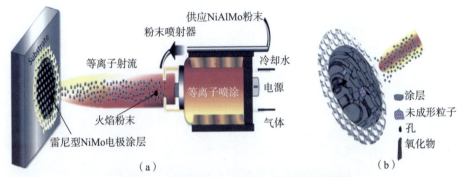

图 8.11 等离子喷涂工艺和电极喷涂涂层结构
(a) 等离子喷涂工艺示意;(b) 电极喷涂涂层结构

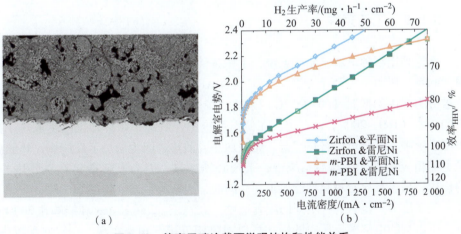

图 8.12 等离子喷涂截面微观结构和性能关系
(a) 等离子喷涂电极横截面微观结构;(b) 不同电极的 $U-I$ 关系

然而,等离子喷涂工艺应谨慎使用,因为碱性电解的电极性能(图 8.12)对等离子工艺参数敏感(图 8.13)。图 8.13 的纵坐标为等离子喷涂 NiMo 电极在 70 ℃、30%(质量分数)KOH 溶液中析氢反应 20 h 后,经 IR 校正测量的电极过电位。NiMo HER 电极使用不同的等离子焓(① = 17.1 MJ,② = 16.2 MJ,

③ =14.7 MJ，④ =9.3 MJ）制备。

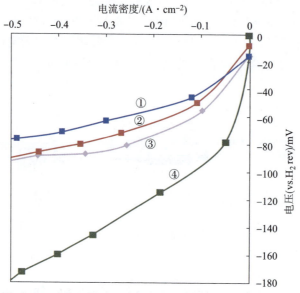

图 8.13　碱性电解中，等离子工艺参数与电极性能的关系

8.5.3　工作条件

无论采用哪种电解水制氢系统，工作条件都必须考虑的两个主要参数：系统温度和系统压力。这两个参数决定了当前 AEL 技术的系统配置。因此，这些系统被分为常用的低温（60~90 ℃）系统、较少的中温（100~150 ℃）系统和稀少的高温（160~200 ℃）系统。在低温系统中，系统必须冷却反应生成热。在中温系统中，系统可以自热运行，无须加热或散热，因为增加了反应熵，热能供应也需相应增加。在高温系统中，系统必须加热，因为电解槽起着"散热器"的作用。高温系统对材料性能要求高，因此，通常避免温度超过 150 ℃。

关于压力，也有 3 种不同的配置选项：大气压、25~30 bar 和能够在 200 bar 压力下运行的电解槽。压力的增加可以通过调节排气阀来实现。在这些配置中，补水泵和电解液泵都必须能够在此压力下工作。补水泵在低流速下必须克服绝对压差，而电解液泵的负载仅是电解室内部压差。在正压系统中，气泡在电极上的体积分数较小，导致正电位较低。此外，高压电解槽可以节省后续气体压缩成本，因为气体最终压力可以由出口阀设定。

无论电解槽配置如何，为了保护催化转化效率，双极电解槽必须始终包含所谓的"保护电流"。其原因是：在这种配置中，阳极和阴极通过电解液连接，因此可能发生电流短路。根据一项研究（德国 HYSOLAR 项目），一台 10 kW 的电解槽和一个光伏发电系统，在日落和日出之间平均消耗的保护电为 1.1 kW/h。

其他操作条件，如部分负载和动态响应与配置无关，但可以决定气体的纯度和系统使用寿命。市场上最新的电解系统的最小部分负载为 20%~40%，过载通常是不可能的。因此，必须谨慎使用这些指标，因为在部分负荷下运行电解槽会对气体纯度产生负面影响，尤其在长时间运行期间。原因是气体溶解在碱液中，由于碱液循环量不依赖于负载，运行较长时间时，外来气体与产生的气体比例相对增加。在间歇运行中，这可能导致和安全有关的自动停机。这种停机对气体纯度有负面影响，因为氢气可以进入氧气侧；反之亦然，这是残留在系统中的气体横向扩散的结果。

8.6 碱性电解槽的退化效应

本节总结碱性电解退化研究文献中给出的一些例子，重点是描述测试流程和鉴别退化类型。Schiller 等报告了 20 个电解室的碱性电解槽运行 15 000 h（625 天）的情况，镀有雷尼 Ni 与 Mo 合金的 Ni 电极为阴极，Co_3O_4 混杂雷尼 Ni 的 Ni 电极为阳极。随着时间的推移，电极的功率分布发生了变化，电极承受了越来越大的压力，如图 8.14 所示。

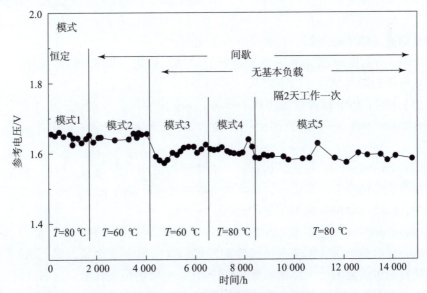

图 8.14　在 80 ℃和 300 mA/cm² 测量真空等离子喷涂（VPS）电极的参考电压与时间的关系图

模式 1 在 80 ℃ 和 300 mA/cm^2 下稳定运行（1 750 h），模式 2～模式 5 间歇运行（超过 13 000 h），负载为 1 天内记录的太阳能电流密度曲线。在模式 2，电解液温度为 60 ℃ 恒温，夜间维持 80 mA/cm^2 的基本负载作为保护电流。为了研究真空等离子喷涂电极（Vacuum Plasma Spraying，VPS）在间歇运行期间的退化行为，在电解槽停机期间没有保护电流，在模式 3、模式 4 和模式 5 下关闭基本负载。在这种情况下，在模式 3 和模式 4 中，电解槽每天处于无电流状态 14 h，在模式 5 中为 38 h。电解液温度从 60 ℃（模式 3）升高到 80 ℃（模式 4 和模式 5）。在整个试验期间，参考电压稳定在 1.57～1.65 V 范围内，没有证据表明电极失活或退化。在每个运行模式末尾，在 40～80 ℃ 范围内，测量了温度相关的极化曲线。

Leroy 和 Hufnagl 研究了在 70 ℃ 连续运行的工业级电解槽中电解室电压随时间的变化。阴极材料为软钢，阳极材料为镀 Ni 软钢。在电流密度为 67 mA/cm^2、135 mA/cm^2 和 215 mA/cm^2 时，电解室电压在最初的 30 min 内下降，然后在随后的 200 h 内持续上升，超过 50 h 后上升更快。阴极过电位在大约 80 h 的运行中持续增加，之后保持恒定。阳极过电位持续增加，但在 80 h 后上升速度较慢。有人认为，这种过电位可能是由于 Ni 电极逐渐氧化造成的。在 160 h 的试验中，小型电解槽镀 Ni 阳极也显示出过电位升高。

Bailleux 等报告了在动态操作条件下，在 120 ℃、有时甚至 200 ℃ 和 20 bar 压力下的电解槽试验。在这些条件下，对隔膜稳定性进行了研究，其中 Chysotile 是唯一一种可在 80 ℃ 以上工作的隔膜。此外，在温度升高的这些情况下，催化剂的长期耐久性还是不够，尤其是阴极催化剂。

Jensen 等对电解槽文献进行了全面的总结，制定了调查问卷。根据调查问卷，电解槽制造商填写了以下信息。

（1）IHT：电解槽可以关闭到 4～6 h，不会失去压力或温度，也不会导致工作寿命缩短。电极和双极板的使用寿命为 15～20 年；之后，拆解电解槽，更新 Ni。

（2）Hydrogenics：在连续运行时，电解槽的使用寿命超过 20 年。在动态运行方面没有长期经验。温度变化是降低电解槽使用寿命的主要原因，因此电解槽待机时，维持电解槽的温度非常重要。

（3）Acca Gen：电解槽工作范围在 5%～100% 时没有出现问题。Acca Gen 还开发出一种电极涂层，能够抵抗长时间停机，这个需求是由风力涡轮机/太阳能电池装置脱机引起的。电解槽频繁开/关操作，电极电位变化会引起腐蚀问题。

在 David 等最近发表的综述文章中指出："由于酸性和碱性介质中的腐蚀机理不同，后者表现出更高的耐久性。"称"碱性电解液具有化学稳定性和互换性，而 SPE 容易因杂质、化学分解和热机械变形而失去导电性"。文章指出：碱性电解槽的最新寿命为 55 000~96 000 h；不指定运行模式，系统的寿命为 20~30 年。

Felgenhauer 和 Hamacher 指出，电解槽开始使用，输出压力为 10 bar 时，碱性电解的 LHV 效率为 52%~62%，效率每年下降 0.1%~1.5%。

Manabe 等研究了雷尼 Ni 电极、各种膜和多孔隔膜。他们调查了 Ni 电极和双极板的稳定性，称"电解槽运行可能会因多种原因中断，如工厂工艺故障、电源故障、异常升压等。在电解槽停机期间，电解槽的待机条件会影响每个组件的寿命。" Ni 在纯水中溶解为 Ni^{2+}，在高浓度碱性溶液中为 $HNiO_2^-$。碱性溶液中 Ni 的腐蚀速率比 Ni 在纯水中的腐蚀速率低 1/4~1/3。他们表示："阳极在 10~20 年内不会产生严重腐蚀问题。然而，我们的评估暗示在零间隙电解室中阳极的一些腐蚀现象。""阳极的镍氧化膜认为在某些关键条件下受损，如加热、碱液浓度不均匀、气泡流动和新生气体。气体可以穿过薄隔膜，然后混合，尤其是新生气体或自由基气体。与传统的间隙电解室相比，如果电解液循环不良，零间隙电解室的电极和隔膜周围情况更严重。"

Bertuccioli 等对电解槽进行了全面研究，在连续运行下，质子交换膜电解槽和碱性电解槽名义退化率为 0.4~5 μV/h。其中，质子交换膜电解水退化率可高达 15 μV/h。他们表示："可用于研究长期退化的数据有限，考虑动态运行的实际数据更缺乏。""主要基于电压退化，质子交换膜电解槽和碱性电解槽的主要制造商声称，目前的电解槽使用寿命为 60 000~90 000 h。作为一项关键性能指标，到 2030 年，最好产品的指标是：质子交换膜电解水的使用寿命为 90 000 h，碱性电解槽的使用寿命为 100 000 h。"

总而言之，本节的文献表明，以下情况通常会加速碱性电解槽的退化：在高电流/功率密度下长时间运行、电解槽的长时间开路电压工作（尤其在更高温度下）、温度的频繁变化以及更高温度下的运行。此外，在强动态运行期间，系统的快速波动可能是由控制不当（如相对压力和 KOH 溶液供应量）引起的，这也可能导致碱性电解槽的退化。

8.7 阴离子交换膜电解水

质子交换膜电解水技术和传统碱性电解水技术占低温电解技术的主导地位。传统碱性电解水技术使用厚度为 0.5~2 mm 隔膜和多孔结构，以最大限度地减少气体渗透，导致了隔膜电阻增大。近 10 年来，低温电解技术家族增加了阴离子交换膜电解槽。阴离子交换膜电解槽集成了碱性电解槽的低材料成本和质子交换膜电解槽的高性能两大优点,如图 8.15 所示(图中的星号分别表示 FCH – JU 在 2023 年和亥姆霍兹协会在 2027 年的阴离子交换膜电解目标)。成熟的碱性电解水技术,已经在工业上使用了几十年。然而,它们的性能具有电流密度低、电流密度范围小以及通常 KOH 溶液的浓度为 6 mol/L 时就需要碱液循环泵进行碱液循环等缺点。此外,KOH 溶液具有腐蚀性,难以密封(蠕变)。相比之下,质子交换膜电解克服了这些大多数限制,具有系统设计紧凑、快速响应、动态运行、出色的过载能力以及电压效率高等优点。然而,高投资成本限制了质子交换膜电解的大规模应用。质子交换膜电解的主要成本是钛双极板和含有铂族材料的催化剂涂层膜(Catalyst Coated Membrane,CCM)。此外,极度稀缺的 Ir 是质子交换膜电解槽中在技术上唯一可行的阳极催化剂。从长远来看,Ir 的短缺将阻碍全球 TW 级电解槽的出现。由于合成材料的快速发展,阴离子交换膜电解槽已成为一项相对较新的技术,尤其是阴离子交换膜,它在过去一直是离子交换能力和稳定性方面的一个关键问题。阴离子交换膜电解槽的优点如下。

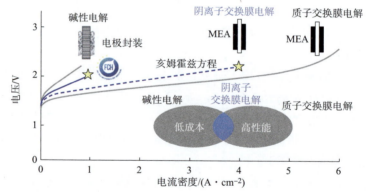

图 8.15 碱性电解、阴离子交换膜和质子交换膜电解的电流密度 – 电压曲线比较

(1)与质子交换膜电解槽相比,阴离子交换膜电解槽不需要昂贵的电催化剂和贵金属涂层的钛组件。

(2)与传统的碱性电解槽相比,阴离子交换膜电解槽不需要高浓度的 KOH 电解质作为电解材料。去离子水和低浓度的 KOH 及其他类型的盐都是腐蚀性较小的电解质。

(3)根据膜的特性,阴离子交换膜电解槽可以在氢气侧加压,从系统角度提高该技术的效率。

阴离子交换膜电解水最主要的优点是不使用贵金属电催化剂就可提高 HER 或 OER 的性能。非贵金属基纳米颗粒,如 Ni、NiMo 和 Ni – P 通常用作阴极催化剂,而 NiFe 羟基氧化物、$NiFe_2O_4$、CuCoOx 和 $Ni/CeO_2 – La_2O_3/C$ 通常用作阳极催化剂。为了获得更高的电解性能，在一些研究中，贵金属催化剂 Pt/C 和 IrO_x/IrO_2 也分别用作阴极催化剂和阳极催化剂。

为了生产高性能的膜电极组件（Membrane Electrode Assembly，MEA），膜和电催化剂必须对三相界面反应进行优化，使其具有高效的介质、离子和电子传输能力。围绕 PEM 开发的类似涂层技术也可用于 AEM。Bladergroen 等对这些技术进行了很好的概述。德国航空航天中心（DLR）使用丝网印刷技术为质子交换膜电解生产贵金属催化剂覆盖率低的高性能 MEA。此外，喷雾技术也用于生产新型纳米结构催化剂的 MEA。对于阴离子交换膜电解，CCM 和催化剂涂层基质（Catalyst Coated Substrate，CCS）技术都是可行的，并且可以使用各种涂层方法，包括湿喷涂、干喷涂、刮墨、丝网印刷和超声波喷涂。Ito 等发表了 CCM 和 CCS 之间的阴离子交换膜电解比较结果。他们发现，与 CCS 方法相比，采用 CCM 方法生产的阴离子交换膜电解槽电极的离子质量传输效率更高。Liu 等以沉积 NiFeCo 纳米粒子碳纸为阴极，以烧结 $NiFe_2O_4$ 粒子的不锈钢纤维为阳极，当电流密度为 1 A/cm^2、温度为 60 ℃ 时，电解室的电压仅为 1.9 V。此外，其他研究也报告了在这一条件下电解室的优异表现。一般来说，阴离子交换膜电解槽在电流密度为 1 A/cm^2、KOH 浓度不大于 1 mol/L 且电极中不含 PGM（铂族金属）催化剂时，电解室电压为 2 V。

最近，Wang 等将镍基等离子喷涂电极与 2，2″，4，4″，6，6″–六甲基对三苯基聚二甲基苯并咪唑（HTM – PMBI）阴离子高导电膜结合，在 1 mol/L KOH 中实现了与质子交换膜类似的性能（图 8.16）。图 8.16（a）所示中，等离子喷涂电极分别为 Ni/石墨、NiAl、Ni 和 NiAlMo 阳极、NiAlMo 阴极，阴离子膜为 HTM – PMBI。根据他们的研究结果，可以得出结论，阴离子交换膜电解有希望替代昂贵的质子交换膜电解。

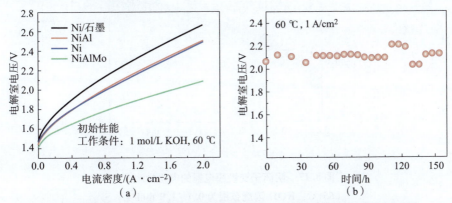

图 8.16 阴离子交换膜电解等离子喷涂电极和 NiAl 阳极电解室耐久性试验

(a) 阴离子交换膜电解等离子喷涂电极；(b) NiAl 阳极电解室耐久性试验

膜是阴离子交换膜电解的另一个关键方面。膜对电解室的离子导电性、化学稳定性、力学性能和尺寸方面起着至关重要的作用。德山 A201（日本 Tokuyama 公司）、Fumatech FAA 系列（德国 Fumatech 公司）和 Sustainion 膜（美国 Dioxide Material 公司）是在该领域测试最多的膜。相关人员最近探索了几种策略，目的是提高阳离子聚合物的碱性稳定性，包括在苯并咪唑环 C2 位置周围具有空间位阻的二烷基化聚（苯并咪唑），以延缓氢氧根离子的侵蚀速率。后者在 80 ℃ 的 1 mol/L 氢氧化物溶液中的稳定期延长。

到目前为止，已有的材料已经使在离子导电性和稳定性方面取得初步成功成为可能。有关阴离子交换膜电解最新技术的更多信息，包括催化剂和膜，可在最近的一些综述中找到。催化剂和膜确定后，阴离子交换膜电解的性能在很大程度上取决于 KOH 浓度。尽管阴离子交换膜电解技术发展的目标是在纯水中具有电解水能力，但在去离子水中取得的性能仍然乏陈可述。损失机制应强调系统的改进方法。在这种情况下，Razmjooei 等使用镍合金电极和 NEOSEPTA 膜，采用 CCS 方法设计了阴离子交换膜，在 0.1~1.0 mol/L KOH 溶液中进行了系统的电解试验。当将 KOH 溶液从 0.1 mol/L 改为 0.3 mol/L 时，性能得到了惊人的提高，当 KOH 浓度高于 0.30 mol/L 时，性能迅速达到渐近性态。阻抗试验结果表明，在所有损耗中，膜的欧姆电阻是电解室在低浓度 KOH 下工作最明显的限制因素，并且在高电流密度（0.5 A/cm^2）时，膜电阻对 KOH 浓度的变化最敏感，而这是工业应用的一个重要电流范围。催化剂的活化损失仅在较低的电流密度下占主导地位，如图 8.17 所示。

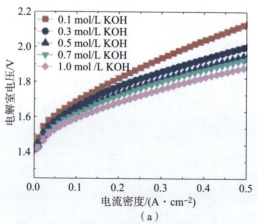

图 8.17　阴离子交换膜电解的电化学测试
（65 ℃，KOH 浓度范围为 0.1~1.0 mol/L）
（a）极化曲线

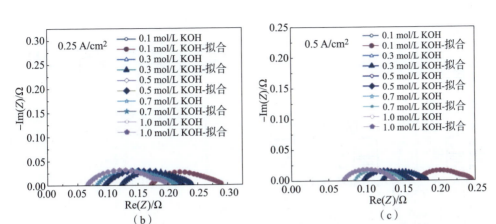

图 8.17 阴离子交换膜电解的电化学测试（65 ℃，KOH 浓度范围为 0.1~1.0 mol/L）（续）

(b) 在电流密度 0.25 A/cm² 条件下 EIS 测量的奈奎斯特图（100 kHz~100 MHz）；
(c) 在电流密度 0.5 A/cm² 条件下 EIS 测量的奈奎斯特图（100 kHz~100 MHz）

8.8 电解技术设备的描述

本节通过介绍 MW 级电解系统的结构，以对碱性电解系统有初步了解。对系统的各个组件进行了更详细的解释，并阐明了它们在安全生产中的作用。图 8.18 显示了碱性电解系统的工艺流程和设备组成。图 8.18 还显示了碱性电解系统的相关组件，从电源和电解液供应到痕量气体分析。

多个电解槽可通过串联方式以满足各种制氢速率。电解系统既可以集装箱形式设计，也可与建筑物集成设计。碱性电解厂的核心是电解槽本身，每个电解槽由多个电解室组成。

根据电解系统的大小，电解槽工作的直流电来自中压配电网或使用变压器和整流器的配电电网。

如前所述，碱性电解中使用高腐蚀性的液体电解质，连续运行会导致污染物增加，这就是为什么必须持续补充来自水处理厂的淡水或脱矿水的原因。

此外，KOH 处理能力是工厂设计的中心。为了保证制氢的功能，必须保证 KOH 碱液箱持续供应碱液；且电解液的质量浓度为 28%~30%（质量分数），以获得最佳导电性。

如果电解系统在运行状态，就需要对产生的气体进行综合分析，以确定气体的主要杂质。正常运行时，气体杂质主要取决于负载情况和温度。

除水处理外，气体洗涤的外围部件（气体洗涤器和气体洁净器）对电解系

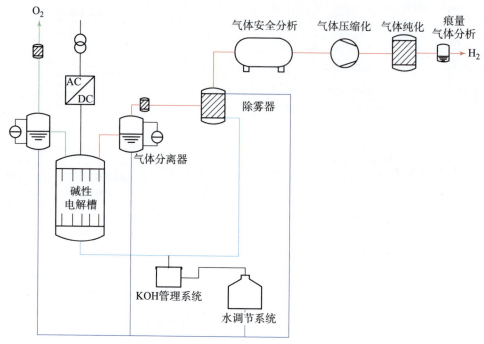

图 8.18　碱性电解系统的工艺流程和设备组成

统的运行和效率也同样至关重要。为了去除氢气中夹带的电解质气雾，制取的气体需通过下游气体洗涤器洗涤。洗涤水采用的是软化水，由泵从大小合适的储水罐输送到气体洗涤器，将气体中携带的大部分碱液气雾结合在一起。气体储存可作为气体压缩的缓冲，因为在运行时，这些储存设备需考虑电解槽中产生的氢气与压缩机输送速率之间的差异。

氢气通过压缩机压缩后进行纯化，清除氢气中的氧气。

8.9　碱性电解的未来展望

在过去几十年中，作为一种成熟的技术，AEL 并没有从提高性能的密集研发工作中受益。随着人们认识到绿氢对未来经济的重要性，这种情况发生了变化。德国 2020 年实施了氢战略，支持经费达 70 亿欧元，另有 20 亿欧元用于国际合作。氢战略强调只有依靠可再生能源制取的绿氢才是长期可持续的；此外，还建议通过推动降低成本、开发国内市场和氢能价值链，以及资助科学研究和培训合格人才，使绿氢具有竞争力。欧盟的其他几个国家也推出了自己的氢计划，这些氢计划是对欧盟核心氢政策的补充。亚太地区也出现了类似的氢战略。我国在

"十四五"规划中,也提出了氢能源发展(2021—2035)规划。

碱性电解是关键技术群之一,提供可再生氢气,涉及电力、天然气和工业几个部门,以支持能源市场的范式转变。该技术已经成熟,足以大规模部署。然而,碱性电解应满足的两个关键参数是制氢的目标成本(€/kg)和使用寿命。多项研究集中于包括碱性电解技术在内的不同电解槽技术的发展潜力。其中一项通过征集多位专家的研究结果,量化电解技术的性能潜力和成本降低潜力。在未来资本成本、寿命和效率方面,研究给出了3种电解技术的专家意见。这些专家估计,增加研发资金可以降低0~24%的资本成本,而单是生产规模的扩大就有17%~30%的影响。系统寿命可能集中在60 000~90 000 h,效率的提升可以忽略不计。由于碱性技术的成熟,这些专家预测,除了超强的耐用性和成本效益外,碱性技术的改进程度已然较低。

总体来说,大多数分析师预测,通过大规模生产和自动化生产,制氢性能将逐步提高,成本将大幅降低。在一项基于德国专家意见的工业化类似研究中,对制氢的电力需求进行了评估,如图 8.19 所示。利益相关方的期望是,从长远来看,大型电解工厂的碱性电解,碱性电解的效率与质子交换膜电解一样,但更耐用。本书中估算的成本也对碱性电解有利。然而,所有基于专家预测的分析都必须谨慎听取。

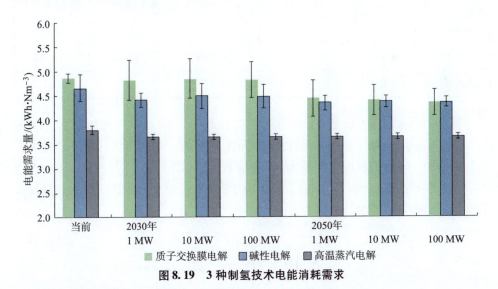

图 8.19 3 种制氢技术电能消耗需求

目前的碱性电解在大气压或高达 30 bar 的压力下制取气体,通常,制取的气体还需要高压储存。因此,许多研究团队致力于将提高工作压力作为一个研究和发展方向。然而,也有研究人员相信,更高的压力只会导致效率的损失,Roy 等是这一群体的支持者。本书将辅助设备的能耗和运行期间的气体损失视为主要问题。这些问题抵消了高达 700 bar 电解槽运营的任何收益。在 700 bar 时，电解系统的能量损失为 17%；同时，腐蚀、氢脆、操作复杂度、动态响应和成本等问题使高压电解槽不具有吸引力。解决这些问题的办法是提高材料的性能，只有这样，才能实现高压电解槽的内在潜力。

Ziems 等发表了一份表格，列出了碱性电解水技术参数及发展前景，如表 8.3 所示。

表 8.3 碱性电解水技术参数及发展前景

类型	符号	单位	当前状态	短期发展	中期发展
温度	T	℃	70~80	80~90	>90
压力	p	bar	30	>60	>100
电流密度	i	kA/m²	3~4	6~8	>10
电解室电压	U	V	1.9~2.3	1.8~2.1	1.7~2.0
电压效率	ϕ	%	64~78	70~82	74~87
系统比能耗	ψ_{sys}	kWh/Nm³	4.6~6.8	4.5~6.4	4.4~5.9
部分负载能力	θ	%	25	<15	<10
运行时间	τ	h	<90 000	>100 000	>120 000
系统可靠性	Π	a	<25	30	>30

另一个革命性的方法是将高压和高温结合起来。Allebrod 等报告了在 240 ℃和 37 bar 的状态下碱性系统的运行情况。他们希望在一种新的设计中，电解液在多孔结构中，电流密度可达 2 A/cm²，电解室电压不超过 1.75 V。Ganley 也报告了一种高压和高温（压力 87 bar，温度 400 ℃）的电解室。尽管所有结果都显示了希望，但必须考虑的是，这些方法的成熟度仍然很低。

8.10 小 结

作为本书的最后一章，本章从另一个角度，对本书涉及的一些内容，如电解水简史、电解水的物理和化学原理、碱性电解槽的工作原理进行了介绍，讨论了可用性、投资成本、运营成本、寿命和效率 4 个电解技术的关键性能参数，分析了过去和现在的碱性电解技术。

本章分析了隔膜、电极和工作条件的影响,强调了碱性电解槽的退化效应,针对阴离子交换膜电解水技术,讨论了膜的制作,分析了优缺点。最后,介绍了碱性电解系统的主要装置及其对电解的影响。

在碱性电解的未来展望中,本书从制氢成本和寿命这两个重要指标对碱性电解的发展提出了自动化生产和大规模生产的发展路径。作为成熟度很低的一种技术,高压电解槽和高温高压电解槽虽然有优势,但还需要投入大量的研究才可能把优势变为实际。

电解水作为未来能源架构的基础,虽然碱性电解水制氢的成熟度最高,但仍有许多领域值得研究,如便于装配和拆检的模块化电解室设计技术、膜电极设计技术以及高活性和稳定性的电催化剂设计技术等。

附录 A 电解水建模与分析相关术语

A.1 面积

A.1.1 活性面积（Active area）

垂直于电流方向，用于电化学反应的电极几何面积，单位为 m^2。

A.1.2 电解室面积（Cell area）

垂直于电流方向的双极板几何面积。

A.1.3 电极几何面积（Geometric electrode area）

电极在平面上的最大投影面积。

A.1.4 有效面积（Effective area）

参见活性面积。

A.1.5 电化学表面面积（Electrochemical surface area）

由于开放的多孔结构，可发生电化学反应的电催化剂的实际表面面积，单位为 m^2/g、m^2/m^3 或 m^2/m^2。

A.1.6 比表面面积（Specific surface area）

单位质量（或体积）催化剂的电化学表面面积。

由于开放的多孔结构，比表面面积为电催化剂和反应物接触的面积、催化剂单位质量（或体积，或电极几何面积），单位为 m^2/g 或 m^2/m^3。

A.2 轴向载荷（Axial load）

施加在电解室或电解槽端板的压力载荷，以确保接触和/或气密性。单位为 Pa。

A.3 电解室组件（Cell component）

A.3.1 双极板（Bipolar plate）

导电气密板，将单电解室或电解槽的单电解室分离，用作溶液分配器和电流分配器，并为电极或膜电极提供机械支撑。

A.3.2 催化剂（Catalyst）

一种自身不消耗但可提高反应速率的物质。催化剂会降低反应物的活化能，从而提高反应速率，或使反应在较低的温度或过电位下进行。促进电化学反应的催化剂被称为"电催化剂"。

A.3.3 催化剂涂层膜（Catalyst-coated membrane）

膜电极特有的配置（用于 PEMWE 和 AEMWE 电解室），其中催化剂作为电极直接涂覆在膜上。

A.3.3.1 催化剂层（Catalyst layer）

在膜的任一侧上与膜相邻的层，包括具有离子和电子导电性的电催化剂颗粒和离子聚合物。该层由发生电化学反应的空间区域组成。

A.3.3.2 催化剂担载量（Catalyst loading）

单位电极几何面积吸附的催化剂量，可按阳极或阴极单独规定，或规定阳极和阴极的总担载量。单位为 g/cm^2。

A.3.3.3 催化剂中毒（Catalyst poisoning）

催化剂吸附物质（毒物），抑制了催化剂性能。

A.3.3.4 电催化剂（Electrocatalyst）

参与并加速/催化电化学反应的催化剂。

对于低温电解水，电催化剂可制备为多孔体相催化剂（Bulk catalyst），或由分散在担体颗粒上的催化剂（Supported catalyst）组成，如炭粉或亚氧化钛，以增加催化剂的电化学表面面积。

A.3.3.5 电催化剂担体（Electrocatalyst support）

电催化剂担体是电极的一部分，用于支撑电催化剂，并作为多孔导电介质。它还可提高催化剂电化学表面面积，减少电催化剂在电极的担载量。

A.3.4 夹板（Clamping plate）

见 A.3.8 端板。

A.3.5 压紧端板（Compression end plate）

见 A.3.8 端板。

A.3.6 电极（Electrode）

电极是电导体，电流流入或流出电化学电解室，发生电化学反应。

A.3.6.1 阳极（Anode）

水发生氧化反应（失电子），产生析氧反应的电极。

A.3.6.2 阴极（Cathode）

水发生还原反应（得电子），产生析氢反应的电极。

A.3.6.3 电极电势（Electrode potential）

电极（电子导体）内电势和电解质（离子导体）间的电势差称为电极电势。

A.3.7 电解质（Electrolyte）

电化学电解室中电极之间电荷转移的介质。

电解质是一种离子导体（如溶液、固体、熔盐或气体），其中电流由离子（阳离子和阴离子）携带。相应的转移数表示阳离子或阴离子携带的部分电流。在电化学电解室中，电荷转移反应（如析氧反应或析氢反应）发生在电极和电解液之间的界面上。

电解质的性质是不同燃料电池技术和不同电解水制氢技术的主要区别特征，决定了可以利用的工作温度范围。

A.3.7.1 电解质摩尔电导率（Electrolyte molar conductivity）

电解质溶液的比电导率，取决于不含气体的电解质溶液的电导率和浓度。

A.3.7.2 液体电解质泄漏（Liquid electrolyte leakage）

从电解室/电解槽中渗出液体电解质。

A.3.7.3 电解质损失（Electrolyte loss）

在电解水系统中，与初始电解质含量相比，减少的电解质质量。

A.3.7.4 电解质基质（Electrolyte matrix）

绝缘气密的电解室组件，专门设计了孔隙结构，以容纳液体电解液。

A.3.7.5 电解液迁移（Electrolyte migration）

电位梯度引起电解液局部浓度变化而导致的离子迁移机制。

A.3.7.6 电解液罐（Electrolyte reservoir）

液体电解液模块的部件。其储存了适量的液体电解质，以补充电解室运行期间损失的电解质。

A.3.8 端板（End plate）

位于电解室或电解槽的两端，用于将所需的压力施加在堆叠的电解室，保证电气接触良好，避免液体泄漏。端板包括端口、导管或歧管，用于从电解室或电解槽输入/输出流体（反应物、冷却剂、电缆布线）。

A.3.9 密封垫（Gasket）

用于防止电解装置的两个或多个腔室之间的流体交换，或防止液体从装置泄漏到外部。

A.3.10　离聚体溶液（Ionomer solution）

离聚体溶液是指扩散在水中，或在水和低脂肪醇中的离子导电聚合物。它用于电催化层的制备，确保电催化剂颗粒和离子导电聚合物膜之间更好接触，增加电极—电解质界面面积。

A.3.11　液－气扩散层（Liquid/gas-diffusion layer）

多孔扩散层有利于反应物的质量传输和排出反应产物。该扩散层由多孔介质或不同的多孔介质组合构成，形成相邻层或复合层。

A.3.12　膜（membrane）

膜作为隔离层，既是一种电解质（离子交换剂），又是 H_2 和 O_2 的隔离膜，还是 AEM 或 PEM 电解室中阳极室和阴极室之间的电子导体材料。

A.3.12.1　阴离子交换膜（Anion exchange membrane）

具有阴离子导电性的聚合物基膜，在阳极和阴极之间起到电解质和隔膜的作用。

A.3.12.2　质子交换膜（Proton exchange membrane）

具有质子导电性的聚合物基膜，在阳极和阴极之间起到电解质和隔膜的作用。

A.3.13　膜电极（Membrane electrode assembly）

带有薄的多孔传输层和边缘强化膜的催化剂涂层膜装配体。其几何面积包括活性面积（见 A.1.1）和非活性面积。

A.3.14　多孔传输层（Porous transport layer）

见 A.3.11 液－气扩散层的定义。

A.3.15　隔板（Separator plate）

见 A.3.1 双极板的定义。

A.3.16　单电解室（Single electrolysis cell）

电解装置的基本单元由 3 个功能元件组成，即阴极、电解液和阳极，能够通过施加电能分解化合物，产生还原化合物和氧化化合物。在电解室中，通过外部电能，去离子水或碱性水溶液中的水发生电化学裂解制取氢气和氧气。

A.3.17　极框（Spacer）

分离两个相对的电极并为电极之间的电解质流动提供空间的电绝缘组件。

A.3.17.1　间隙（Gap）

电极之间或电极隔膜之间的间隙。

A.3.17.2　零间隙设计（Zero-gap design）

电解室的两电极之间仅有气体隔膜。

A.3.18　水分离装置（Water separator）

水分离装置用于冷凝和分离电解室/系统排出气体中的水蒸气。

A.4 冷却液（Coolant）

控制各种介质和部件之间的热传递的液体。通过系统的冷却回路，通常为气液换热器，耗散热量到大气中。

A.5 电流（Current）

A.5.1 电流密度（Current density）

描述电流大小和方向的向量点积函数，即单位面积的电流强度，单位为 A/m^2 或 A/cm^2。

A.5.2 电流斜率（Current ramp rate）

电流随时间变化的速率，单位为 A/s。

A.5.3 泄漏电流（Leakage current）

除了短路以外，在不需要的导电路径上的电流，单位为 A。

A.5.4 标称电流（Nominal current）

制造商规定的标称设计点的电流值，单位为 A。

A.5.5 过载电流（Overload current）

参见 A.5.6 额定电流。

A.5.6 额定电流（Rated current）

制造商规定的电解槽系统运行时的最大持续电流，单位为 A。

A.5.7 比电流密度（Specific current density）

给定电解室电压，单位电化学表面面积的电流，单位为 A/m^2。

A.5.8 体积电流密度（Volumetric current density）

描述电流大小和方向的向量点积函数，即单位体积的电流强度，单位为 A/m^3。

A.6 退化（Degradation）

A.6.1 退化率（Degradation rate）

一段时间内，测量量的变化率。

注：退化率可用于测量电解室的可逆（非永久）和不可逆（永久）损失。退化率主要指电解室电压。

A.6.2 电解室电压退化率（Cell-voltage degradation rate）

由于电解室的材料退化，导致电解室电压升高。电解室电压变化率最常用于描述电解槽退化率，定义为时间单位内的电解室电压增加的平均值，单位为

μV/h 或 μV/1 000 h。

A.6.2.1 初始电解室电压退化率(Initial cell – voltage degradation rate)

在试验或运行初始阶段的电压变化率。该时间不包含电解室运行的电压退化时间。

表示为电压差绝对值除以初始测试时间,公式为

$$\Delta U_{\text{in}} = \frac{|U_{\text{t\_start}} - U_{\text{t\_0}}|}{t_{\text{t\_start}} - t_{\text{t\_0}}}$$

式中：$t_{\text{t\_start}}$ 为开始测量退化的时间；$t_{\text{t\_0}}$ 为测试/运行的起始时间。

A.6.2.2 电解室工作的电压下降率(Operational cell-voltage degradation rate)

在规定的测试时间内,电压变化率表示为绝对电压差除以工作时间,公式为

$$\Delta U_{\text{op}} = \frac{|U_{\text{t\_end}} - U_{\text{t\_start}}|}{t_{\text{t\_end}} - t_{\text{t\_start}}}$$

式中：$t_{\text{t\_start}}$ 为退化测量的开始时间；$t_{\text{t\_end}}$ 为测试结束的时间。

A.6.3 耐用性(Durability)

在规定的操作设置范围内承受磨损、压力或损坏的能力。

A.6.4 效率退化率(Efficiency degradation rate)

相对于初始效率,在一段时间内,总效率随时间的变化率,以单位时间的百分比表示,单位为%/h。

A.6.5 性能退化率(Performance degradation rate)

在恒定的负载、温度和压力运行条件下,和初始制氢率相比,制氢率随时间降低,以单位时间的百分比表示,单位为%/h。

A.6.5.1 电解室寿命(Cell lifetime)

电解室在工作条件下的时间长度,定义为第一次启动时间至电解室电压超过规定条件下的最大可接受电压之间的时间长度,单位为 h。

A.6.5.2 电解槽寿命(Stack lifetime)

电解槽的时间跨度。与过程相关的初始性能(寿命起始)相比,性能损失(制氢率或制氢效率)已达20%,或电解室平均电压已达到制造商规定的截止电压时(寿命终止)。其以额定负荷下的工作时间(h)表示,与额定工作点的稳态运行有关。

A.6.6 稳定系数(Stability factor)

用于评估稳定特性的参数,定义为电压增加率(电解室工作电压退化)和电解室初始电压与热中性电位(80 ℃ 时约 1.47 V)之差乘积的倒数,公式为

$$\text{稳定系数} = 1/[\Delta U_{\text{op}} \cdot (U_{\text{cell}} - U_{\text{tn}})_{\text{t\_start}}], \text{h/V}^2$$

式中：ΔU_{op} 为电解室工作电压增加率。

A.7 电势（Potential）

A.7.1 可逆电势（Reversible potential，E_{rev}）

水开始电解所需的电解室最小电压。在 SATP 条件下，表示为 $E°$，值为 1.229 V。

A.7.2 可逆电压（Reversible voltage，V_{rev}）

见 A.7.1 可逆电势。

A.7.3 热中性电势（Thermoneutral potential，E_{tn}）

给定温度下，电解槽/电堆/系统工作过程不产生多余热量的电压。在 SATP 条件下，表示为 E_{tn}^0，值为 1.481 V。

A.7.4 热中性电压（Thermoneutral voltage，V_{tn}）

见 A.7.3 热中性电势。

A.8 电力（Electrical power）

A.8.1 电解室电功率密度（Cell electrical power density）

电解室单位横截面的输入功率，单位为 W/m²。

A.8.2 电功率－视在功率（Electrical power-apparent）

有功功率和无功功率平方和的平方根。

A.8.3 电功率－无功功率（Electrical power-reactive）

在双线电路中，对于正弦量，电功率－无功功率指电压、电流和它们之间相角正弦的乘积。在多相电路中，为各相的无功功率之和。

A.8.4 实际电功率（Electrical power-real）

双线电路中，对于正弦量，实际电功率是指电压、电流和它们之间相角余弦的乘积。在多相电路中，为各相有功功率之和。

A.8.5 电功率因数（Electrical power factor）

以瓦特为单位的总有功功率与以伏安为单位的总视在功率之比（均方根电压和均方根电流的乘积）。

超前：电流与电压的相对瞬时方向角（0°~ −90°）。

滞后：电流与电压的相对瞬时方向角（0°~ 90°）。

A.8.6 额定或标称输入电功率（Electrical power input rated or nominal）

正常工作条件下，制造商规定设备最大持续的输入电功率，单位为 W 或 kW。

A.8.7 寄生负载（Parasitic load）

辅助机器和设备消耗的功率,如运行电解槽系统的必需辅助设备(Balance of plant),单位为 W 或 kW。

A.8.8　电力系统的额定负载(Power system capacity-rated)

制造商标定的系统最大负载,用功率表示,单位为 kW 或 MW。

A.8.9　电解槽额定功率(Power stack capacity-rated)

由制造商标定的电解槽最大负载,用直流电功率表示,单位为 kW 或 MW。

A.8.10　电源范围(Power supply range)

电解系统运行的最小功率和100%(满量程)额定功率之间的直流供电范围。

A.8.11　额定功率(Rated power)

设备铭牌上标注的数值。按照制造商的性能规范,在部件或设备的输入端子提供的电功率。

A.9　气体交叉(Gas crossover)

气体通过隔膜渗透,导致氢气输送到氧气侧,反之亦然,带来安全和效率降低问题。

这种现象是由各种传输机制造成的,包括压差、扩散、电渗力(Electro-osmotic drag)和离子通量密度。

A.10　气体泄漏(Gas leakage)

除在规定的排气口排气外,所有流出电解槽的气体的总和。

A.11　气密性(Gas tightness)

气密性是系统特性,确保装置的两个或多个腔体之间,即阳极和阴极之间或/和周围空间不会发生流体和气体交换。

A.12　热值(Heating value)

燃料燃烧的热值为标准状况下(25 ℃,10^5 Pa),放热燃烧反应的所有反应焓供给热系统的热量,以 kJ/mol 表示。热值是燃烧反应的负反应焓。

A.12.1　低热值(Lower heating value)

所有燃烧产物保持气态,测量的燃料燃烧热值。这种测量方法不考虑水蒸发过程需要的热能(蒸发热)。

A.12.2　高热值(Higher heating value)

燃料燃烧热的数值,将所有燃烧产物还原至其原始温度,并冷凝燃烧形成的所有水蒸气来测量。该值考虑了水的蒸发热。

A.13 氢（Hydrogen）

原子数为1的化学元素，以双原子分子 H_2 的形式存在，高度易燃、无色、无味的气体。

A.13.1 制氢率（Hydrogen production rate）

在额定功率下，在规定时间间隔内，电解室/电堆/电解系统产生规定纯度的氢气量，单位为 kg/h 或 kg/day。

A.13.2 标准氢气质量制氢能力（Nominal hydrogen weight capacity）

每天标准质量制氢量，单位为 kg/day。

A.13.3 标准氢气体积制氢能力（Nominal hydrogen volume capacity）

每小时标准体积制氢量，单位为 $N \cdot m^3/h$。

A.14 关键性能指标（Key performance indicator）

用于量化特定任务/过程/系统的相关工艺的度量参数。

A.15 操作条件（Operating conditions）

预先确定的试验或标准化操作条件，作为试验基础，以获得可复制、可比较的试验数据集。

A.16 运行模式（Operational mode）

操作条件的任意组合。

A.16.1 恒流运行（Constant current operation）

在恒定电流下，电解槽的运行模式（恒电流模式）。

A.16.2 冷态（Cold state）

在环境温度下，电解室/电解槽/电解系统的非运行状态，无功率输入或输出。

A.16.3 标准运行模式（Nominal operation mode）

使用设置的参数操作设备，以获得技术规范中设置的标准性能。

A.16.4 调节模式（Regulation mode）

设备在可变功率下工作时的操作模式，即通过配电网对不平衡电网进行补偿。

A.16.5 调节曲线（Regulation profile）

功率变化曲线，如电网在能量注入和提取时的功率曲线。这可能会受到可再生能源、能源波动和电网干扰的影响。

A.16.6 关闭（Shutdown）

制造商规定的以安全可控的方式停止系统及其所有反应的操作顺序。

A.16.6.1 紧急关闭（Emergency shutdown）

根据工艺参数或手动激活的控制系统动作，立即停止系统及其所有反应，以避免设备损坏和/或人员危险。

A.16.6.2 定期关机（Scheduled shutdown）

电力系统例行维护的关机。

A.16.7 待机状态（Standby state）

没有氢气/氧气输出的系统状态，允许系统快速重启。

A.16.7.1 冷待机状态（Cold standby state）

处于非工作状态，设备已关闭并准备立即启动。

A.16.7.2 温待机状态（Warm standby state）

给设备供电，加热到允许系统快速重启温度的一种设备运行模式。

A.16.7.3 热待机状态（Hot standby state）

给设备供电、加热，可立即投入生产的一种设备运行状态。

A.16.8 稳态（Steady state）

物理系统的状态，其中相关特性/操作参数不随时间改变。

A.17 操作参数（Operational parameters）

A.17.1 制氢时间（Generating time）

制氢时间段的累计时间。

A.17.2 初始响应时间（Initial response time）

改变参数设置后到输出开始变化之间所需的时间。

A.17.3 总响应时间（Total response time）

参数设定值更改后达到新值所需的时间。

A.17.4 运行剖面（Operating profile）

系统功率曲线与运行时间的描述。

A.17.4.1 稳态剖面（Steady state profile）

当消耗或产生的电能随时间保持恒定时，系统的运行模式。

A.17.4.2 间歇剖面（Intermittent profile）

当消耗或产生的电能随时间变化时，系统的运行模式。

A.17.5 工作温度（Operating temperature）

电解槽（电解槽/电堆/系统）运行的温度。

A.17.6　过载能力（Overload capacity）

过载能力是指电解系统在超过标称运行和设计点的有限时间内运行的能力，通常在几分钟到不到 1 h 的范围内。过载能力主要用于在不同的网络服务应用中提供更大的灵活性（例如，辅助控制储备）。

A.17.6.1　最大过载能力（Maximum overload capacity）

最大功率，以标称功率的百分比表示。在峰值功率情况下，电解槽可以在有限的时间内运行。

A.17.7　最小部分负荷运行（Minimum partial load operation）

系统设计可工作的最小部分负载，以额定标称功率的百分比表示。

A.17.8　系统最小功率（Minimum system power）

系统设计可工作的最小功率，占标称功率的百分比，单位为%。

A.17.9　反应性（Reactivity）

电解水系统从 0 功率变为 100%（上升）或从 100% 功率变为 0（下降）所需的时间。

A.17.10　关机时间（Shutdown time）

按照制造商的规定，从电源断开到关机完成之间的持续时间。

A.17.11　电解槽（Stack）

多个重复电解室单元的组装。

A.17.11.1　电解槽额定容量（Stack nominal capacity）

制造商规定的单个电解槽容量，单位为 kW（DC）。

A.17.11.2　电解槽额定功率（Stack nominal power capacity）

制造商规定的单个电解槽功率，单位 kW（DC）。

A.17.11.3　电解槽阵列（Stack array）

系统内可独立操作的电解槽数量。

A.17.11.4　电解槽电解室数量（Stack cell number）

单个电解槽的电解室数量。

A.17.12　响应时间（Response time）

电力系统从一种规定状态转移到另一种规定状态所需的时间。

A.17.12.1　启动时间（Start-up time）

将设备从冷态启动至标称运行条件所需的时间。

A.17.12.2　至额定制氢率的冷启动时间（Cold start time to nominal capacity）

从冷待机模式启动，至设备工作能力达到额定制氢率所需的时间。

A.17.12.3　至额定功率的冷起动时间（Cold start time to nominal power）

从冷待机模式启动，至设备达到额定功率所需的时间。

A.17.12.4 至额定功率的温启动时间（Warm start time to nominal power）

从温待机模式启动，至设备达到额定功率所需的时间。

A.17.12.5 至额定制氢率的温启动时间（Warm start time to nominal capacity）

从温待机模式（系统已达到工作温度）启动，至设备达到额定制氢率所需的时间。

A.17.12.6 瞬态响应时间（Transient response time）

在额定功率、工作压力和温度下，从30%负载上升到100%负载的平均时间，单位为s。

A.18 压力（Pressure）

单位面积上施加在表面上的力的表达式，单位为Pa。

A.18.1 电解室压差（Differential cell pressure）

横跨电解质、膜，从一个电极到另一个电极测量的压力差。

A.18.2 氢气输出压力（Hydrogen output pressure）

在阴极侧，电解槽/电堆出口处测得的气体压力。

A.18.3 最大工作压差（Maximum differential working pressure）

制造商规定的阳极和阴极侧之间的最大压差，是电解槽可以承受的压差，但不会造成任何损坏或永久性功能损失。

A.18.4 最大工作压力（Maximum operating pressure）

部件或系统制造商规定的最大表压，在该表压下，部件或系统可连续运行。

A.18.5 工作压力（Operating pressure）

电解槽运行的压力。

A.19 气体纯度（Purity of gas）

用于指示特定气体中其他气体含量的公制单位。它表示为气体的摩尔或体积百分比，等于100%减去其他气体杂质的总和。纯度表达方式有两种：以百分比表示，如99.99%；以等级表示，如N4.0代表99.99%。

例如，等级分类的第一个数字表示纯度中"9的个数"。N4.0 = 99.99%纯度。第二个数字是最后位9之后的数字，如N4.6氧气表示氧气最低保证的纯度为99.996%。

A.19.1 氢气纯度（Hydrogen purity）

用于定义氢气纯度的特定杂质（如一氧化碳）的允许或容许量，取决于所生产氢气的使用途径。对于燃料电池运行，氢气质量要求在ISO fuel quality14687-2: 2012a中定义。

A.19.2　氧气纯度（Oxygen purity）

氧气中特定杂质的允许或容许量，取决于所生产氧气的使用范围。

A.20　可靠性（Reliability）

在规定的条件下，产品在规定的时间内执行规定功能的能力。

A.20.1　额定系统寿命（Rated system lifetime）

在制造商规定的工艺极限参数范围内，设备能够运行的预期或测量的时间。

A.20.2　电解槽可用性（Stack availability）

电解槽运行时间与要求的运行时间的比率。

A.20.3　系统可用性（System availability）

系统运行时间与要求的运行时间的比率。

A.21　电阻（Electrical resistance）

材料对电流流动的阻碍，导致电解室电压损失，即所谓的欧姆降，这是由电解室或电堆的组件中发生的载流子（电子、离子）传输过程造成的。

A.22　保护（Safeguarding）

基于技术工艺监控的控制系统动作程序，以避免对人员、工厂、产品或环境造成危害的工艺条件。

A.23　测试（Testing）

A.23.1　验收测试（Acceptance testing）

合同测试，向客户证明产品符合其规范的某些条件。

A.23.2　调试（Conditioning test）

按照制造商协议规定的基本步骤，正确操作电解室或电解槽。

A.23.3　初始响应时间测试（Initial response time test）

改变设定点，测量负荷开始改变所需的时间。

A.23.4　过程与控制测试（Process and control test）

在运行前进行的系统测试，以验证部件性能和控制功能的完整性。

A.23.5　极化曲线测试（Polarisation curve test）

电解槽性能测试试验。通过向电解槽施加一组预定义的电流（恒电流试验）或电势（恒电位试验），在稳态条件下，分别测量输出电压或供电电流，作为一段时间内输入参数的函数。

A.23.6 极化曲线（$I-V$ 曲线）(Polarisation curve，$I-V$ curve)

电解水过程的性能图，包含热力学、动力学和电阻效应。

在规定反应物条件下，极化曲线通常是电解槽的输出电压与恒电流试验的输入电流，或恒电位试验的供电电流的函数关系图。

极化曲线图纵坐标的单位为 V，横坐标的单位为 A/cm^2。

A.23.7 过电位（Overpotential）

克服能垒或电压损失所需的势能，以电导体和电解液界面产生的电阻为典型，带来了极化曲线的非线性行为。

A.23.7.1 激活损失（Activation losses）

电极催化剂材料特性和相关激活能需求而产生的过电位贡献。

A.23.7.2 气泡损失（Bubble losses）

产生的气泡与电极表面保持接触，电解反应的有效活性面积减小而产生的过电位。气泡存在造成的第二种现象是降低了电解质电导率。

A.23.7.2.1 气泡覆盖率（Bubble coverage）

气泡覆盖的电极活性区域的百分比。

A.23.7.2.2 气泡空隙率（Bubble void fraction）

电解质溶液中的气体体积分数。

A.23.7.3 浓度损失（Concentration losses）

见 A.23.7.7 传质迁移限制损失。

A.23.7.4 扩散损失（Diffusion losses）

见 A.23.7.7 传质迁移限制损失。

A.23.7.5 交换电流密度（Exchange current density）

在平衡电极上的氧化或还原速率，用电流密度表示。在平衡电位下，电子转移过程在电极—溶液界面的两个方向上转移，这意味着阴极电流被阳极电流平衡，因此净电流为 0。

A.23.7.6 动力学损失（Kinetic losses）

见 A.23.7.1 激活损失。

A.23.7.7 传质限制损失（Mass transfer limitation losses）

限制反应物传递或扩散而产生的过电位。

A.23.7.8 欧姆损耗（Ohmic losses）

由于电解槽材料的特性，即电解液中的离子传导、隔膜/接触电阻、电子传导和气泡效应而产生的过电位。

A.23.7.9 欧姆电阻（Ohmic resistance）

组成电解槽所有材料的电阻和。

A.23.7.9.1 欧姆电阻-电解液（Ohmic resistance-eletrolyte）

电解液对电阻的贡献，取决于离子浓度。

A.23.7.9.2 欧姆电阻-电子（Ohmic resistance-electronic）

电子导电组件（如双极板、端板和电流分配器）产生的电阻贡献。

A.23.7.9.3 欧姆电阻-隔膜（Ohmic resistance-separator）

由于碱性电解槽中存在隔膜，因此产生电阻。由于隔膜厚度和电阻率恒定，因此其电阻恒定。

A.23.7.10 反应物饥饿损失（Reactant starvation losses）

见 A.23.7.7 传质限制损失。

A.23.8 过电压（Overvoltage）

给定电流密度下的电解室实际电压与反应的可逆电解室电压之间的差值（指单个电极时的过电位）。

A.23.9 常规对照试验（Routine control test）

在制造过程中或制造后对每个单独项目进行的一致性试验。

A.23.10 短电解槽测试（Short-stack test）

电解槽试验，电解室数量明显少于额定功率设计的电解槽，但电解室数量要足够多，以反映整个电解槽的比例特性。

A.23.11 单电解室试验（Single cell test）

评估单个电解室性能和退化行为的参数测试。

A.23.12 电解槽试验（Stack test）

用于评估电解槽性能和退化行为的参数测试。

A.23.13 输入参数测试（Test input parameter）

在试验过程中，测量可在控制模式下修改的工艺参数值。

A.23.14 输出参数测试（Test output parameter）

测量可随操作条件的改变而改变的参数值。

A.24 热管理系统（Thermal management system）

旨在提供冷却和散热，以维持电解槽系统热平衡，必要时，回收多余热量，启动期间协助加热。

A.25 电压（Voltage）

电路中两点之间的电位差，单位为 V。

A.25.1 电解室电压（Cell voltage）

阳极和阴极之间的电位差，单位为 V。

A.25.2　最大电压（Maximum voltage）

电解槽模块能够在额定功率或最大允许过载条件下连续制取氢气和氧气的最高电压，单位为V。

A.25.3　最小电压（Minimum voltage）

电解槽模块能够在额定功率下连续产生氢气和氧气的最低电压，单位为V。

A.25.4　开路电压（Open circuit voltage）

在没有外部电流的情况下，电解槽或电解槽两端的电压，单位为V。

A.26　水（Water）

A.26.1　水质（Water quality）

制氢操作所需的输入水质，以达到额定耐久性/使用寿命。

A.26.2　水利用系数（Water utilization factor）

转化为氢气和氧气的水流量与供应至电解槽的水的总流量的比率。

A.26.3　水再循环系统（Water recirculation system）

旨在为电解槽装置内使用的回收水或添加水提供处理和净化。

A.26.4　水输送层（Water transport layer）

多孔传输层，以促进阳极和阴极室侧的水扩散。

附录 B 电解液物理参数关系

在性能计算或仿真时，经常会用到电解液的密度、质量浓度、摩尔体积浓度、比导率等物理参数，本附录给出了它们之间的换算关系，便于各个物理量之间进行转换。

B.1 KOH 密度和质量分数关系

在 0~200 ℃温度下，KOH 密度（kg/m³）和质量分数（%）的关系拟合公式如式（B.1）所示：

$$\rho = A \cdot e^{0.0086 \times \%} \tag{B.1}$$

式中：ρ 为密度（kg/m³）；% 为质量分数；A 值如表 B.1 所示。

表 B.1 在 0~200 ℃温度下，KOH 密度和质量浓度的关系

温度/ ℃	A	温度/ ℃	A
0	1 001.9	50	988.45
5	1 001.0	55	985.66
10	1 000.0	60	983.20
15	999.06	65	980.66
20	998.15	70	977.88
25	997.03	80	971.89
30	995.75	90	965.43
35	994.05	100	958.35
40	992.07	150	916.99
45	990.16	200	867.07

也可以用拟合公式（B.2），KOH 溶液密度 ρ（kg/m³）为绝对温度 T_c 和 KOH 质量浓度%（质量分数）的函数为

$$\rho = (1\,002.8 - 0.182T_c - 0.025T_c^2)e^{0.008\,6\times\%} \qquad (B.2)$$

式中：$T_c = T - 273.15$。

B.2　KOH 密度和摩尔体积浓度关系

在 0~80 ℃温度下，KOH 摩尔体积浓度和密度关系拟合公式如式（B.3）所示：

$$\rho = A \cdot M^2 + B \cdot M + C \qquad (B.3)$$

式中：ρ 为密度（kg/m³）；M 为摩尔体积浓度（mol/L）；A、B、C 值如表 B.2 所示。

表 B.2　在 0~80 ℃温度下，KOH 的摩尔体积浓度和密度关系

温度/ ℃	A	B	C
0	-0.503 1	45.876	1 004.4
5	-0.482 1	45.648	1 003.8
10	-0.502 6	45.889	1 002.5
15	-0.482 0	45.659	1 002.0
20	-0.482 4	45.649	1 001.0
25	-0.493 1	45.761	999.63
30	-0.481 2	45.568	998.66
35	-0.491 8	45.698	996.70
40	-0.486 3	45.601	994.89
45	-0.491 2	45.620	992.84
50	-0.475 6	45.336	991.51
55	-0.489 8	45.543	988.40
60	-0.491 6	45.530	985.91
65	-0.490 6	45.450	983.39
70	-0.487 6	45.396	980.71
80	-0.494 2	45.409	974.59
90	-0.502 1	45.432	967.98
100	-0.501 0	45.361	960.99
150	-0.520 6	45.217	919.52
200	-0.553 8	45.173	869.35

B.3 KOH 密度、重量比浓度和摩尔体积浓度关系

在比电导率计算上，有两种常用的浓度单位，即%（质量分数）KOH 浓度和摩尔体积浓度。给定温度和浓度下，为了计算 KOH 密度，根据试验数据拟合了%（质量分数）KOH 密度、摩尔体积浓度和密度的经验修正公式：

$$M = \frac{(质量分数) \cdot \rho_{KOH}}{100 M_W} \quad (B.4)$$

式中：ρ 为 KOH 水溶液密度（kg/m³）；M_W 为 KOH 溶液的摩尔质量（g/mol）。

B.4 比导率和摩尔体积浓度关系

利用非线性回归分析程序（SAS Version 9.1）建立了比电导率、摩尔体积浓度和温度之间的 6 变量关系。经验关系为

$$\kappa = A \cdot M + B \cdot M^2 + C \cdot (M \cdot T) + D \cdot (M/T) + E \cdot (M^3) + F \cdot (M^2 \cdot T^2) \quad (B.5)$$

式中：κ 为比电导率（S/cm）；M 为摩尔体积浓度（mol/L）；T 为温度（K）；$A \sim F$ 为常数，如表 B.3 所示。

表 B.3 比电导率 κ 和温度 T、浓度 M 关系方程常数

常数	值
A	-2.041
B	-0.002 8
C	0.005 332
D	207.2
E	0.001 043
F	-0.000 000 3

附录 C 常 数

表 C 常数与中文名称和值

常数	中文名称	值
F	法拉第常数	96 485.33 C/mol
z	每次反应转移的电子数	2
N_A	阿伏伽德罗常数	6.022×10^{23} mol^{-1}
R	通用气体常数	8.314 J/(K·mol)
v_{std}	标准条件下理想气体体积	0.022 413 6 m^3/mol
M_{H_2}	氢气摩尔质量	2 g/mol
M_{O_2}	氧气摩尔质量	32 g/mol
ρ_{H_2}	氢气密度	0.07~0.08 g/L
ρ_{O_2}	氧气密度	1.13~1.28 g/L
C_p	水在标准状况的比热容	4.186 J/(g·K)

附录 D 缩写词

表 D1 缩写词与英文、中文

缩写词	英文	中文
AEM	anion-exchange membrane	阴离子交换膜
AEC	alkaline electrolysis cell	碱性电解室
AWE	alkaline water electrolysis	碱性电解水
AEL	alkaline electrolyzer	碱性电解槽
AFC	alkaline fuel cell	碱性燃料电池
AEMEC	anion exchange membrane electrolysis cell	阴离子交换膜电解室
PEMEC	proton exchange membrane electrolysis cell	质子交换膜电解室
BoP	balance of plant	辅助设备
GDL	gas diffusion layer	气体扩散层
PEM	proton exchange membrane	质子交换膜
PEMWE	proton exchange membrane water electrolyzer	质子交换膜水电解槽
AEMWE	anion exchange membrane water electrolyzer	阴离子交换膜水电解槽
HER	hydrogen evolution reaction	析氢反应
HOR	hydrogen oxidation reaction	氢氧化反应

续表

缩写词	英文	中文
OER	oxygen evolution reaction	析氧反应
NAT	near-ambient temperature conditions	近环境温度条件
NATP	near-ambient temperature and pressure conditions	近环境温度和压力条件
AWE	alkaline water electrolyzer	碱性水电解槽
ORR	oxygen reduction reaction	氧还原反应
RDS	rate-determining step	反应决速步
SATP	standard ambient temperature and pressure conditions	标准环境温度和压力条件
SOWE	solid oxide water electrolysis	固体氧化物电解水
AWEC	alkaline water electrolysis cell	碱性水电解室
AEMWEC	anion-exchange membrane water electrolysis cell	阴离子膜水电解室
SOEC	solid oxide electrolysis cell	固体氧化物电解室
LHV	lower heating value	低热值
HHV	higher heating value	高热值
PEMWE	proton-exchange membrane water electrolysis	质子交换膜电解水
SEM	scanning electron microscope	扫描电镜
SHE	standard hydrogen electrode	标准氢电极
EIS	electrochemical impedance spectroscopy	电化学阻抗谱
atm	atmospheric pressure	大气压
rms	root mean square	均方根
PGM	platinum-group metals	铂族金属
LTEL	low temperature electrolyzer	低温电解槽
HTEL	high temperature electrolyzer	高温电解槽
GHG	greenhouse gas	温室气体
MEA	membrane electrode assembly	膜电极
NF	nickel foam	泡沫镍
CCM	catalyst-coated membrane	催化剂涂层膜
PV	photovoltaic	光伏
SPE	solid polymer electrolyte	固体聚合物电解质

续表

缩写词	英文	中文
PTL	porous transport layer	多孔传输层
ICE	internal combustion engine	内燃机
FECV	fuel cell electric vehicle	燃料电池电动车
IEA	international energy agency	国际能源署
CCUS	carbon capture utilisation and storage	碳捕捉、利用和封存
TM	transition metal	过渡金属
FP	first principle	热力学第一定律
SP	second principle	热力学第二定律
PtG	power-to-gas	电－气转换
OCV	open-circuit voltage	开路电压
ATM	atomic force microscope	原子力显微镜
RDE	rotating disc electrode	旋转圆盘电极
PLC	programmable logic controller	可编程逻辑控制器
CFC	carbon fiber cloth	碳纤维布
TMSs	transition metal sulfides	过渡金属硫化物
TMPs	transition metal phosphides	过渡金属磷化物
TMSes	transition metal selenides	过渡金属硒化物
TMNs	transition metal nitrides	过渡金属氮化物
TMCs	transition metal carbides	过渡金属碳化物
LDH	layered double hydroxide	层状双氢氧化物
SS	stainless steel	不锈钢
LCS	lower carbon steel	低碳钢
ECSA	electrochemical surface area	电化学表面积
TOF	turnover frequency	转换频率
CV	cyclic voltammetry	循环伏安法
LSV	linear sweep voltammetry	线性扫描伏安法
DFT	density functional theory	密度泛函理论
TEM	transmission electron microscopy	投射电子显微镜

续表

缩写词	英文	中文
FE-SEM	Field emission scanning electron microscopy	场发射扫描电子显微镜
GNR	graphene nanoribbon	石墨烯纳米带
AEM	adsorbate evolution mechanism	吸附质演化机理
LOM	lattice oxygen-mediated mechanism	晶格氧介导机理
MOF	metal organic framework	金属有机骨架
HRTEM	high-resolution TEM	高分辨率 TEM
XRD	X-ray diffraction	X 射线衍射
DOS	density of state	态密度
DNF	double-layered nanoframe	双层纳米框架
HAADF-STEM	aberration-corrected high-angle annular dark-field scanning transmission electron microscopy	球差校正的高角环形暗场扫描投射电镜
GEC	glass carbon electrode	玻璃碳电极
XPS	X-ray photoelectron spectroscopy	X 射线光电子能谱
CCM	catalyst-coated membrane	催化剂涂层膜
CCS	catalyst-coated substrate	催化剂涂基质
OLEMS	on-line electrochemical mass spectrometry	在线电化学质谱
PWh	Petawatt hour	千兆瓦时
MW	Megawatt	兆瓦
RE	Renewable energy	可再生能源
TWh	Terawatt hour	太瓦（100 万兆瓦）时
Gt	Giga tonnes	10 亿吨
IPCC	Intergovernmental Panel on Climate Change	政府间气候变化专门委员会

参考文献

[1] ULLEBERG. Modeling of advanced alkaline electrolyzers: a system simulation approach [J]. Int J Hydrogen Energy, 2003, 28 (1): 21-33.

[2] TSOTRIDIS G, PILENGA A (Eds.). Harmonised Terminology for Low Temperature Water Electrolysis for Energy Storage Applications, Publications Office of the European Union, Luxembourg, 2018 EdsEUR 29300 EN, JRC1120822018, ISBN 978-92-79-90388-5.

[3] AMORES E, RODRÍGUEZ J, CARRERAS C. Influence of operation parameters in the modeling of alkaline water electrolyzers for hydrogen production [J]. Hydrogen Energy, 2014, 39 (25): 13063-13078.

[4] RASHID M, MESFER M K, NASEEM H, et al. Hydrogen Production by Water Electrolysis: A Review of Alkaline Water Electrolysis, PEM Water Electrolysis and High Temperature Water Electrolysis [J]. International Journal of Engineering and Advanced Technology, 2015, 4 (3): 80-93.

[5] KUMAR S S, HIMABINDU V. Hydrogen production by PEM water electrolysis - A review [J]. Materials Science for Energy Technologies, 2019, 442-454.

[6] MARINI S, SALVI P, NELLI P, et al. Advanced alkaline water electrolysis [J]. Electrochimica Acta, 2012 (9): 384-391.

[7] SAKAS G, IBANEZ-RIOJA A, RUUSKANEN V, et al. Dynamic energy and mass balance model for an industrial alkaline water electrolyzer plant process

[OL/DB]. https：//doi. org/10. 1016/j. ijhydene. 2021. 11. 126.

[8] HUG W, BUSSMANN H, BRINNER A. Intermittent operation and operation modeling of an alkaline electrolyzer [J]. Hydrogen Energy, 1993, 18 (12)：973.

[9] DOBO Z, PALOTAS A B. Impact of the current fluctuation on the efficiency of Alkaline Water Electrolysis [J]. International Journal of Hydrogen Energy, http：//dx. doi. org/10. 1016/j. ijhydene, 2016. 11. 142.

[10] ANA L, SANTOS MARIA-JOãO CEBOLA, DIOGO M F. Santos. Towards the Hydrogen Economy—A Review of the Parameters That Influence the Efficiency of Alkaline Water Electrolyzers [J]. Energies, 2021 (14)：31 – 93.

[11] LAMY C, MILLET P. A critical review on the definitions used to calculate the energy efficiency coefficients of water electrolysis cells working under near ambient temperature conditions [J]. Journal of Power Sources, 2020 (447)：https：//doi. org/10. 1016/j. jpowsour. 2019. 227350.

[12] SCHALENBACH M, TJARKS G, CARMO M, et al. Acidic or Alkaline? Towards a New Perspective on the Efficiency of Water Electrolysis [J]. Journal of The Electrochemical Society, 2016, 163 (12)：F3197 – F3208.

[13] Hu K, FANG J, Ai X, et al. Comparative study of alkaline water electrolysis, proton exchange membrane water electrolysis and solid oxide electrolysis through multiphysics modeling [J]. Applied Energy, 2022：118 – 228.

[14] LEHNER F, HART D. The importance of water electrolysis for our future energy system [J]. Electrochemica. Power Sources：Fundamentals, Systems, and Applications, 2022：1 – 36.

[15] WANG S, LU A, ZHONG C J. Hydrogen production from water electrolysis：role of catalysts [J]. Nano Convergence, 2021 (8)：41 – 59.

[16] PENG L Hn, WEI Z D. Catalyst Engineering for Electrochemical Energy Conversion from Water to Water：Water Electrolysis and the Hydrogen Fuel Cell [J]. Engineering, 2020 (6)：653 – 679.

[17] DAVID, OCAMPO-MARTÍNEZ C, SÁNCHEZ-PEÑA R. Advances in alkaline water electrolyzers [J]. Energy Storage, 2019 (23) ：392 – 403.

[18] YOUN D H, BIN P Y, KIM J Y, et al. One-pot synthesis of NiFe layered double hydroxide/reduced graphene oxide composite as an efficient electrocatalyst for electrochemical and photoelectrochemical water oxidation [J]. Power Sources, 2015 (294)：437 – 443.

[19] ALLEBROD F, CHATZICHRISTODOULOU C, MOLLERUP. Electrical conductivity measure-ments of aqueous and immobilized potassium hydroxide [J]. Hydrogen Energy, 2012 (37): 16505 – 16514.

[20] GILLIAM R J, GRAYDON J W, KIRK D W, et al. A review of specific conductivities of potassium hydroxide solutions for various concentrations and temperatures [J]. Hydrogen Energy, 2007 (32): 359 – 364.

[21] ZOUHRI K, LEE S Y. Evaluation and optimization of the alkaline water electrolysis ohmic polarization: Exergy study [J]. Hydrogen Energy, 2016 (41): 7253-7263.

[22] STOJIĆ D L, MARČETA M P, Sovilj S P, et al. Hydrogen generation from water electrolysis——Possibilities of energy saving [J]. Power Sources, 2003 (118): 315 – 319.

[23] DE SOUZA R F, PADILHA J C, GONÇALVES, R S, et al. Electrochemical hydrogen production from water electrolysis using ionic liquid as electrolytes: Towards the best device [J]. Power Sources, 2007 (164): 792 – 798.

[24] AMARAL L, CARDOSO D S P, ŠLJUKIĆ B, et al. Room Temperature Ionic Liquids as Electrolyte Additives for the HER in Alkaline Media [J]. Electrochem, 2017 (164): F427 – F432.

[25] ZIEMS C, TANNERT D, KRAUTZ H J. Project presentation: Design and installation of advanced high pressure alkaline electrolyzerprototypes [J]. Energy Procedia, 2012 (29): 744 – 753.

[26] KULESHOV V N, KULESHOV N V, DOVBYSH S A, et al. High – pressure alkaline water electrolyzer for renewable energy storage systems [C]// In Proceedings of the Renewable Energies, Power Systems & Green Inclusive Economy (REPS-GIE), Casablanca, Morocco, 23-24 April 2018 (14): 1 – 5.

[27] ROY A, WATSON S, INFIELD D. Comparison of electrical energy efficiency of atmospheric and high-pressure electrolysers [J]. Hydrogen Energy, 2016 (31): 1964 – 1979.

[28] BOCKRIS J O'M, CONWAY B E, YEAGER E, et al. Electrochemical processing [M]. New York: Plenum Press, 2019.

[29] YU Z Y, DUAN Y, FENG X Y, et al. Clean and Affordable Hydrogen Fuel from Alkaline Water Splitting: Past, Recent Progress, and Future Prospects [J]. Advanced Materials, 2021, 33 (31): e2007100.

[30] GILLIAM R J, GRAYDON J W, KIRK D W, et al. A review of specific conductivities of potassium hydroxide solutions for various concentrations and temperatures [J]. Hydrogen Energy, 2007 (32): 359-364.

[31] ALLEBROD F, CHATZICHRISTODOULOU C, MOLLERUP P L. Electrical conductivity mea-surements of aqueous and immobilized potassium hydroxide [J]. Hydrogen Energy, 2012 (37) 16505-16514.

[32] AMORES E, RODRÍGUEZ J, CARRERAS C. Influence of operation parameters in the modeling of alkaline water electrolyzers for hydrogen production [J]. Hydrogen Energy, 2014 (39) 13063-13078.

[33] STOJIĆ D L, MARČETA M P. Hydrogen generation from water electrolysis— Possibilities of energy saving [J]. Power Sources, 2003 (118): 315-319.

[34] NIKOLIC V M, TASIC G S, MAKSIC A D, et al. Raising efficiency of hydrogen generation from alkaline water electrolysis—Energy saving [J]. Hydrogen Energy, 2010 (35): 12369-12373.

[35] AMINI H B, CHOOLAEI M, CHAUDHRY A, et al. A highly efficient hydrogen generation electrolysis system using alkaline zinc hydroxide solution [J]. Hydrogen Energy, 2019, 44, 72-81.

[36] ZOUHRI K, LEE S Y. Evaluation and optimization of the alkaline water electrolysis ohmic polarization: Exergy study [J]. Hydrogen Energy, 2016 (41): 7253-7263.

[37] DE SOUZA R F, PADILHA J C, GONÇALVES R S, et al. Electrochemical hydrogen production from water electrolysis using ionic liquid as electrolytes: Towards the best device [J]. Power Sources, 2007 (164): 792-798.

[38] ROY A, WATSON S, INFIELD D. Comparison of electrical energy efficiency of atmospheric and high-pressure electrolysers [J]. Hydrogen Energy, 2016 (31): 1964-1979.

[39] SCHILLER G, HENNE R, MOHR P, et al. High performance electrodes for an advanced intermittently operated 10kW alkaline water electrolyzer [J]. Int. J. Hydrog. Energy 23 (1998): 761-765.

[40] IMMANUEL V, ANDRIES K, DMITRI B. Development of efficient membrane electrode assembly for low cost hydrogen production by anion exchange membrane electrolysis [J]. International Journal of Hydrogen Energy, 2017 (42): 10752-10761.

[41] SCHALENBACH M, ZERADJANIN A R, KASIAN O, et al. A Perspective on

Low-Temperature Water Electrolysis-Challenges in Alkaline and Acidic Technology [J]. International Journal of Electrochemical Science, 2018, 13 (2): 1173 – 1226.

[42] WANG Y, ZHANG L, YIN K B, et al. Nanoporous iridium-based alloy nanowires as highly efficient electrocatalysts toward acidic oxygen evolution reaction [J]. ACS Applied Materials & Interfaces, 2019, 11 (43), 39728 – 39736.

[43] DUKIC A, FIRAK M. Hydrogen production using alkaline electrolyzer and photo-voltaic (pv) module [J]. Hydrogen Energy. 2011, 36 (13): 7799e806.

[44] MEFORD J T, RONG X, ABAKUMOV A M, et al, Water electrolysis on $La_{1-x}S_{rx}CoO_{3-\delta}$ perovskite electrocatalysts [J]. Nat. Commun. , 2016, 7 (1): 1 – 11.

[45] GRIMAUD A, DIAZ-MORALES O, HAN B, et al. Activating lattice oxygen redox reactions in metal oxides to catalyse oxygen evolution [J]. Nature Chemistry, 2017, 9 (5): 457 – 465.

[46] GAO W; SHI Y Q; ZHANG Y F, et al. Molybdenum Carbide Anchored on Graphene Nanoribbons as Highly Efficient All – pH Hydrogen Evolution Reaction Electrocatalyst [J]. ACS Sustainable Chemistry and Engineering, 2016, 4 (12): 6313 – 6321.

[47] DIEGUEZ P, URSUA A, SANCHIS P, et al. Thermal performance of a commercial alkaline water electrolyzer: experimental study and mathematical modeling [J]. Int J Hydrogen Energy, 2008, 33 (24): 7338 – 7354.